U0077982

Python 程式設計

教學與自習最佳範本

PREFACE 序言

由於大數據分析與人工智慧應用的興起，使得 Python 程式語言大受歡迎，不外乎它有很多以 Python 開發的套件可以加以使用。同時此程式語言也很容易入門，用它來撰寫程式以訓練邏輯思維的最佳選擇。

本書是筆者多年來在多所大學教授 Python 程式語言的筆記，將教學心得與學生所遇到的問題融入其中，希望它是教學與自習的最佳範本。本書共分 11 章（第 0 章～第 10 章），依照大部份在學習程式語言的主題順序加以編著而成，期盼你閱讀本書能收到事半功倍的效果。

內文淺顯易懂，並搭配範例程式加以解說，也在小節中有練習題，讓你動手做做看，以測試你對這一小節的了解程度，同時也在章末有代表的習題，測試你對本章是否有全盤的了解。最重要的是，不管練習題或是習題皆提供參考解答。不過在此，我有一小小的要求，不要先看參考解答，應該先自已做看看再來對解答。以此本為教科書的教授們，也會給予補充資料，以利於您出作業或考題。

本書僅涉及 Python 程式語言的主題，沒有論及 Python 的應用，如大數據分析或是人工智慧的機器學習和深度學習，因為它還需要一些套件才能發揮其作用，礙於篇輻有限，因此，將以另一本書來論及這些主題。不要好高騖遠，一步一步來吧，當你的根基隱固後，接下來的主題就可以迎刃而解，這好比要打好太極拳，得先練好蹲馬步，再配合拳架，這才會到位，否則你不像是在打太極拳，而是做太極操。

一本好書的定義是什麼？我的定義是，凡是你在書中找到一個你不會的就是好書，希望這本書能找到許多原來你不會的或不懂的地方，而成為很好或極好的書。若對本書有任何建議，請不吝來信批評指教。

蔡明志
mjtsai168@gmail.com

CONTENTS
目錄

CHAPTER 0 Python 程式語言概述

CHAPTER 1 輸出與輸入

CHAPTER 2 運算子

CHAPTER 3 選擇敘述

CHAPTER 4 迴圈敘述

CHAPTER 5 函式

CHAPTER 6 串列

CHAPTER 7 再論串列

CHAPTER 8 數組、集合與詞典

CHAPTER 9 類別、繼承與多型

CHAPTER 10 檔案與例外處理

APPENDIX A 各章習題解答

範例下載

本書範例請至碁峰網站 http://books.gotop.com.tw/download/AEL026200 下載。檔案為 ZIP 格式，讀者自行解壓縮即可運用。其內容僅供合法持有本書的讀者使用，未經授權不得抄襲、轉載或任意散佈。

Python 程式語言概述

Python 是直譯語言，在 1990 年由荷蘭程式設計師 Guido van Rossum (吉多・范羅蘇姆)，如圖 0.0 所示：

圖 0.0 Guido van Rossum 的圖像(取自維基百科)

Python 名稱的由來是紀念非常受歡迎的喜劇樂團 Monty Python's Flying Circus，由於它簡潔、直覺式的語法，以及龐大的函式庫，使它成為在工業和學術界非常受歡迎的程式語言。近年來，大數據與人工智慧的興起，也因此大幅提高此程式語言受歡迎的程度，根據 www.tiobe.com/tiobe-index/ 的調查，如表 0-1 所示，它在 2022 年 12 月全球程式語言使用率排行榜上有名。

表 0-1　2022 年 12 月全球程式語言使用率排行榜

Dec 2022	Dec 2021	Change	Programming Language	Ratings	Change
1	1		Python	16.66%	+3.76%
2	2		C	16.56%	+4.77%
3	4	^	C++	11.94%	+4.21%
4	3	⌄	Java	11.82%	+1.70%
5	5		C#	4.92%	-1.48%
6	6		Visual Basic	3.94%	-1.46%
7	7		JavaScript	3.19%	+0.90%
8	9	^	SQL	2.22%	+0.43%
9	8	⌄	Assembly language	1.87%	-0.38%
10	12	^	PHP	1.62%	+0.12%

Python 名列第一，這也是我們要學習此程式語言的原因之一，否則就落伍了，不是嗎？建議你有空時就來瀏覽這一網站，了解全球程式語言使用情形。

若要回顧歷年來的程式語言興衰，可參閱表 0-2。

表 0-2　從 1957 至 2022 年每五年程式語言排行榜

Programming Language	2022	2017	2012	2007	2002	1997	1992	1987
Python	1	5	8	7	12	28	-	-
C	2	2	1	2	2	1	1	1
Java	3	1	2	1	1	16	-	-
C++	4	3	3	3	3	2	2	6
C#	5	4	4	8	14	-	-	-
Visual Basic	6	14	-	-	-	-	-	-
JavaScript	7	8	10	9	8	24	-	-
Assembly language	8	10	-	-	-	-	-	-
SQL	9	-	-	-	7	-	-	-
PHP	10	7	6	5	6	-	-	-
Prolog	24	32	33	27	17	21	12	3
Lisp	33	31	13	16	13	10	4	2
Pascal	270	114	16	22	99	9	3	5
(Visual) Basic	-	-	7	4	4	3	6	4

這張表也是從上述的網站下載的，從 1987 每五年一週期，探討其當年受歡迎的程度，表中的數字代表名次。Python 可說是異軍突起，拜大數據(big data)和人工智慧(artificial intelligent, AI)的興起所賜，許多由 Python 所寫的套件都有支援。

接下來，我們將介紹幾種好用的 Python 直譯器，計有 Python 官方的 IDLE、Anaconda 以及 colab 三種。順便說明一下，筆者是在 MacBook pro 筆電下運作的，所以有些畫面的圖示可能會有些不同。

一、Python IDLE

你可從 www.python.org 下載 Python 官方的直譯器(interpreter)，如圖 0.1 所示。

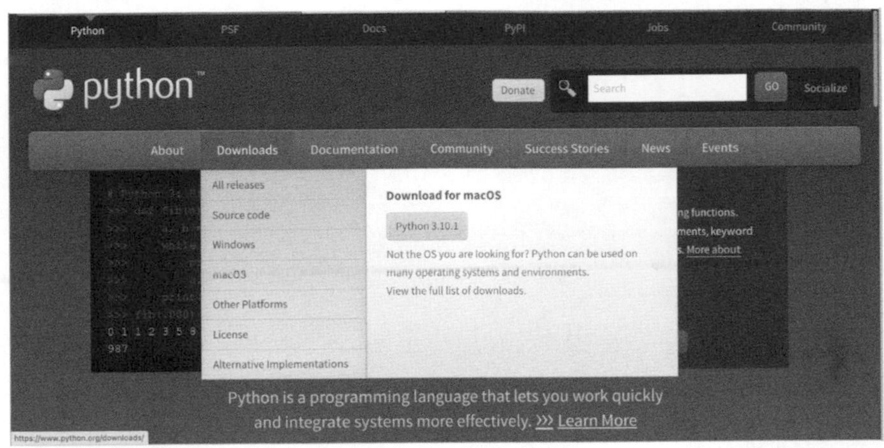

圖 0.1 Python 官方網頁

接著選擇你的工作平台，也就是你使用的電腦之作業系統。因為我的電腦平台是 Mac，所以選擇 macOS。接下來的畫面如圖 0.2 所示：

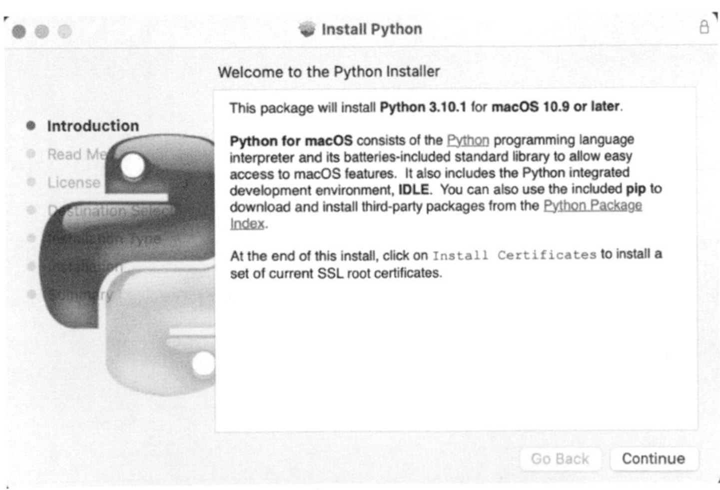

圖 0.2 Python 3.10.1 安裝程式畫面

按圖 0.2 右下角的「Continue」按鈕，按照指示加以安裝即可完成。最後會有如右的圖樣(icon)。

點選此圖樣後，其包含的元件如圖 0.3 所示：

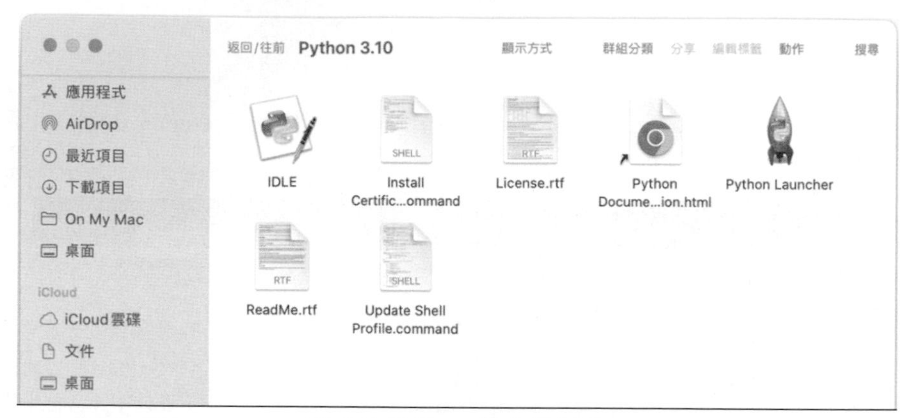

圖 0.3 Python 包含的元件

接下來，請點選左上角的 IDLE 圖樣，畫面將展開如圖 0.4。

```
IDLE Shell 3.10.4
    Python 3.10.4 (v3.10.4:9d38120e33, Mar 23 2022, 17:29:05) [Clang 13.0.0
    (clang-1300.0.29.30)] on darwin
    Type "help", "copyright", "credits" or "license()" for more information
    .
>>> |
                                                          Ln: 3  Col: 0
```

圖 0.4 IDLE Shell 畫面

畫面上的 >>> 是提示符號，你可以在此撰寫 Python 的敘述，如圖 0.5 所示：

```
IDLE Shell 3.10.4
    Python 3.10.4 (v3.10.4:9d38120e33, Mar 23 2022, 17:29:05) [Clang 13.0.0
    (clang-1300.0.29.30)] on darwin
    Type "help", "copyright", "credits" or "license()" for more information
    .
>>> print('Hello, Python')
    Hello, Python
>>>
```

圖 0.5 撰寫與執行的狀況

如在 >>> 鍵入

```
print('Hello, Python')
```

按下 Enter 鍵後將會輸出

```
Hello, Python
```

以上是在 IDLE Shell 下執行的，這有一好處是馬上可以知道答案為何。若有多條敘述要一起執行的話，則需要另一種方式來執行，首先在以下的選單：

IDLE File Edit Format Run Options Window Help

選取 File->New File 後會出現一個編輯畫面，並撰寫以下三行敘述：

```
print('Python is fun')
print('Leraning Python now!')
print('good luck for you')
```

untitled

```
print('Python is fun')
print('Leraning Python now!')
print('good luck for you')
```

Ln: 3 Col: 26

接著選取 Run->Run Module，請按照提示繼續操作，並將它儲存為 myFirst。若沒有錯誤，輸出結果將會在 IDLE Shell 下顯示，如下所示：

```
Python is fun
Leraning Python now!
good luck for you
```

二、Anaconda

你可以從 www.anaconda.com/download 下載 Anaconda 整合工具平台，如圖 0.6 所示：

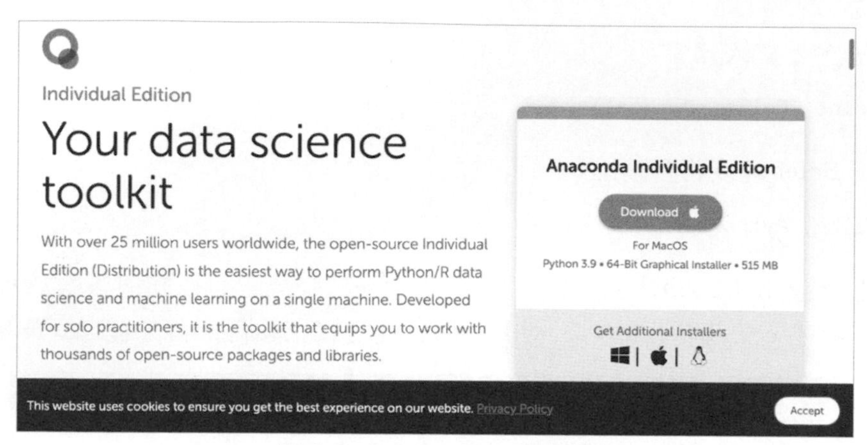

圖 0.6 Anaconda 下載畫面

按下右方的 download 按鈕，並依照其指示就可以完成。Anaconda 整合平台如下包含多種編輯與執行的工具，如圖 0.7 所示：

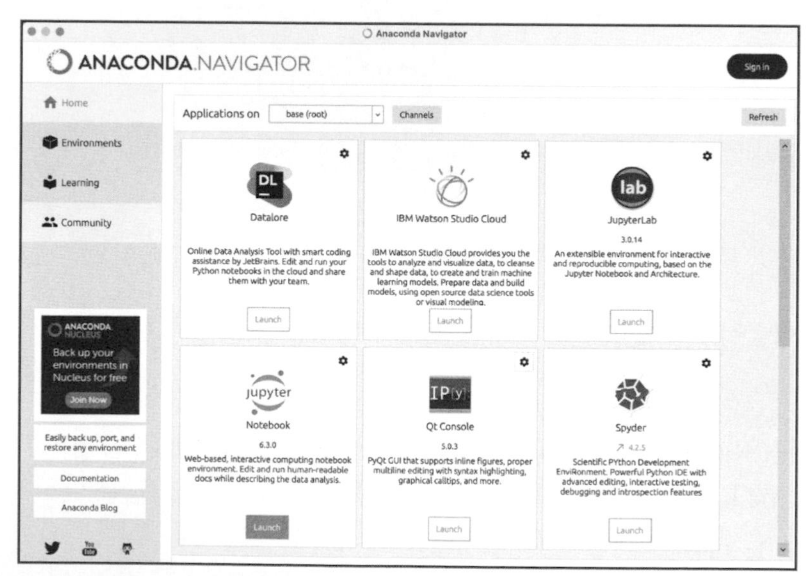

圖 0.7 Anaconda 整合工具平台

其中當用的是 Spyder 和 jupyter Notebook 這兩個整合性發展環境 (Integrate Development Environment, IDE)。

1. Spyder：按下 Spyder 下方的 Launch 按鈕即可進入 Spyder 的 IDE，如圖 0.8 所示：

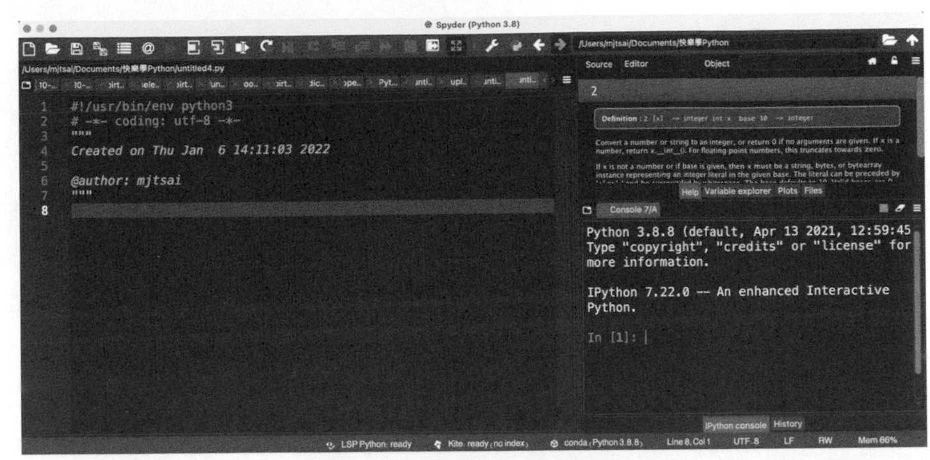

圖 0.8 Spyder 一開始畫面

你可以在右下方的視窗鍵入 Python 的敘述，此時每鍵入一行將會馬上得到結果，而左邊的視窗則是要先編輯程式，再按上方的 ▶ 執行按鈕，例如我們鍵入：

```
print('Learning Python now')
```

然後按下上述的執行按鈕後，將會得到：

```
Learning Python now!
```

此結果顯示在右下角的視窗，如圖 0.9 所示：

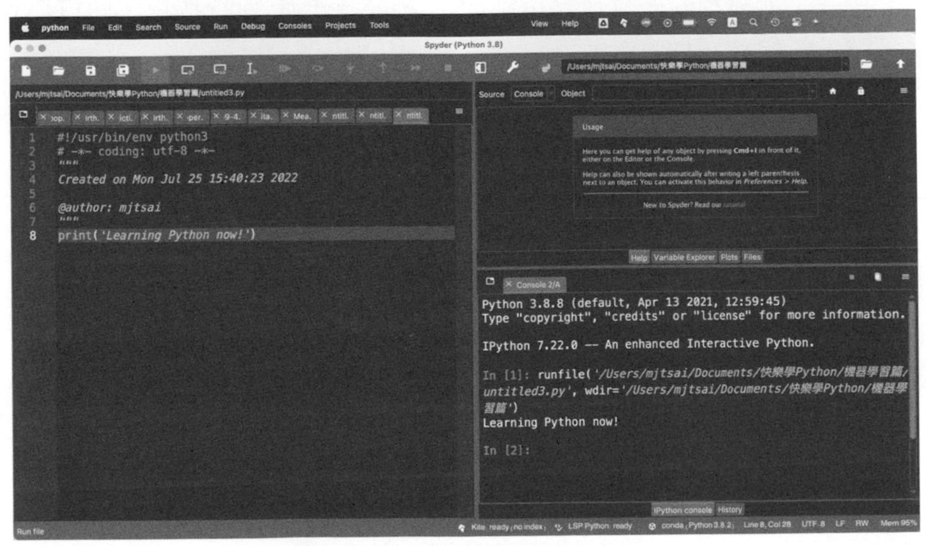

圖 0.9 Spyder 編輯與執行畫面

從圖 0.9 最上方的圖示，其中

由左至右的圖示分別表示建立一檔案、打開一檔案、儲存檔案、儲存所有檔案，以及執行檔案。此時使用第三個圖示來儲存剛剛建立的檔案，點選鍵入 myFirst.py，並選擇儲存的位置，然後按下右下方的「儲存」按鈕，此時檔案名稱即為 myFirst.py。

2. Jupyter Notebook：你可以在圖按下 Jupyter Notebook 下方的「Launch」按鈕，此時會載入 Jupyter Notebook 的整合性發展環境。如圖 0.10：

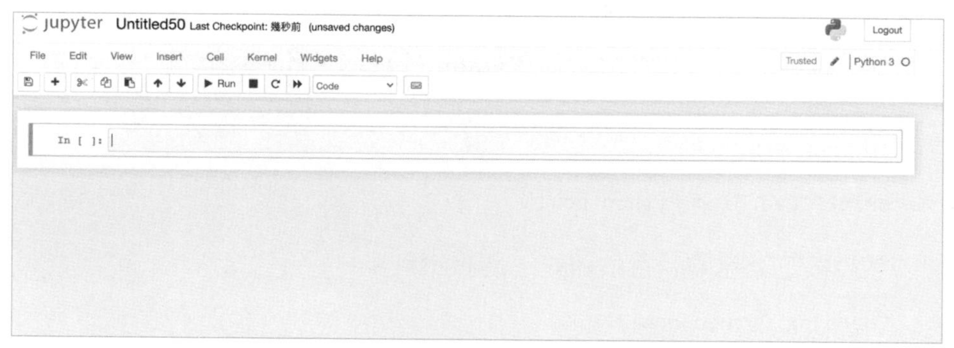

圖 0.10 jupyter Notebook 一開始畫面

接下來編輯程式，然後點選中間下方的 ▶ Run 執行按鈕，即可得到執行結果，如圖 0.11 所示：

圖 0.11 jupyter Notebook 編輯與執行畫面

你可以利用 File 選單下的 Save as 選項，改變筆記本的名稱。新增的檔案的副檔名是 .ipynb。

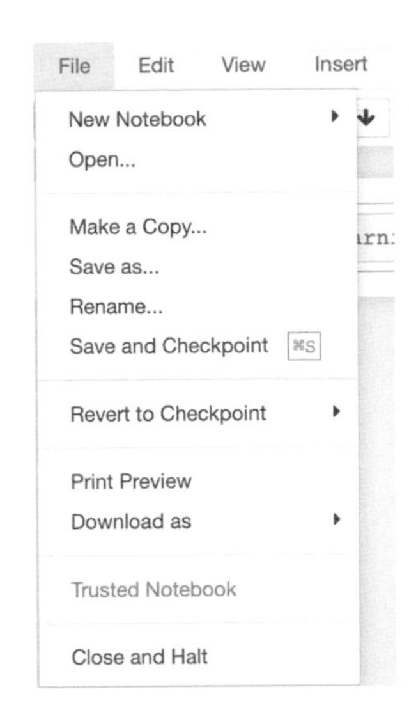

三、colab 開發平台

Colab 是 Google 提供的雲端開發環境，所有需要你所處的地方有網路才能執行，其網址是 https://colab.research.google.com/。

當你鍵入上述的網址後，畫面如圖 0.12 所示：

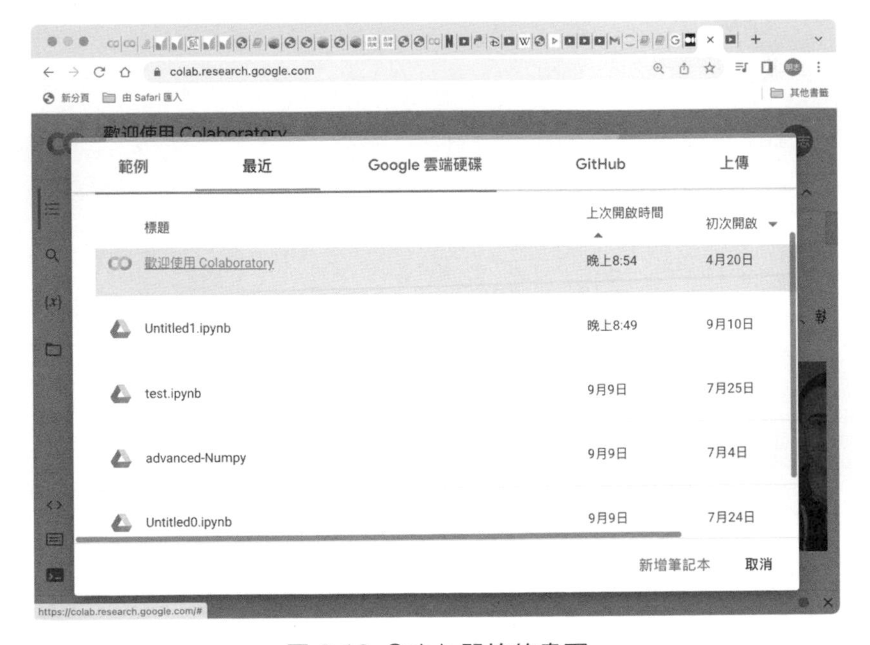

圖 0.12 Colab 開始的畫面

點選右下方的「新增筆記本」選項按鈕後，此時畫面如圖 0.13。

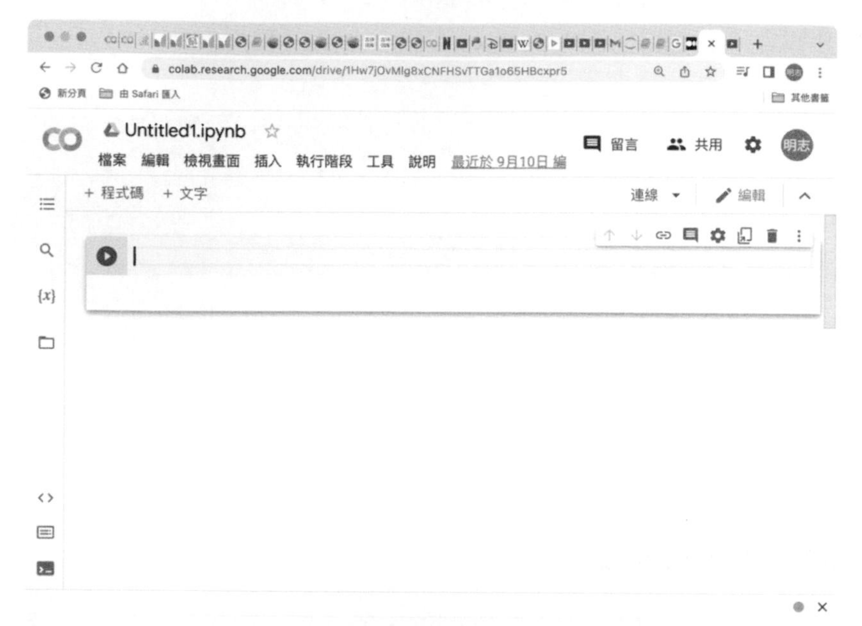

圖 0.13 Colab 整合性發展環境的畫面

接著在所謂的細胞格(cell)中鍵入程式，

如鍵入

```
print('Learning Python now!')
```

撰寫完後按下 ▶

此時的輸出結果就在其底下，如下所示：

你可以善用「檔案」選單下的選項，如圖 0.14：

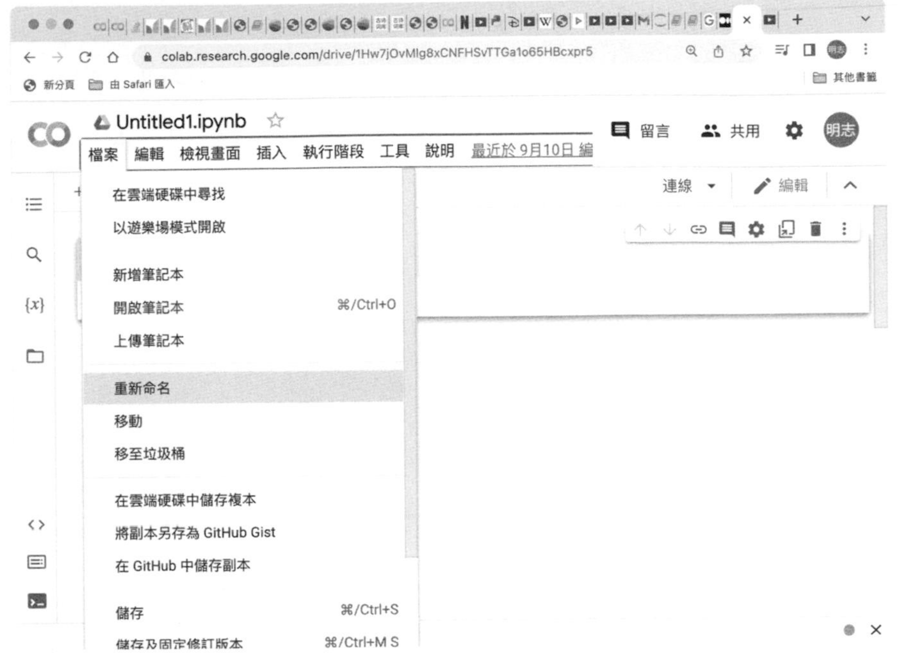

圖 0.14 「檔案」選單下的選項

利用「重新命名」的選項來更改檔名，假設改為 myFirst，注意，檔案的副檔名是 .ipynb。此時的畫面如圖 0.15 所示：

圖 0.15 編輯程式與重新命名後的畫面

若要加一細胞格，只要按下上方「＋程式碼」選項即可。此時畫面如圖 0.16 示：

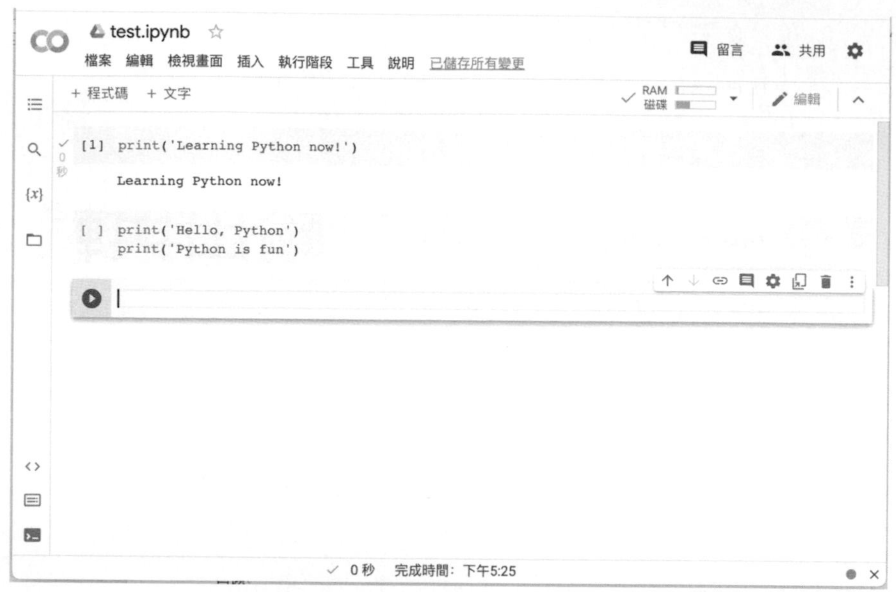

圖 0.16 點選「＋程式碼」選項後的畫面

至於其它的功能選項，請讀者自行演練。

習題

1. 請選擇上述其中一種整合性開發環境，輸入以下兩行敘述，然後加以執行之。

```
print('Hello, Python')
print('Python is fun')
```

2. 請撰寫三個敘述，用以輸出你的姓名、學號和聯絡電話。

CHAPTER

1 輸出與輸入

學程式語言大概會先從輸出與輸入(standard input/output)開始，因為在撰寫程式上這兩個主機幾乎會用到，還有要特別注意輸入是否正確，以防止所謂垃圾進，垃圾出(garbage in garbage out, GIGO)。同時，也要使輸出結果能夠美觀易懂。本章將先探討的是標準輸出與輸入(standard output/input)的敘述，也就是資料從螢幕顯示，而輸入的動作則從鍵盤輸入資料。讓我們開始啟動快樂學 Python 的旅程吧。

輸出與輸入敘述是我們與程式溝通的第一道門卡，Python 以 print()執行輸出的動作，以 input()執行輸入的動作。

1-1 輸出敘述

資料的型態(type)計有整數(integer)、浮點數(floating point number)和字串(string)。整數是沒有帶小數點的數值，而浮點數則是有帶小數點的數值。字串可由單引號或是雙引號括起來的資料。若要知道知道資料的型態可用type()來完成，請看以下敘述：

```
>>> type(100)
<class 'int'>
其中 int 表示整數

>>> type(123.456)
<class 'float'>
其中 float 表示浮點數
```

```
>>> type('Python')
<class 'str'>
其中 str 表示字串
```

還有一個是真假值，True 或 False，此屬於布林值(Boolean value)。

```
>>> type(True)
<class 'bool'>
其中 bool 表示布林值
```

以下將以 print() 敘述輸出整數、浮點數和字串。

1-1-1 每次 print 皆會跳行

```
#print
print(100)
print(123.456)
print('Python is fun.')
```

```
100
123.456
Python is fun.
```

程式第一行以 # 開頭的敘述，表示註解敘述(comment statement)。它是不會直譯的，僅是說明而已。除此之外，也可以使用 ''' 與 ''' 匹配的區段形成註解敘述，如下所示：

```
'''
以下是以
print() 敘述
執行輸出動作
'''
```

也可以一次輸出兩個資料，但之間要與逗號隔開。如下所示：

```
print(100, 200)
print(100,200)
print(100,      200)
print('I buy an iPhone', 13)
print('I buy an iPhone',    13)
```

```
100 200
100 200
100 200
I buy an iPhone 13
I buy an iPhone 13
```

奇妙的是，兩個輸出資料之間的逗號，不管空出多少格，都只會空一格。在視覺的感受上，只要在逗號後面空一格就可以，因為沒有空格會顯得太擠，空多格又顯得離太遠。

我們可以在輸出資料時，其前面加上一些輔助訊息，如 a = 100，則可以在輸出時也將「a =」 一起輸出。如下所示：

```
a = 100
print('a =', a)
```

```
a = 100
```

第一行是將 100 指定給變數(variable) a，所以 a 變數的值目前是 100。有關 = 這個符號是指定運算子，我們將在下一章再來詳談。在數值的運算上，+(加法運算子)會將兩個數值相加，若用於字串呢？

```
a = 100
b = 200
e = 'Apple'
f = ' iPhone 14'
print(e+f)
print(a+b)
```

```
Apple iPhone 14
300
```

上述的輸出結果可以得知，兩個字串可利用 + 來連結(concatenation)。當兩個字串太長無法在同一行時，則需要以 \ 來表示要繼續到下一行，假設要印出以下的結果：

```
Python is fun
So, learning Python now!
```

則我們可以利用以下三種方法來執行。

1. 以兩行的方式撰寫。

```
print('Python is fun')
print('So, learning Python now!')
```

2. 全部寫在同一行敘述，以\n 來跳下一行。

```
print('Python is fun\nSo, learning Python now!')
```

3. 以一變數設定字串，而且這字串連續到下一行。

```
message = 'Python is fun\n' +\
          'So, learning Python now!'
print(message)
```

第(2)方法是以\n 轉義字元(escape sequence)來執行跳行的動作，除了這個以外，還有一些較常用的轉義字元，如表 1-1。第(3)種方法故意以二行來表示，其中 + 表示字串相連，而行尾的 \ 表示字串還未結束，要延續到下一行。以上三種方法都可以達到上述所要的輸出結果。

表 1-1　一些常用的轉義字元

轉義字元	輸出
\\	\
\'	'
\"	"
\n	跳行
\b	後退一格

```
print('\\Hello, world\\')
print('\'Hello, world\'')
print('\"Hello, world\"')
print('Python is fun\nlearning Python now!')
print('abc\bdef')
```

```
\Hello, world\
'Hello, world'
"Hello, world"
Python is fun
learning Python now!
abdef
```

從輸出結果可以加以驗證一下。轉義字元是由 \ 開頭，後面接一字元，以得到此字元，或是給予新的功能。

程式倒數第二個 print() 中'abc\bdef', \b 會向後退一空格，所以將會指向 c，然後再輸出 def，此時 c 將會被蓋掉。

1-1-2 可以讓它不要跳行

你是否有發現每一次的執行完 print() 敘述後皆會跳行，若要讓它不要跳行，可以加上 end = '' 的參數。如下所示：

```
print(100)
print(200)
print(300, end = '')
print(400)
print(500, end = ' ')
print(600)
print(700, end = '***')
print(800)
```

```
100
200
300400
500 600
700***800
```

當 print()函式沒有 end = '' 的參數時，會自動跳下一行列印。end 等號後面的小括號可以沒有任何字元，也可以是空格或其它符號。印出 500 與 600 之間是空一格，而 700 與 800 之間以三個星星(***)隔開。

1-1-3 格式指定器

為了輸出結果能更加美觀，常要藉助所謂的格式指定器。Python 提供三種格式指定器，分別是 %、format()，以及 .format()。

一、% 格式指定器

以 % 開頭的格式指定器計有三個，分別是%d、%f 和 %s。

1. %d 整數格式

   %d 是整數的格式指定器. 當你在第一個字串參數上出現 **%d** 時，表示後面將會有一**整數值**與之配合。

```
a = 100
print('a = %d'%(a))
```

```
a = 100
```

   上述的 %d 將會對應一整數 a 的值加以印出。整數 a 的值與字串之間以 % 隔開。你會發現到還有一對小括號，若只有一個整數值，則此對小括號是可以省略的。

```
a = 100
b = 200
print('b = %d'%(b))
print('a = %d, b = %d'%(a, b))
```

```
b = 200
a = 100, b = 200
```

   程式的第二個 print()敘述，因為字串內有兩個 %d，所以 % 後面用一小括號將兩個變數 a 和 b 括起來，與前面字串的兩個%d 一對一的對應，第一個 %d 對應 a，第二個 %d 對應 b。

2. %f 浮點數格式

   %f 是浮點數的格式指定器。當你在第一個字串參數上出現 **%f** 時，表示後面將會有一**浮數數值**與之對應。

```
a = 100
b = 200
c = 123.456
print('c = %f'%(c))
print('a = %d, b = %d, c = %f'%(a, b, c))
```

```
c = 123.456000
a = 100, b = 200, c = 123.456000
```

   此處程式的第一個 print()敘述，其格式指定器是 %f，所以後面將以浮點數值對應。第二個 print()敘述，因為字串內有兩個 %d，一個 %f，所以

% 後面有三個變數與之一對一的對應。%f 與之對應 c 變數的資料是浮點數，其準確度會印出小數點後面六位數。

3. %s 字串格式

%s 是字串的格式指定器。當你在第一個字串參數上出現 **%s** 時，表示後面將會有一**字串**與之對應。

```
#explain \n
a = 100
b = 200
c = 123.456
d = 'Learning Python now!'
print('d = %s'%(d))
print('a = %d, b = %d, c = %f\nd = %s'%(a, b, c, d))
```

```
d = Learning Python now!
a = 100, b = 200, c = 123.456000
d = Learning Python now!
```

上述程式的此處程式的第一個 print()敘述，其格式指定器是 %s，所以後面將以字串對應。第二個 print()敘述，字串內有兩個 %d，一個 %f，以及一個 %s，所以 % 後面有兩個整數值，一個浮點數和一個字串四個變數，與之一對一的對應。%s 與之對應的資料是字串。還有一轉義序列(escape sequence)的符號 \n 表示跳行，它可以加在字串的任何地方。

4. 欄位寬

可以在格式指定器中加入欄位寬(field width)，用於規定印出時要多少個空間。若用及整數，其格式為 %md，表示共有 m 個空間，如 %6d 中的 6 表示有六個欄位寬。

```
# using %
#decimal
i_a = 1000
print('i_a =', i_a)
print('|%d|'%(i_a))
print('|%3d|'%(i_a))
print('|%6d|'%(i_a))
```

```
i_a = 1000
|1000|
|1000|
|  1000|
```

程式中的 %3d 由於此欄位寬小於要印出 1000 的四位數，所以此處的 3 將會失效，而成為 %d。%6d 表示給予 6 個空間，大於 1000 的四位數，所以會在左邊空兩個空白。

延續上一程式，若在格式指定器中有負號時，則表示向左靠齊，如 %-6d 表示有六個欄位寬，並向左靠齊。附帶說明一下，% 的格式指定器，對整數、浮點數和字串預設是向右靠齊。

```
print('|%-6d|'%(i_a))
```

```
|1000  |
```

上述程式多加了一對直線，旨在讓你更易看出空了多少空白之用。

若是用在浮點數，則其格式為 %m.nf 其表示有 m 的欄位寬，而且小數點後取 n 位，會四捨五入。注意，小數點也佔總位數一位喔！

```
#floating point
f_b = 123.465
print('f_b =', f_b)
print('|%f|'%(f_b))
print('|%.2f|'%(f_b))
print('|%5.2f|'%(f_b))
print('|%8.2f|'%(f_b))
print('|%-8.2f|'%(f_b))
```

```
f_b = 123.465
|123.465000|
|123.47|
|123.47|
|  123.47|
|123.47  |
```

此程式和整數的格式指定器相似，只是多了指定小數點後面的位數而已。此程式中的 f_b 是 123.465 要印出小數點後兩位數，所以最少的總欄位寬需要 6 位，因此 %5.2f 中的總欄位寬將會失效，而成為 %.2f。

若用及字串，則其格式為 %ms 和整數相似，只是將 d 改為 s 而已。

```
#string
s_c = 'Python'
print('s_c =', s_c)
print('|%s|'%(s_c))
print('|%2s|'%(s_c))
print('|%8s|'%(s_c))
print('|%-8s|'%(s_c))
```

```
s_c = Python
|Python|
|Python|
|  Python|
|Python  |
```

延續上一程式，%.ns 表示只要印出 n 個字元即可，不必在意其總欄位寬。

```
print('|%8.2s|'%(s_c))
print('|%.2s|'%(s_c))
```

```
|      Py|
|Py|
```

如此程式的 %8.2s 表示給予 8 個欄位寬，但只要印出 2 個字元即可，所以前面會空六個空白。而 %.2s 表示它只要印出 2 個字元，但不管欄位寬了，所以前面不會有空白。

由於在%的格式指定器中的格式是以 % 開頭，然後接 d 或 s 或 f，因此若要出 % 字元時，則需要以 %% 為之。如以下敘述：

```
>>> print('I want to a cup of %d%% orange juice'%(100))
    I want to a cup of 100% orange juice
```

在格式化的字串中，%% 將會印出 %。

上述的程式若設定的欄位寬比要印出的資料來得大時，則以空白表示，但這比較不容易看出到底空了多少空白，其實可以使用 0 來表示，這在欄位寬前加上 0 就可以達成：

```
print('%8d'%(100))
print('%08d'%(100))
```

```
    100
00000100
```

從輸出結果第二項得知，前面有五個 0，表示空了五個空格。

```
print('%9.2f'%(12.345))
print('%09.2f'%(12.345))
```

```
    12.35
000012.35
```

% 格式指定器可針對數值做以上的處理。

二、format() 格式指定器

除了上述的 % 格式指定器外，還有一個是 format 格式指定器。在 format() 的格式指定器，整數和浮點數預設是向右靠齊，而**字串是向左靠齊**，這與 % 的格式指定器略顯不同。

format() 格式指定器的語法如下：

```
format(variable_or_constant, 'format_specifier')
```

其中 variabe_or_constant 為變數名稱或常數，而 format_specifier 是格式規格。在格式規格中以 > 字符表示向右靠齊，以 < 字符表示向左靠齊，而以 ^ 字符表示向中靠齊。提醒你一下，上述的 % 格式指定器沒有置中的功能。

```
#using format
#decimal
#整數預設向右靠齊
i_a = 1000
print('i_a =', i_a)
print('Using format:')
print(format(i_a, 'd'))
print(format(i_a, '6d'))
print(format(i_a, '3d'))
print(format(i_a, '<6d'))
print(format(i_a, '>6d'))
print(format(i_a, '^6d'))
```

```
i_a = 1000
Using format:
1000
  1000
1000
1000
  1000
 1000
```

在 format() 格式指定器中是沒有 % 符號的，請注意。後面字串參數中的 d 表示對應一整數值，當然也可以加欄位寬。

```
#floating point
#浮點數預設向右靠齊
f_b = 123.465
print('f_b =', f_b)
print(format(f_b, 'f'))
print(format(f_b, '.2f'))
print(format(f_b, '8.2f'))
print(format(f_b, '5.2f'))
print(format(f_b, '<8.2f'))
print(format(f_b, '>8.2f'))
print(format(f_b, '^8.2f'))
```

```
f_b = 123.465
123.465000
123.47
  123.47
123.47
123.47
  123.47
 123.47
```

浮點數和整數一樣，輸出資料是預設為向右靠齊，所以使用格式規格 '8.2f' 和 '>8.2f' 輸出結果是相同的。還有當總欄位寬小於要輸出資料的位數時，此總欄位寬會失效，例如此程式的 %5.2f，因為輸出的資料若要正確輸出至少要六位的總欄位寬，所以 %5.2f 將變為 %.2f。

要特別注意的是，在 format 格式指定器輸出字串時，預設是向左靠齊的。若格式規格是 m.ns，則表示給予總欄位寬是 m 位，但只要印出 n 個字元的字串即可，若省略 m 則表示只要印出 n 個字元的字串，此時就不管總欄位寬了。

```
#字串預設為向左靠齊
s_c = 'Python'
print('s_c =', s_c)
print(format(s_c, 's'))
print(format(s_c, '2s'))
print(format(s_c, '.2s'))
print(format(s_c, '8s'))
print(format(s_c, '<8s'))
print(format(s_c, '>8s'))
print(format(s_c, '^8s'))
```

```
s_c = Python
Python
Python
Py
Python
Python
  Python
 Python
```

其中的 '.2s' 表示至多印出 2 個字元而已。所以輸出結果為 Py。

我們也可以利用 format 印出某一數值的二進位、八進位和十六進位的數值，如下所示：

```
print('106->b:', format(106, 'b'))
print('106->o:', format(106, 'o'))
print('106->d:', format(106, 'd'))
print('106->x:', format(106, 'x'))
print('106->X:', format(106, 'X'))
```

```
106->b: 1101010
106->o: 152
106->d: 106
106->x: 6a
106->X: 6A
```

此程式

```
format(106, 'b'))
```

表示將 106 以二進位(binary)的方式印出。若將 b 改為 o，則以八進位(octal)方式印出，若改為 x，則以十六進位印出。十六進位的數值共有 0、1、2、3、4、5、6、7、8、9、a、b、c、d、e、f 共以十五個數字來表示，其中 a 表示 10，b 表示 11，c 表示 12，d 表示 13，e 表示 14，f 表示 15。由於 10~15 是以英文字母表示，所以 x 是印出小寫的字母，而 X 則印出大寫的英文字母。

補充一下，上述的程式也可以使用 % 格式指定器，如下所示：

```
print('106->o: %o'%(106))
print('106->s: %s'%(106))
print('106->x: %x'%(106))
print('106->X: %X'%(106))
```

但 % 格式指定器沒有提供二進位的數值。

在 format 格式指定器中，若要將空白以某些字元表示，它比%更多采多姿，不僅可以使用 0，也可以使用其它的字元，只要在 < 或 > 或 ^ 字符前加上你要表示的字元即可。

```
print(format(100, '>8d'))
print(format(100, '<8d'))
print(format(100, '^8d'))
print()
print(format(100, '0>8d'))
print(format(100, '0<8d'))
print(format(100, '0^8d'))
print()
print(format(100, '*>8d'))
print(format(100, '*<8d'))
print(format(100, '*^8d'))
```

```
     100
100
  100

00000100
10000000
00100000
```

```
*****100
100*****
**100***
```

從輸出結果得知，100 若以向左或向中靠齊時，再以 0 補空白是不理想的，因為你看出其真正的數值是 100，所以使用其它字元較適合，例如此程式使用的 *。

三、.format() 格式指定器

這個格式指定器和 format()很類似，但用起來比較簡潔，不必像 format()每一個資料都要有 format 來表示其格式。.format() 格式指定器的語法如下：

```
'format_specifier'.format(variable_or_constant)
```

其中'format_specifier'是以{0}, {1}, {2},... 表示，第一個從 0 開始，依序加 1。這些對應後面的 variable_or_constant，它們是一對一的對應。在{0}, {1}, {2},... 內除了格式化字元外，可加上欄位寬與向左、向右或向中靠齊的字符，之間要以冒號隔開。如以下範例所示：

```
i_a = 1000
print('i_a =', i_a)
print('Using .format:')
print('{0:d}'.format(i_a))
print('{0:6d}'.format(i_a))
print('{0:3d}'.format(i_a))
print('{0:<6d}'.format(i_a))
print('{0:>6d}'.format(i_a))
print('{0:^6d}'.format(i_a))
```

```
i_a = 1000
Using .format:
1000
  1000
1000
1000
  1000
 1000
```

因為 .format 只有一個變數，所以只用{0}加上格式化的符號和字元來與之對應。若有三個資料要以 .format() 加以格式化字元時，則寫法如下：

```
print('{0:6d} {1:6d} {2:6d}'.format(10, 200, 3000))
```

```
    10    200   3000
```

```
print('{0:*>6d} {1:*>6d} {2:*>6d}'.format(10, 200, 3000))
print('{0:*<6d} {1:*<6d} {2:*<6d}'.format(10, 200, 3000))
print('{0:*^6d} {1:*^6d} {2:*^6d}'.format(10, 200, 3000))
```

```
****10 ***200 **3000
10**** 200*** 3000**
**10** *200** *3000*
```

和上一程式相比，你是否有感覺這一程式的輸出結果較易查看，到底空了多少空白。也可以將上述改為以下的程式，但輸出結果是一樣的。

```
print('{x:*>6d} {y:*>6d} {z:*>6d}'.format(x=10, y=200, z=3000))
print('{x:*<6d} {y:*<6d} {z:*<6d}'.format(x=10, y=200, z=3000))
print('{x:*^6d} {y:*^6d} {z:*^6d}'.format(x=10, y=200, z=3000))
```

```
****10 ***200 **3000
10**** 200*** 3000**
**10** *200** *3000*
```

和上一程式做個比較，我們發現此程式將 0, 1, 2 改以 x，y，z 表示，這時在後面的就要以這些名稱表示之，而且要加上等號，如 .format(x=100, y=200, z=300)。這個的好處是一眼就可得知某一資料是以何種格式化印出的，不必一一地去對照。

1-1-4 讓輸出更加美觀與易於閱讀

接下來我們將利用欄位寬，使輸出更美觀，當有多行資料輸出時更容易看出。我們來看幾個範例程式。

一、整數數值

我們以範例來加以說明。

```
num1 = 123
num2 = 123456789
num3 = 123456
#version 1.0
```

```
print(num1, num2, num3)
print(num2, num3, num1)
print(num3, num1, num2)
```

```
123 123456789 123456
123456789 123456 123
123456 123 123456789
```

以上程式是直接將變數值輸出，其結果不易閱讀，且不美觀，因為變數的大小不同其中有 3 位數、有 9 位數和 6 位數，以下程式我們利用 % 格式指定器來輔助。

```
#version 2.0
print('%d %d %d'%(num1, num2, num3))
print('%d %d %d'%(num2, num3, num1))
print('%d %d %d'%(num3, num1, num2))
```

```
123 123456789 123456
123456789 123456 123
123456 123 123456789
123456789
```

情況還是沒有改善，必須在格式規格 %d 再加上欄位寬，使其可以限制每一變數的輸出空間。

1. 總欄位寬為 10，並向右靠齊

```
#version 3.0
print(' %10d %10d %10d'%(num1, num2, num3))
print(' %10d %10d %10d'%(num2, num3, num1))
print(' %10d %10d %10d'%(num3, num1, num2))
```

```
       123  123456789     123456
 123456789     123456        123
    123456        123  123456789
```

有了欄位寬 10 後，你是否有感覺上述的輸出結果好看且易讀多了呢？注意，在 % 格式指定器輸出結果預設向右靠齊。如何取欄位寬大小，只要取輸出資料中最多位數加上 1 或 2 即可。好比此程式最多位數是 9，我們只加 1 當做欄位寬大小。

2. 總欄位寬為 10，並向左靠齊

若要使 % 格式指定器的輸出結果向左靠齊，則在上述格式規格的 % 後加上負號(-) 即可。

```
#version 4.0
print('%-10d %-10d %-10d'%(num1, num2, num3))
print('%-10d %-10d %-10d'%(num2, num3, num1))
print('%-10d %-10d %-10d'%(num3, num1, num2))
```

```
123        123456789  123456
123456789  123456     123
123456     123
```

這些結果皆是向左靠齊。

二、浮點數數值

浮點數的輸出格式規格基本上和整數大致相同，只是多了小數點後面的位數要幾位而已。

```
float1 = 1.234
float2 = 123456.789
float3 = 123.456

#version 1.0
print(float1, float2, float3)
print(float2, float3, float1)
print(float3, float1, float2)
```

```
1.234 123456.789 123.456
123456.789 123.456 1.234
123.456 1.234 123456.789
```

以上是直接將浮點數變數輸出。

```
#version 2.0
print('%f %f %f'%(float1, float2, float3))
print('%f %f %f'%(float2, float3, float1))
print('%f %f %f'%(float3, float1, float2))
```

```
1.234000 123456.789000 123.456000
123456.789000 123.456000 1.234000
123.456000 1.234000 123456.789000
```

此輸出結果雖然使用了 %f 格式規格，但還是不美觀且不易閱讀，因此，再加上總欄位寬和小數點後面的位數。其語法如下：

```
%m.nf
```

其中 m 表示總欄位寬，n 表示小數點後面的位數，請看以下範例程式。

1. 總欄位寬為 10，小數點後 2 位，並向右靠齊(預設)

```
#version 3.0
print('%10.2f %10.2f %10.2f'%(float1, float2, float3))
print('%10.2f %10.2f %10.2f'%(float2, float3, float1))
print('%10.2f %10.2f %10.2f'%(float3, float1, float2))
```

```
      1.23  123456.79     123.46
 123456.79     123.46       1.23
    123.46       1.23  123456.79
```

2. 總欄位寬為 10，小數點後 2 位，並向左靠齊

```
#version 4.0
print('%-10.2f %-10.2f %-10.2f'%(float1, float2, float3))
print('%-10.2f %-10.2f %-10.2f'%(float2, float3, float1))
print('%-10.2f %-10.2f %-10.2f'%(float3, float1, float2))
```

```
1.23       123456.79  123.46
123456.79  123.46     1.23
123.46     1.23       123456.79
```

三、字串

字串的輸出格式規格基本上和整數相同，請直接看範例。

```
str1 = 'kiwi'
str2 = 'pineapple'
str3 = 'orange'

#version 1.0
print(str1, str2, str3)
print(str2, str3, str1)
print(str3, str1, str2)
```

```
kiwi pineapple orange
pineapple orange kiwi
orange kiwi pineapple
```

以上的輸出結果不美觀也不易閱讀，以%s 的方式輸出看看：

```
#version 2.0
print('%s %s %s'%(str1, str2, str3))
print('%s %s %s'%(str2, str3, str1))
print('%s %s %s'%(str1, str2, str3))
```

```
kiwi pineapple orange
pineapple orange kiwi
kiwi pineapple orange
```

其輸出結果和上述差不多，因此再加上欄位寬。我們取最多位數的 pineapple 有 9 位，再加 1 為 10，當做欄位寬。

1. 欄位寬為 10，並向右靠齊

```
#version 3.0
print('%10s %10s %10s'%(str1, str2, str3))
print('%10s %10s %10s'%(str2, str3, str1))
print('%10s %10s %10s'%(str1, str2, str3))
```

```
      kiwi  pineapple     orange
 pineapple     orange       kiwi
      kiwi  pineapple     orange
```

2. 欄位寬為 10，但向左靠齊

```
#version 4.0
print('%-10s %-10s %-10s'%(str1, str2, str3))
print('%-10s %-10s %-10s'%(str2, str3, str1))
print('%-10s %-10s %-10s'%(str1, str2, str3))
```

```
kiwi       pineapple  orange
pineapple  orange     kiwi
kiwi       pineapple  orange
```

以上是利用 % 格式指定器，並加入欄位寬的格式規格完成輸出結果。

練習題

1. 試問以下敘述的輸出結果？

```
num1 = 123
num2 = 123456789
num3 = 123456

print('Using format:')
print(format(num1, '10d'), format(num2, '10d'), format(num3, '10d'))
print(format(num2, '10d'), format(num3, '10d'), format(num1, '10d'))
print(format(num3, '10d'), format(num1, '10d'), format(num2, '10d'))
```

2. 以 format 格式指定器處理 1-1-4 小節的範例程式，將浮點數向右靠齊，而字串向右和向左靠齊，最後的輸出結果與利用 % 格式指定器是一樣的。

3. 試問下一程式的輸出結果為何？

```
print('|', format(100, '6d'), '|')
print('|', format(100, '5d'), '\b|')
print('|%6d|'%(100))
print('|abc\bdef\b|')
```

參考解答

1.

```
#整數值
#向右靠齊
Using format:
       123  123456789     123456
 123456789     123456        123
    123456        123  123456789
```

2.

```
#浮點數值
#向右靠齊
float1 = 1.234
float2 = 123456.789
float3 = 123.456
print('Using format:')
print(format(float1, '10.2f'), format(float2, '10.2f'), format(float3,
'10.2f'))
```

```
print(format(float2, '10.2f'), format(float3, '10.2f'), format(float1,
'10.2f'))
print(format(float3, '10.2f'), format(float1, '10.2f'), format(float2,
'10.2f'))
```

```
Using format:
      1.23  123456.79     123.46
 123456.79     123.46       1.23
    123.46       1.23  123456.79
```

```
#字串
#向左靠齊
str1 = 'kiwi'
str2 = 'pineapple'
str3 = 'orange'

print('Using format:')
print(format(str1, '10s'), format(str2, '10s'), format(str3, '10s'))
print(format(str2, '10s'), format(str3, '10s'), format(str1, '10s'))
print(format(str3, '10s'), format(str1, '10s'), format(str2, '10s'))
```

```
Using format:
kiwi       pineapple  orange
pineapple  orange     kiwi
orange     kiwi       pineapple
```

```
#字串
#向右靠齊
str1 = 'kiwi'
str2 = 'pineapple'
str3 = 'orange'

print('Using format:')
print(format(str1, '>10s'), format(str2, '>10s'), format(str3, '>10s'))
print(format(str2, '>10s'), format(str3, '>10s'), format(str1, '>10s'))
print(format(str3, '>10s'), format(str1, '>10s'), format(str2, '>10s'))
```

```
Using format:
      kiwi  pineapple     orange
```

```
pineapple     orange        kiwi
   orange       kiwi   pineapple
```

3.
```
|    100 |
|   100|
|   100|
|abde|
```

1-2 輸入敘述

Python 的輸入敘述是用 input() 來完成。請參閱以下範例與說明。

```
#input string
str = input()
print(str)
```

```
Bright
Bright
```

輸出結果中畫底線是由使用者輸入的資料。這一程式有改善空間，加上提示訊息更好，因為它是使用者與程式溝通的媒介，否則使用者很難知道他要輸入什麼資料。

```
str = input('What is your name? ')
print(str)
```

```
What is your name? Bright
Bright
```

你是否覺得這程式友善多了？也可以將提示訊息，先指定給一變數，免得提示訊息過長不易閱讀。

```
hintMessage = 'What is your name? '
str = input(hintMessage)
print('How are you?', str)
```

```
What is your name? Bright
How are you?  Bright
```

input()輸入的資料預設為字串，所以當你要輸入數值資料時，則需要 eval() 函式的幫忙才可，否則會視為字串，這是初學者當犯的錯誤，切記。以下是在 Python shell 3.10.4 下執行的（你可以從 www.python.org 下載官方的 Python 直譯器，請參閱第 0 章），其中 >>> 是指引你撰寫程式的地方，而其下方是輸出結果。

```
>>> a = input('Enter an integer: ')
    Enter an integer: 100
>>> a
    '100'
```

你會發現上述你輸入的 100，是字串喔！你有沒有看到 100 是以單引號括住的。

1-2-1 將數值字串轉換為數值：eval()

即使你輸入是一整數或浮點數的數值，但它還是字串，因此要利用 eval()將數值字串轉為數值資料型態。

```
#input numeric
hintMessage = 'How old are you? '
year = eval(input(hintMessage))
print('I am', year, 'years old.')
print('I am %d years old.'%(year))
```

```
How old are you? 26
I am 26 years old.
I am 26 years old.
```

上述程式的輸出結果，以兩種方式表示，第一個為傳統的做法，第二個是以格式指定器來完成，%d 對應後面的 year 變數值。

Python 也可以一次可以輸入多個資料，但在輸入時資料之間要以逗號隔開，如：

```
a, b = eval(input('Enter two integer numbers: '))
print('a =', a, 'b =', b)
print('a = %d b = %d'%(a, b))
```

```
Enter two integer numbers: 100, 200
a = 100 b = 200
a = 100 b = 200
```

不要忘了，100 和 200 之間要有逗號，若沒有以逗號隔開，將會產生錯誤。

1-2-2 將字串左、右空白去除：strip()

當輸入的子串資料若有左、右空白時，則可呼叫 strip()將這些空白去除。

```
name = input('Enter your name: ')
print('|%s|'%(name))
name_strip = name.strip()
print('|%s|'%(name_strip))
```

```
Enter your name:     Bright Tsai
|    Bright Tsai    |
|Bright Tsai|
```

從輸出結果中，我們輸入的字串左、右都有空白，經過 strip()處理之後，左、右空白全不見了。此時字串也許就是你想要的。

1-2-3 轉換字串大、小寫英文字母：upper()、lower()

要將字串的資料轉換為大寫的英文字母，以 upper()方法執行之，而轉換為小寫英文字母，則以 lower() 方法為之，如下所示：

```
>>> 'Taiwan'.upper()
'TAIWAN'

>>> 'PYTHON'.lower()
'python'
```

有時要做比較時，常常會將字串加以轉換成一致的大寫或小寫英文字母。

1-2-4 關於 input() 函式的提示訊息

若 input()函式提示的訊息很長時，如以下範例：

```
ans = input('1  3  5  7\n9 11 13 15\nEnter y for yes, n for No: ')
```

```
print('ans =', ans)
```

```
1  3  5  7
9 11 13 15
Enter y for yes, n for No: y
ans = y
```

上述直接將提示訊息當做 input()的參數，比較不優，因為顯得太冗長，一般是將此提示訊息抽出，先指定給一變數後，再將此變數當做 input()函式的參數即可。

```
question1 = '1  3  5  7\n9 11 13 15\nEnter y for yes, n for No: '
ans = input(question1)
print('ans =', ans)
```

```
1  3  5  7
9 11 13 15
Enter y for yes, n for No: y
ans = y
```

易讀多了對吧？基本上，指定給 question1 變數的提示訊息字串若很長，可以分開幾行來撰寫。此時會用到 + 和 \ 的運算子。+是將兩個字串相連，而 \ 表示此行將延續下一行的敘述，這在前面已談過，如以下敘述所示：

```
question1 = '1  3  5  7\n' +\
            '9 11 13 15\n' +\
            'Enter y for yes, n for No: '
ans = input(question1)
print('ans =', ans)
```

```
1  3  5  7
9 11 13 15
Enter y for yes, n for No: y
ans = y
```

這種寫法你覺得如何？

因此，可將上述敘述擴充更長的字串，如下所示：

```
question1 = ' 1  3  5  7\n' +\
            ' 9 11 13 15\n' +\
            '17 19 21 23\n' +\
            '25 27 29 31\n' +\
```

```
             'Enter y for yes, n for No: '
ans = input(question1)
print('ans =', ans)
```

```
 1  3  5  7
 9 11 13 15
17 19 21 23
25 27 29 31
Enter y for yes, n for No: y
ans = y
```

練習題

1. 試將下一程式錯誤地方加以修正：

```
num_f = Input('輸入一浮點數: ')
print(num_f+100)
```

2. 請撰寫一程式，顯示以下的結果：

```
set5:
16 17 18 19
20 21 22 23
24 25 26 27
28 29 30 31
Enter y for yes, n for No: n
ans = n
```

參考解答

1.

```
num_f = eval(input('輸入一浮點數: '))
print(num_f+100)
```

2.

```
question5 = 'set5:\n' +\
            '16 17 18 19\n' +\
            '20 21 22 23\n' +\
            '24 25 26 27\n' +\
            '28 29 30 31\n' +\
            'Enter y for yes, n for No: '
ans = input(question5)
print('ans =', ans)
```

1-3 個案研究

個案研究題目：猜猜你生日是何日。

先從十進位轉換為二進位、八進位和十六進位說起。將十進位的數值轉換為二進位，只要將它除以 2，取其商，再將此商視為被除數，除以 2，重複上述的動作，直到商小於 2 就結束。每次除以 2 皆會記錄其餘數，如將 100 轉換為二進位，請參閱圖 1.1：

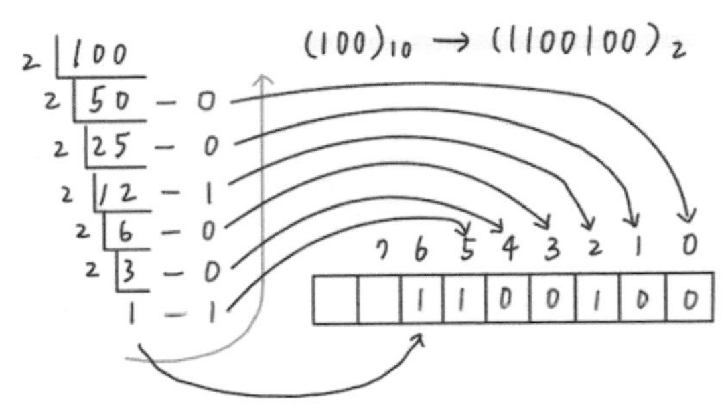

圖 1.1 將十進位 100 轉換爲二進位

最後由下往上寫出其餘數，結果是 $(100)_{10}$ = $(1100100)_2$。這個二進位的資訊告訴我們是以 64(2^6) 加上 32(2^5)和 4(2^2)的總和。如圖 1.2 所示：

2^6	2^5	2^4	2^3	2^2	2^1	2^0
1	1	0	0	1	0	0

圖 1.2 二進位 1100100 轉換爲十進位

因此，利用上述轉換的方式，將十進位的 30 轉換為二進位，結果是 $(30)_{10}$ = $(11110)_2$，也就是 30 是以 16(2^4) 加上 8(2^3) 加上 4(2^2)加上 2(2^1) 的總和。我們可將$(11110)_2$ 看成是五個位元，由右至左編號是從 0 開始，我們將它看成是第一個位元，那麼 30 會出現在第二個、第三個、第四個和第五個的位元上。將這些位元所代表的數字加總就是這個數字 30。

一個人的生日是何日，其實只要將 1~31 這 31 個數字以二進位表示，然後以五個位元就夠了，因為 2^5 是 32 了。這些數字只要指定某些位元為 1 就可以。如圖 1-3 所示：

數值	2^4	2^3	2^2	2^1	2^0
1	0	0	0	0	1
2	0	0	0	1	0
3	0	0	0	1	1
4	0	0	1	0	0
5	0	0	1	0	1
6	0	0	1	1	0
7	0	0	1	1	1
8	0	1	0	0	0
9	0	1	0	0	1
10	0	1	0	1	0
11	0	1	0	1	1
12	0	1	1	0	0
13	0	1	1	0	1
14	0	1	1	1	0
15	0	1	1	1	1
16	1	0	0	0	0
17	1	0	0	0	1
18	1	0	0	1	0
19	1	0	0	1	1
20	1	0	1	0	0
21	1	0	1	0	1
22	1	0	1	1	0
23	1	0	1	1	1
24	1	1	0	0	0
25	1	1	0	0	1
26	1	1	0	1	0
27	1	1	0	1	1
28	1	1	1	0	0
29	1	1	1	0	1
30	1	1	1	1	0
31	1	1	1	1	1

圖 1.3 將 1 到 31 的數字以五個位元表示之

從圖 1.3 中發現 1~31 數值中，最右邊位元(2^0)皆有 1，我們以 hintDay1 變數來表示這一組數字，如下所示：

```
hintDay1 = 'set1:\n' +\
           ' 1  3  5  7  9\n' + \
           '11 13 15 17 19\n' + \
           '21 23 25 27 29\n' + \
           '31\n\n' +\
           'Is your birthday in set1 (y/n)? '

ans1 = input(hintDay1)
print('ans1 =', ans1)
```

```
set1:
  1  3  5  7  9
 11 13 15 17 19
 21 23 25 27 29
 31
Is your birthday in set5 (y/n)? y
ans1 = y
```

以上 set1 集合以 hintDay1 敘述完成。字串中的 \n 表示跳行，字串與字串以＋連接起來。若字串有連接到下一行時，則必須在行尾加上 \。接下來是 set2 集合，在圖 1.3 中，右邊開始第二個位元(2^1)是 1，以 hintDay2 的敘述表示如下：

```
hintDay2 = 'set2:\n' +\
           ' 2  3  6  7 10\n' + \
           '11 14 15 18 19\n' + \
           '22 23 26 27 30\n' + \
           '31\n\n' +\
           'Is your birthday in set2 (y/n)? '

ans2 = input(hintDay2)
print('ans2 =', ans2)
```

```
Is your birthday in set2 (y/n)? n
ans2 = n
```

請你自個兒動手，不要看圖 1-3 的答案，寫出 1-31 數字的二進位表示，看看答案是否一樣。圖 1-3 會繼續給其它章節使用，所以請務必要了解。

練習題

1. 以本節所談到的轉換方法，將十進位的 205 和 123，轉換為二進位、八進位和十六進位。最後再以 format()格式指定器驗證之。
2. 仿照上述 set1 和 set2 的做法，將 1~31 數字，出現在編號 2、3、4 位元的數字分別以 set3、set4，以及 set5 表示之。可參考圖 1.3。

參考解答

1. $(205)_{10} = (11001101)_2$

   $(205)_{10} = (315)_8$

   $(205)_{10} = (cd)_{16}$

   $(123)_{10} = (1111011)_2$

   $(123)_{10} = (173)_8$

   $(123)_{10} = (7b)_{16}$

   接下來撰寫程式驗證之。

```
print(format(205, 'b'))
print(format(205, 'o'))
print(format(205, 'x'))
print(format(205, 'X'))
print()
print(format(123, 'b'))
print(format(123, 'o'))
print(format(123, 'x'))
print(format(123, 'X'))
```

```
11001101
315
cd
CD

1111011
173
7b
7B
```

2.
```
hintDay3 = 'set3:\n' +\
           ' 4  5  6  7 12\n' + \
           '13 14 15 20 21\n' + \
           '22 23 28 29 30\n' + \
           '31\n\n' +\
           'Is your birthday in set3 (y/n)? '
ans3 = input(hintDay3)
print('ans3 =', ans3)

hintDay4 = 'set4:\n' +\
           ' 8  9 10 11 12\n' + \
           '13 14 15 24 25\n' + \
           '26 27 28 29 30\n' + \
           '31\n\n' +\
           'Is your birthday in set4 (y/n)? '
ans4 = input(hintDay4)
print('ans4 =', ans4)

hintDay5 = 'set5:\n' +\
           '16 17 18 19 20\n' + \
           '21 22 23 24 25\n' + \
           '26 27 28 29 30\n' + \
           '31\n\n' +\
           'Is your birthday in set5 (y/n)? '
ans5 = input(hintDay5)
print('ans5 =', ans5)
```

看完了輸出與輸入後，接下來要來看撰寫程式時不可或缺的主角，那就是運算子。

習題

1. Python 的 print()敘述預設是會跳下一行，若要印完後不跳行應如何處理。
2. Python 提供哪幾個格式指定器，試分別闡述之。
3. 試問下一程式的輸出結果：

```
print('|%8d %8d %8d|'%(1234, 1234567, 12))
print('|', format(1234, '8d'), format(1234567, '8d'), format(12, '8d'), '|')
print('|', format(1234, '7d'), format(1234567, '8d'), format(12, '8d'), '|')
print('|', format(1234, '7d'), format(1234567, '8d'), format(12, '8d'), '\b|')
```

4. 以 .format 格式指定器處理 1-1-4 小節的範例程式，將浮點數向右靠齊，而字串向右和向左靠齊，最後的輸出結果與利用 % 格式指定器是一樣的。
5. 在輸入敘述 input()需注意什麼事項。
6. 仿照個案研究，請將 1~50 的數字將其轉換為二進位後，出現在編號 0、1、2、3、4、5 位元的數字分別以 set1、set2、set3、set4，set5 以及 set6 表示之。順便印出你在每一個 setN (N=1, 2, 3, 4, 5, 6)輸入的字元是 y 或 n。

CHAPTER

2

運算子

運算子(operator) 是一符號(symbol)，用以表示某一項的功能。運算子需注意其運算優先順序(priority) 與結合性(associativity)。例如我們皆知的先乘、除，後加、減，這是所謂的運算優先順序，而結合性表示是從左至右運算，或是從右至左運算。

2-1 指定運算子

指定運算子(assignment operator) 的符號(=)和數學式中的等號相同，但意思不同，它表示將右邊的值指定給左邊的變數。如

```
a = 100
```

一個運算式(expression) 是由運算子和運算元(operand) 所組成，其中運算元可以是變數或是常數。

此為一運算式，其中運算子有指定運算子(=)。運算元(operand) 則為 100(常數)。上式的運算式表示將常數 100 指定給變數 a。

指定的運算子的運算優先順序很低，也就是一條敘述內若有其它的運算子，則其它的運算子運作完之後，才會輪到指定運算子。還有指定運算子的結合性是由右至左，這和大多數運算子的結合性由左至右不同。可以將某一資料指定給多個變數，以下的敘述是正確的。

```
a = b = c = 100
```

也就是先將 100 指定給 c，之後再指定給 b，最後指定給 a。因此 a、b，以及 c 的值皆為 100。

2-2 算術運算子

在運算過程中一定會用到算術運算子(arithmetic operator)，如表 2-1 所示：

表 2-1 算術運算子

+	加
-	減
*	乘
/	除
//	相除只取整數的商
%	相除只取餘數
**	次方

以下的敘述若開頭有 >>> 表示是在 Python shell 3.10.4 下執行的，這可以馬上驗證答案是否正確，以及了解運算子的涵義。注意，也許你此時下載的版本比我的還新，沒有關係，照樣是可以執行的。

```
>>> a = 100
>>> a + 10
    110
>>> a - 20
    80
>>> a * 2
    200
>>> a / 8
    12.5
>>> a // 8
    12
>>> a % 8
    4
>>> a ** 2
    10000
```

內文中若有>>>符號，表示是在 Python IDLE shell 下執行的，否則是在 Python 官方版本的 IDLE 的選單下或其它 Python 平台下執行的。我們來撰寫一程式，將華氏溫度轉為攝氏溫度。利用一提示訊息，將使用者輸入華氏溫度轉換為攝氏溫度。

範例程式：degree.py

```
01  fah = eval(input('請輸入華氏溫度： '))
02  cel = (fah - 32) * 5 / 9
03  print('華氏溫度 %d 度\n 等於攝氏溫度 %.2f 度'%(fah, cel))
```

```
請輸入華氏溫度： 212
華氏溫度 212 度
等於攝氏溫度 100.00 度
```

```
請輸入華氏溫度： 100
華氏溫度 100 度
等於攝氏溫度 37.78 度
```

在撰寫程式時要特別注意，必須將華氏溫度減 32 用小括號括起來，否則會產生邏輯錯誤(logical error)。此種錯誤較不易除錯，因為雖然你的想法是對的，但在程式運算中，需先將它以小括號括起來，讓減的運算優先順序提高先處理，否則會產生錯誤的答案。

在一些國家的車子中，其汽車的儀表板是以英哩(mile)表示，如美國、英國，而在一些國家則是以公里(kilometer)表示，如德國、法國等等。台灣也是以公里來表示。我們來撰寫一程式，提示使用者輸入英哩數值，將其轉換為公里數值後加以印出。

範例程式：mileToKm.py

```
01  mile = eval(input('請輸入英哩數: '))
02  km = 1.6 * mile
03  print('%d 英哩等於 %.2f 公里'%(mile, km))
```

```
請輸入英哩數: 96
96 英哩等於 153.60 公里
```

算術運算子的運算優先順序是先乘、除，後加、減。所以 *、/、//、%，以及 ** 高於 +、-。而有關於結合性則由左至右，如下說明：

```
>>> 3 * 5 // 2
7
```

因為 * 和 // 運算優先順序相同，所以要靠結合性，由左至右執行之，先計算 3 * 5 得到的 15 後，再除以 2 取整數，答案是 7。若是由右至左計算，則將會是 6。

若你因為題目的解法的關係，一定要先計算 5 // 2，此時可利用小括起括起這運算式，因為小括號會改變運算優先順序，此時它會先處理，如下所示：

```
>>> 3 * (5 // 2)
6
```

上述運算的結果將是 6。結果是有差異的，不可不謹慎之。

練習題

1. 請撰寫一程式，提示使用者輸入英吋，將它轉為公分後加以印出。(1 英吋等於 2.54 公分)
2. 請撰寫一程式，提示使用者輸入位元組(bytes)數量，將它轉為多少 GB 單位後加以印出。(1KB 等於 1024 Bytes，1MB 等於 1024K，1GB 等於 1024M)

參考解答

1.
```
#inch->centimeter
inc 數量請輸入多少英吋? '))
centimeter = inch * 2.54
print('%d inch = %.2f centimeter'%(inch, centimeter))
```

```
請輸入多少英吋? 53
53 inch = 134.62 centimeter
```

2.
```
byte = eval(input('多少個位元組? '))
gigaByte = byte / (1024**3)
print('%d bytes = %.2f GB'%(byte, gigaByte))
```

```
多少個位元組? 9345678910
9345678910 bytes = 8.70 GB
```

2-3 算術指定運算子

算術指定運算子(arithmetic assignment operator)表示算術運算子和指定運算子合併在一起。這有什麼好處呢？如以下敘述：

```
a = 100
a = a + 1
```

其表示將 a 變數加 1 後再指定給 a，因此 a 變為 101。其中 a 寫了兩次，因此可寫成：

```
a += 1
```

其中 += 是算術指定運算子。除了上述的 += 外，其它的算術運算子也是可以和指定運算子搭配寫在一起的，如：

```
a = 100
a *= 2
```

則 a 將成為 200。

練習題

1. 試問以下程式的輸出結果。

```
a = b = c = d = e = 100
a += 3
print(a)

b -= 3
print(b)

c *= 3
print(c)

d //= 3
```

```
print(d)

e %= 3
print(e)
```

1.
```
103
97
300
33
1
```

2-4 關係運算子

關係運算子(relational operator)又稱比較運算子(comparative operator)，用以判斷條件運算式的真、假。如表 2-2 所示：

表 2-2 關係運算子

<	小於
<=	小於等於
>	大於
>=	大於等於
==	等於
!=	不等於

其中等於是兩個等號(==)，不可以和一個等號(=)的指定運算子搞混。關係運算子，表示判斷運算式的左邊和右邊的值是否相等。凡是由關係運算子組成的條件運算式，其結果不是真(True)，就是假(False)，不會半真半假。請看以下的敘述：

```
>>> a = 100
>>> a > 100
    False
>>> a >= 100
    True
```

```
>>> a < 100
    False
>>> a <= 100
    True
>>> a == 100
    True
>>> a != 100
    False
```

你是否發現上述的敘述的答案不是 True 就是 False。附帶一提的是，關係運算子的運算優先順序比算術運算子來得低，但高於指定運算子，而結合性和算術運算子相同，由左至右結合運算。

練習題

1. 試問以下程式的輸出結果。

```
a = 100
print('a =', a)
a = 20
print('a =', a)
print('%d == 100: %s'%(a, a == 100))
print('%d != 100: %s'%(a, a != 100))
```

2. 試問以下程式的輸出結果。

```
a = 100
print('a =', a)
print('a > 100 ?', a > 100)
print('a >= 100 ?', a >= 100)
print('a < 100 ?', a < 100)
print('a <= 100 ?', a <= 100)
print('a == 100 ?', a == 100)
print('a != 100 ?', a != 100)
```

參考解答

1.

```
a = 100
a = 20
20 == 100: False
20 != 100: True
```

2.
```
a = 100
a > 100 ? False
a >= 100 ? True
a < 100 ? False
a <= 100 ? True
a == 100 ? True
a != 100 ? False
```

2-5 邏輯運算子

當一個關係運算式無法滿足需求時，則要有多個關係運算式加以組合，此時要靠邏輯運算子(logical operator)，如表 2-3 所示：

表 2-3 邏輯運算子

and	且
or	或
not	反

當兩個條件運算式以 and 組合時，其表示「而且」，此時兩個條件皆要為真，最後的結果才會是真。

如表 2-4 所示

表 2-4 and 運算

條件式 1	條件式 2	and 運算後最後結果
True	True	True
True	False	False
False	True	False
False	False	False

若以 or 組合時，則表示「或」的意思，此時兩個條件只要一個為真，最後的結果就會是真。如表 2-5 所示

表 2-5 or 運算

條件式 1	條件式 2	or 運算後最後結果
True	True	True
True	False	True
False	True	True
False	False	False

最後是 not，其表示「相反」的意思，將會把結果由真變為假，由假變為真。如表 2-6 所示

表 2-6 not 運算

條件式	not 運算後最後結果
True	False
False	True

請參閱以下的敘述與其結果：

```
>>> a = 100
>>> a <= 100 and a > 50
    True
>>> a <= 50 or a >= 90
    True
>>> a > 100 and a < 50
    False
>>> not  (a > 100)
    True
>>> not (a <= 100)
    False
>>>
```

邏輯運算子的運算優先順序低於關係運算子，當中 not 高於 and，and 又高於 or。其結合性也是由左至右。關係運算子和邏輯運算子，是選擇敘述和迴圈敘述中不可或缺的運算子。

我們將上述所討論的運算子，以表 2-7 做個摘要。

表 2-7　有關運算子的運算優先順序與其結合性

運算子	運算優先順序（數字愈小愈高）	結合性
()	1	由左至右
**	2	左至右
not	3	左至右
*, /, //	4	左至右
+, -	5	左至右
<, <=, >, >=	6	左至右
==, !=	7	左至右
and	8	左至右
or	9	左至右
=, +=, -=, *=, /=, //=, **=	10	由右至左

練習題

1. 試問以下程式的輸出結果。

```
a = 100
b = 200
print(a > b and a < 100)
print(a >= 100 and b >= 200)
print(a < b or a > b)
print(not a)
print(not 0)
print(not -100)
```

2. 判斷是否為閏年的條件是(1)、可被 400 整除，或是(2)、可被 4 整除，但不可被 100 整除。這兩個條件只要一個成立即可。試撰寫其條件運算式。

參考解答

1.
```
False
True
True
False
True
False
```

2. 假設你輸入一年份 year，則判斷其閏年的條件如下：

```
leapYear = year % 400 or (year % 4 == 0 and year % 100 != 0)
```

若 leapYear 為 True，則表示閏年，否則為平年。

2-6 一些有用的內建函式與方法

在 Python 直譯器中有一些內建函式，如表 2-8 所示：

表 2-8 Python 內建的函式

pow(a, b)	a 的 b 次方(a^b)
round(a, n)	將 a 值四捨五入到小數點後第 n 位
round(a)	將 a 值四捨五入為整數，若與兩數接近，則取偶數。
abs(x)	取 x 的絕對值
max(item1, item2, ..., itemN)	取 item1, item2, ..., itemN 的最大值
min(item1, item2, ..., itemN)	取 item1, item2, ..., itemN 的最小值

請參閱以下範例程式，並驗證其結果是否和表 2-8 所述相同。我們就不再一一加以說明。

```
>>> b = 25
>>> pow(b, 2)
    625
>>> pow(b, 0.5)
    5.0

>>> round(123.456, 2)
    123.46
>>> round(123.478, 2)
    123.48
>>> round(123.467, 2)
    123.47

>>> round(12.56)
    13
```

```
>>> round(13.56)
    14
>>> round(12.46)
    12
>>> round(12.5)
    12

>>> abs(-2.34)
    2.34
>>> abs(2.34)
    2.34
>>> max(12, 32, 2, 67, 56)
    67
>>> min(12, 32, 2, 67, 56)
    2
```

在一些模組下有很實用的方法，如在 random 模組可利用 randint(a, b)產生 a 到 b 的整數。

```
import random
randNum = random.randint(1, 49)
print(randNum)
```

```
6
```

因為這是亂數產生器產生的數字，所以你的答案也許會和我不一樣喔！

2-7 math 模組提供的方法

在 math 模組提供一些常用解答數學運算的方法，如表 2-9 所示：

表 2-9　math 模組提供的方法

sqrt(x)	x 的平方根
pi	圓周率
sin(x)	sin(x)
cos(x)	cos(x)
ceil(x)	取大於 x 的最小正整數

floor(x)	取小於 x 的最大正整數
exp(x)	e^x
log(x)	$log_e(x)$
log(x, b)	$log_b(x)$
degrees(x)	將 x 弧度(radian)轉為度數(degree)
radians(x)	將 x 度數(degree)轉為弧度(radian)

使用這些方法時，務必要先利用

```
import math
```

載入 math 模組。接著要使用這些方法時，一定要使用 math 名稱加上句點去觸發這些方法。請看以下的範例程式。

範例程式：math-1.py

```
01  import math
02  a = 256
03  print('sqrt(256) =', math.sqrt(a))
04  print('pi =', math.pi)
05  print('sin((1/2)pi) =', math.sin((1/2)*math.pi))
06  print('cos((1/2)pi) =', math.cos((1/2)*math.pi))
```

```
sqrt(256) = 16.0
pi = 3.141592653589793
sin((1/2)pi) = 1.0
cos((1/2)pi) = 6.123233995736766e-17
```

三角函式的 $sin(90^0)$ 等於 1，$cos(90^o)$ 趨近於 0。

範例程式：math-2.py

```
01  import math
02  c = 123.456
03  d = 32
04  print('ceil(123.456) =', math.ceil(c))
05  print('floor(123.456) =', math.floor(c))
06  print('exp(1) =', math.exp(1))
07  print('log(exp(1)) =', math.log(math.exp(1)))
08  print('log(32, 2) =', math.log(d, 2))
```

```
ceil(123.456) = 124
floor(123.456) = 123
exp(1) = 2.718281828459045
log(exp(1)) = 1.0
log(32, 2) = 5.0
```

程式當中

ceil(123.456) 表示大於 123.456 的最小正整數，所以輸出結果是 124。

floor(123.456) 表示小於 123.456 的最大正整數，所以輸出結果是 123。

exp(1) 表示 e^1，其結果大約 2.71828。

log(exp(1)) 表示 $\log_e e^1$，所以值為 1。

log(32, 2) 表示 $\log_2 32$，所以值為 5.0

範例程式：math-3.py

```
01  print('degrees(pi) =', math.degrees(math.pi))
02  print('radians(180) =', math.radians(180))
```

```
degrees(pi) = 180.0
radians(180) = 3.141592653589793
```

可以使用 degrees(pi) 將 pi 轉換為 180°，而 radians(180)轉換為 pi，實際值大約是 3.14159，這也是我們常常在計算圓面積使用的圓周率常數。

範例程式：distance.py

```
01  import math
02  x1, y1 = eval(input('請輸入(x1, y1)的座標： '))
03  x2, y2 = eval(input('請輸入(x2, y2)的座標： '))
04
05  dist = math.sqrt((x2-x1)**2 + (y2-y1)**2)
06  print('distance = %.2f'%(dist))
```

```
請輸入(x1, y1)的座標： 2, 2
```

```
請輸入(x1, y1)的座標： 8, 6
distance = 7.21
```

此程式是先提示使用者輸入兩個座標點(x_1, y_1)，(x_2, y_2)，之後求出兩點之間的距離。兩點之間的距離公式如下：

$$\sqrt{(x_1 - x_2)^2 + (y_1 - y_2)^2}$$

其中的開根號可以使用 math.sqrt()來完成。熟悉上述的公式後，往後在解題上幫助很大的。

練習題

1. 試問以下程式的輸出結果：

```
a = 5
b = 23.789
print(pow(a, 3))
print(round(b))
print(round(b, 1))
print(max(a, b))
print(min(a, b))
```

2. 試問以下程式的輸出結果：

```
import math
c = 567.89
d = 100
print('ceil(567.89) =', math.ceil(c))
print('floor(567.89) =', math.floor(c))
print('exp(0) =', math.exp(0))
print('log(exp(10)) =', math.log(math.exp(10)))
print('log(100, 10) =', math.log(d, 10))
```

參考解答

1.
```
125
24
23.8
23.789
5
```

2. ceil(567.89) = 568
   floor(567.89) = 567
   exp(0) = 1.0
   log(exp(10)) = 10.0
   log(100, 10) = 2.0

看完了運算子之後，接下來將進入程式的邏輯思維，也就是選擇敘述與迴圈敘述，我們將分兩個章節加以討論。

習題

1. 試撰寫一程式，提示使用者輸入攝氏溫度，然後將其轉換為華氏溫度。
2. 試撰寫一程式，提示使用者輸入圓的半徑，然後算出圓的面積和周長。
3. 試撰寫一程式，提示使用者輸入公里數，將其轉換為英哩數，當我們輸入 100，就可得知高速公路限速 100 公里，相當於限速多少英哩。
4. 乙狀結腸函式(sigmoid function)又稱羅吉斯函式(logistic function)。其公式為 $1/(1+e^{-x})$，試撰寫一程式，提示使用者輸入三個 x 數值分別為 -1、0、1，然後計算其 sigmoid 函式值為何？
5. $E = MC^2$ 表示能量(E)等於質量(M)乘以光速的平方，光速為一常數(299792458 m/s)，s 是秒數，m 是公尺。這是公認的物理宇宙法則，它是以“質能守恆定律”運作的，即質量可轉化為能量，能量也可轉化為質量。能量的單位是焦耳，質量的單位是公斤。試撰寫一程式，計算一公克大約多少焦耳。1 焦耳等於施加 1 牛頓作用力經過 1 公尺距離所需要的能量，單位是$(kg*m^2)/s^2$。
6. 試問下一程式的輸出結果為何？

```
import math
print('#1:', 100 / 3)
print('#2:', 100 // 3)
print('#3:', 100 % 3)
print('#4:', 100 ** 2)
print('#5:', round(14.5))
print('#6:', round(15.5))
```

```
print('#7:', round(789.456, 1))
print('#8:', round(789.456, 2))
print('#9:', math.pow(100, 2))
print('#10:', math.ceil(67.45))
print('#11:', math.floor(67.45))
print('#12:', math.exp(0))
print('#13:', 100 > 100)
print('#14:', 100 == 100)
print('#15:', 100 != 200)
print('#16:', 100 >= 100 and 200 < 200)
print('#17:', not (100 >= 100))
print('#18:', math.sqrt(10000))
print('#19:', math.log(100, 10))
print('#20:', abs(-111))
```

CHAPTER

3

選擇敘述

程式的運行基本上是一行接一行的執行，但有時我們會選擇哪些敘述要做、哪些不要做，而不是全部買單，這有如日常生活中的現象，會選擇做什麼而不做什麼。例如，在經濟許可下，你會出國讀研究所。條件是經濟許可，才會執行出國讀書，若此條件不成立，那就在國內讀研究所。

選擇敘述(selection statement)也是如此，判斷某條件若成立，則做什麼，不成立則做另一件事。其實人生都充滿了選擇不是嗎？你可以隨便舉一些例子。在 Python 程式中要判斷條件式是否成立(或為真)，則需要藉助前一章的關係運算子和邏輯運算子。

Python 的選擇敘述共有三類，分別是 if，if...else，以及 if...elif...else。我們以下將一一說明之。

3-1 if 敘述

if 選擇敘述只在乎條件為真時，要執行什麼而已，至於條件為假時，是不予以理會的。

3-1-1 if 敘述的語法

if 敘述的語法如下：

```
if condition:
    statement(s)
```

此語法對應的流程圖如圖 3.1 所示：

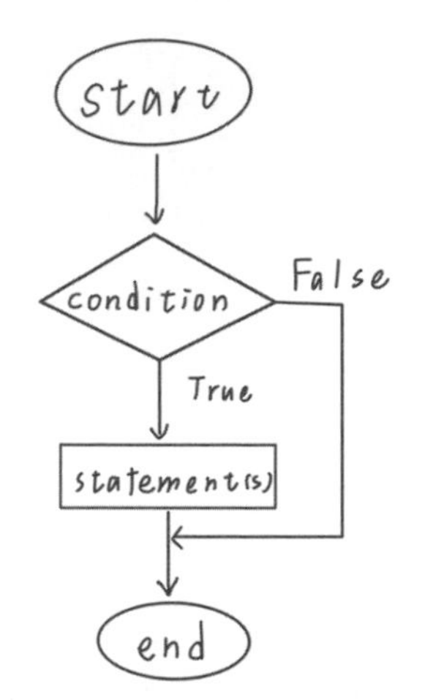

圖 3.1 if 敘述對應的流程圖

表示若 condition 的條件式是真，則執行 statement(s)。若為假，則什麼都沒做。其中 statement(s)要內縮，它可以是一條敘述或是多條敘述。若是多條敘述，則不僅要內縮，而且也要對齊。要內縮幾格沒有硬性規定，但一般常規是 4 個空格。

範例程式：if-1.py

```
01  ans = input('Is Python fun (y or n)? ')
02
03  if ans == 'y':
04      print('Yes, I want to learn Python now')
05  print('over')
```

```
Is Python fun (y or n)? y
Yes, I want to learn Python now
over
```

```
Is Python fun (y or n)? n
over
```

以上是執行兩次的結果。程式當你輸入是 y 時，將執行其條件式為 True 所對應的敘述，若輸入是 n，則不會執行任何敘述，直接印出 over。

若條件式為 True，要執行多個敘述時，則要將這些敘述內縮，而且對齊，請看以下的範例程式。

範例程式：if-2.py

```
01  ans = input('Is Python fun (y or n)? ')
02
03  if ans == 'y':
04      print('Yes, I want to learn Python now')
05      print('and you?')
06  print('over')
```

```
Is Python fun (y or n)? y
Yes, I want to learn Python now
and you?
over
```

```
Is Python fun (y or n)? n
over
```

先印出提示訊息詢問使用者，當使用者輸入是 y 時，則會執行對應內縮的兩個敘述。若使用者輸入是 n 時，則直接跳到印出 over。

上述程式要注意的事項：

1. if 敘述最後要冒號(:)
2. 若要比較左右是否相等時，需使用關係運算子 ==，而不是指定運算子 =。
3. Python 是以內縮與對齊的方式來執行該做的事項。

3-1-2 兩數對調

傳統上，要處理兩數對調，需要藉助一變數，而不可以執行以下的動作：

```
a = 100
b = 200
a = b
b = a
print('a =', a)
print('b =', b)
```

```
a = 200
b = 200
```

最後的結果 a 和 b 將都是 200。以下的程式是提示使用輸入兩個數值，若第一個大於第二個數值時，則加以對調。它需藉助另一暫時的變數，如 temp，程式如下所示：

範例程式：swap-1.py

```
01  a = eval(input('Enter a number: '))
02  b = eval(input('Enter the other number: '))
03  print('a = %d, b = %d'%(a, b))
04  
05  #swap two variables when a > b
06  if a > b:
07      temp = a
08      a = b
09      b = temp
10  print('a = %d, b = %d'%(a, b))
```

```
Enter a number: 200

Enter the other number: 100
a = 200, b = 100
a = 100, b = 200
```

要特別注意的是，當 a > b 條件為真時，若執行多個敘述，則這些敘述不僅要內縮，而且也要對齊。

而 Python 將上述對調的程式簡化，以下一敘述就可完成兩數對調。

```
a, b = b, a
```

其實我們可以一次輸入兩個資料。以下的程式將予以驗證之。

範例程式：swap-2.py

```
01  a, b = eval(input('Enter two numbers: '))
02  print('a = %d, b = %d'%(a, b))
03
04  #swap two variables
05  a, b = b, a
06  print('a = %d, b = %d'%(a, b))
```

```
Enter two numbers: 200, 100
a = 200, b = 100
a = 100, b = 200
```

要注意的是，一次輸入兩個變數值時，之間要以逗號隔開，二個以上的變數值亦相同。

練習題

1. 請輸入一整數，判斷它是否大於 0，若是，則輸出此數大於 0。
2. 試問下一程式的輸出結果：

```
a = 168
b = 158
print('a = %d, b = %d'%(a, b))

if a > b:
    a = b
    b = a
print('a = %d, b = %d'%(a, b))
```

3. 小明撰寫了判斷某數是否為偶數的程式，請你幫忙除錯一下，感謝。

```
a = eval(input('Enter a number: '))
if a / 2 = 0:
print(a, '是偶數')
```

參考解答

1.

```
a = eval(input('Enter a number: '))
if a > 0:
    print('%d is greater than 0'%(a))
print('Over')
```

```
Enter a number: 100
100 is greater than 0
Over
```

```
Enter a number: -100
Over
```

以上是執行兩次的結果。

2.
```
a = 168, b = 158
a = 158, b = 158
```

說明：此程式的動作將會導致 a 的值和 b 的值是相同的。

3.
```
a = eval(input('Enter a number: '))
if a % 2 == 0:
    print(a, '是偶數')
```

3-2 if...else 敘述

上一節 if 敘述只在乎當條件是真時所要處理的事項，條件是假時不予以理會。本節將討論當真和假時皆有處理的事項，此時就要使用 if...else，就是條件為真時，做什麼事，否則，做另一些事。講白話一點，若有兩個選項要單選時，則以 if...else 敘述表示之。

3-2-1 if...else 敘述的語法

if...else 敘述的其語法如下：

```
if condition:
    statementA
else:
    statementB
```

此語法對應的流程圖如圖 3.2 所示：

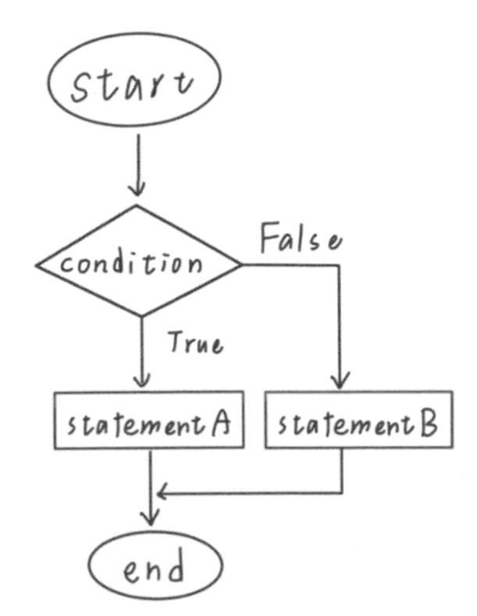

圖 3.2 if...else 語法對應的流程圖

若 condition 的條件式是真，則執行 statementA。若為假，則執行 statementB。statementA 和 statementB 皆要內縮，若是多條敘述不僅內縮，而且也要對齊。

我們再將 3-1 節的程式加以擴充，請看以下範例程式。

範例程式：if_else.py

```
01  ans = input('Is Python fun (y or n)? ')
02
03  if ans == 'y':
04      print('Yes, I want to learn Python now')
05  else:
06      print('No, I prefer to learn C')
07  print('over')
```

```
Is Python fun (y or n)? y
Yes, I want to learn Python now
over
```

```
Is Python fun (y or n)? n
No, I prefer to learn C
over
```

以上是執行兩次的結果。注意！else 後面也要冒號(:)，其要執行的敘述也要內縮。

有時常會使用 random 模組下的 randint(a, b)方法，產生[a, b]之間的數值。

```
import random
a = random.randint(1, 100)
print(a)
```

```
52
```

程式首先使用 import random 載入 random 模組。random.randint(1, 100)產生 1~100 之間的數值，不過你我產生的數值可能會不一樣。也可以呼叫此模組下的 seed(number)方法，以 number 當其種子，若你我使用相同的種子，則會產生相同的數值。

```
import random
random.seed(1)
a = random.randint(1, 100)
print(a)
```

```
18
```

此時皆會產生相同的數值 18。

3-2-2 除了 0 以外，其餘的數字皆為 True

在判斷真、假時，Python 將數字 0 視為 False，其它數字不管是正數或是負數皆為 True，以下我們以幾個範例來說明。

```
a = 0
if a:
    print('True')
else:
    print('False')
```

```
False
```

因為 a 等於 0，所以是假，因此印出 False。你可以利用邏輯運算子 not ，將真變假，假變真。

```
a = 0
if not a:
    print('True')
else:
    print('False')
```

```
True
```

原來 a 等於 0 是假，經由 not 運算後變為真。所以印出 True。

```
a = 1
if a:
    print('True')
else:
    print('False')
```

```
True
```

此程式 a 是 1，所以是真，因此印出 True。即使 a 是負數 -1 或是浮點數 1.2 也都是真，你可以自行執行看看。

3-2-3 if...else 另一種表達方式

在 if...else 的表示上，有一種方式更簡潔，其語法如下：

```
條件式真時的值 if 條件式 else 條件式為假時的值
```

如計算某一整數的絕對值，一般我們會以 if...else 這樣撰寫：

```
num = eval(input('Enter an integer: '))
if num >= 0:
    abs = num
else:
    abs = -num
print('abs(%d) is %d'%(num, abs))
```

```
Enter an integer: -100
abs(-100) is 100
```

```
Enter an integer: 100
abs(100) is 100
```

以簡潔的方式表示如下：

```
num = eval(input('Enter an integer: '))
abs = num if num >= 0 else -num
print('abs(%d) is %d'%(num, abs))
```

我們將 if...else 的片段程式改以粗體那一條敘述來表示，這使得程式更簡潔了，你覺得如何？

練習題

1. 提示使用者輸入一整數，判斷它是否大於 0 或小於 0，試撰寫一程式測試之。
2. 提示使用者輸入一 Python 的期中考和期末考分數，期中考佔 40%，期末考佔 60%，最後計算其最後分數，並判斷是否 pass 或 fail，試撰寫一程式測試之。
3. 試問以下程式的輸出結果：

```
a = -100
if a:
    print('True')
else:
    print('False')

if not a:
    print('True')
else:
    print('False')
```

4. 試問以下程式的輸出結果：

```
num = eval(input('Enter a number: '))
y = 'True' if num else 'False'
print('%d is %s'%(num, y))
```

參考解答

1.
```
a = eval(input('Enter a number: '))
if a > 0:
    print('%d is greater than 0'%(a))
else:
    print('%d is less than 0'%(a))
print('Over')
```

```
Enter a number: 100
100 is greater than 0
Over
```

```
Enter a number: -100
-100 is less than 0
Over
```

以上是執行兩次的結果。

2.
```
midterm = eval(input('請輸入期中考分數: '))
final = eval(input('請輸入期末考分數: '))
average = midterm * 0.4 + final * 0.6
print('最後總成績:', average)
if average >= 60:
    print('Pass')
else:
    print('fail')
```

```
請輸入期中考分數: 90

請輸入期末考分數: 80
最後總成績: 84.0
Pass
```

3.
```
True
False
```

4.
```
Enter a number: 100
100 is True
```

```
Enter a number: 0
0 is False
```

```
Enter a number: -100
-100 is True
```

以上是執行三次的結果。

3-3 if...elif...else 敘述

當有三個選項要做單選時，則需使用 if...elif...else 敘述。

3-3-1 if...elif...else 敘述的語法

if...elif...else 敘述的語法如下：

```
if conditionA:
    statementA
elif conditionB:
    statementB
else:
    statementC
```

此語法對應的流程圖如圖 3.3 所示：

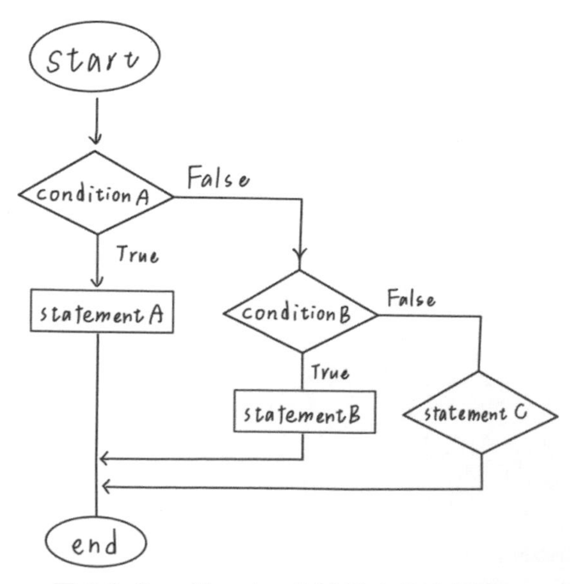

圖 3.3 if...elif...else 敘述對應的流程圖

圖 3.3 的執行步驟如下：

1. 若 conditionA 的條件式是真，則執行 statementA，並結束此選擇敘述。
2. 若 conditionA 的條件式為假，則再判斷 conditionB 的條件式是否為真，若為真，則執行 statementB，並結束此選擇敘述。
3. 若 conditionB 條件式為假，則執行 statementC。

在 if...elif...else 敘述中只會執行 statementA、statementB、statementC 其中一個敘述而已。請看以下範例程式。

範例程式：language.py

```
01  print('What do you prefer to learn Python, C or None?')
02  ans = input('p for Python, c for C, n for None: ')
03  if ans == 'p':
04      print('I prefer to learn Python')
05  elif ans == 'c':
06      print('I prefer to learn C')
07  else:
08      print('I do not like programming language')
```

```
What do you prefer to learn Python, C or None?
p for Python, c for C, n for None: p
I prefer to learn Python
```

此程式由使用者輸入一字串，因為有三種選擇分別是 Python、C 和 None，所以使用 if...elif...else。

若有更多的條件時，可依此類推，其敘述將為：

```
if...elif...(elif...)else
```

其中(elif...)可以多個，視條件的個數而定。

3-3-2 製作交談式人機介面的選單

有些問題可能要多個 elif 才能夠執行。例如，在陌生的地方，在紅綠燈前，要直走或左轉或右轉常常會傷腦筋。以下的程式將製作一交談式人機介面(interactive human-machine interface)的選單，提示使用者若輸入 1 時，則直走；若輸入 2 時，則右轉；若輸入 3 時，則左轉。

範例程式：trafficSign.py

```
01  print('straight to NY, right turn to NJ, and left turn to Michigan')
02  print('1: straight')
03  print('2: right turn')
04  print('3: left turn')
05  
06  d = eval(input('Enter your choice: '))
07  if d == 1:
08      print('straight to NY')
09  elif d == 2:
10      print('right turn to NJ')
11  elif d == 3:
12      print('left turn to Michigan')
13  else:
14      print('wrong choice')
```

```
straight to NY, right turn to NJ, and left turn to Michigan
1: straight
2: right turn
3: left turn

Enter your choice: 2
right turn to NJ
```

此程式用了兩個 elif，因為最後的 else 在使用者不是輸入 1~3 其中一個數值時，將會印出 wrong choice 字串。

我們去餐廳吃飯，服務生會遞給你菜單，以下是某一餐廳的主選項。

範例程式：menu.py

```
01  print('*** dinner menu ***')
02  print('1: beef')
03  print('2: chicken')
04  print('3: pork')
05  print('4: fish')
06  
07  choice = eval(input('Enter your choice: '))
08  if choice == 1:
09      print('you choice beef')
10  elif choice == 2:
```

```
11        print('you choice chicken')
12    elif choice == 3:
13        print('you choice pork')
14    elif choice == 4:
15        print('you choice fish')
16    else:
17        print('wrong choice')
```

```
*** dinner menu ***
1: beef
2: chicken
3: pork
4: fish

Enter your choice: 4
you choice fish
```

再來看一個範例，2022/11 將舉行台北市長選舉，假設有目前有三位候選人，分別是 1 號陳＊中，2 號黃＊珊，3 號蔣＊安，請你輸入你想要投的候選人。如以下程式所示：

範例程式：election.py

```
01  print('*** Taipei city major candidate ***')
02  print('1: 陳*中')
03  print('2: 黃*珊')
04  print('3: 蔣*安')
05
06  num = eval(input('Enter candidate number: '))
07  if num == 1:
08      print('你投給陳*中')
09  elif num == 2:
10      print('你投給黃*珊')
11  elif num == 3:
12      print('你投給蔣*安')
13  else:
14      print('無效選票')
```

```
*** Taipei city major candidate ***
1: 陳*中
2: 黃*珊
3: 蔣*安
Enter candidate number: 1
你投給陳*中
```

```
*** Taipei city major candidate ***
1: 陳*中
2: 黃*珊
3: 蔣*安
Enter candidate number: 2
你投給黃*珊
```

```
*** Taipei city major candidate ***
1: 陳*中
2: 黃*珊
3: 蔣*安
Enter candidate number: 3
你投給蔣*安
```

```
*** Taipei city major candidate ***
1: 陳*中
2: 黃*珊
3: 蔣*安
Enter candidate number: 4
無效選票
```

練習題

1. 請輸入一整數，判斷它是否大於 0 或小於 0 或等於 0。
2. 試除錯以下的程式碼：

```
choice = eval(input('Enter your status: ')
If choice = 1
    print('You are a freshman')
else if choice = 2
    print('You are a sophoman')
else if choice = 3
print('You are a junior')
else
    print('You are a senior')
```

3. 請修改上述的台北市長選舉，以隨機亂數產生候選人的號碼。

參考解答

1.
```
a = eval(input('Enter a number: '))
if a > 0:
    print('%d is greater than 0'%(a))
elif a < 0:
    print('%d is less than 0'%(a))
else:
    print('%d is equal to 0'%(a))
print('Over')
```

```
Enter a number: 100
100 is greater than 0
Over
```

```
Enter a number: -100
-100 is less than 0
Over
```

```
Enter a number: 0
0 is equal to 0
Over
```

2.
```
choice = eval(input('Enter your status: '))
if choice == 1:
    print('You are a freshman')
elif choice == 2:
    print('You are a sophoman')
elif choice == 3:
    print('You are a junior')
elif choice == 4:
    print('You are a senior')
else:
    print('invalid choie')
```

請自行測試此程式的每一結果。

若是多於三個條件時，則以 if...elif...elif...else 加以判斷之。這比上述三個選項的敘述多了一個 elif 而已，依此類推。

3.
```
# major election
import random
chen = 0
huang = 0
jiang = 0
invalid = 0

for i in range(10):
    print('*** Taipei city major candidate ***')
    print('1: 陳*中')
    print('2: 黃*珊')
    print('3: 蔣*安')
    print('#%d '%(i), end='')
    num = random.randint(1, 4)
    print('num: ', num)
    if num == 1:
        print('你投給陳*中\n')
        chen += 1
    elif num == 2:
        print('你投給黃*珊\n')
        huang +=1
    elif num == 3:
        print('你投給蔣*安\n')
        jiang +=1
    else:
        print('無效選票\n')
        invalid += 1
print('chen: %d, huang: %d, jiang: %d, invalid: %d'%(chen, huang, jiang,
invalid))
```

3-4 判斷是否為閏年

若要多個條件組合在一起才能判斷其真假時，則需利用第 2 章談到的 and(且)、or(或)、not(反)等邏輯運算子來結合完成，最終的結果不是真就是假。我們以一判斷某一年是否為閏年的範例程式來說明。

```
#add logical operator
#leap year or not
#version 1.0
year = eval(input('Enter a year: '))
if year % 400 == 0 or (year % 4 == 0 and year % 100 != 0):
    print('%d is leap year'%(year))
else:
    print('%d is not leap year'%(year))
```

```
Enter a year: 2020
2020 is leap year
```

```
Enter a year: 2022
2021 is not leap year
```

你也可以將條件式獨立出來，指定給一個變數，再以此變數當做條件式，判斷它是否為真(True)。

```
#version 2.0
year = eval(input('Enter a year: '))
conditions = year % 400 == 0 or (year % 4 == 0 and year % 100 != 0)
if conditions:
    print('%d is leap year'%(year))
else:
    print('%d is not leap year'%(year))
```

```
Enter a year: 2020
2020 is leap year
```

```
Enter a year: 2022
2021 is not leap year
```

若要讓程式更簡潔，可以將每一個條件獨立出來，所以共有三個條件，如下所示：

```
#version 3.0
year = eval(input('Enter a year: '))
cond1 = year % 400 == 0
cond2 = year % 4 == 0
cond3 = year % 100 != 0

if cond1 or (cond2 and cond3):
    print('%d is leap year'%(year))
else:
    print('%d is not leap year'%(year))
```

你覺得上述的程式是否較易閱讀呢？

練習題

1. 申請獎學金的條件有下列兩個條件：

   (1) 平均分數大於等於 85，而且體育成績大於 80，

   (2) 或是在 Python 競賽中得獎皆可參加。

   請撰寫一程式測試之。

參考解答

1.
```
score = eval(input('輸入平均分數: '))
sports = eval(input('輸入體育成績: '))
awards = input('輸入有無得到獎項(yes or no): ')
condition = (score >= 85 and sports > 80) or awards =='yes'
if condition:
    print('你可以申請獎學金')
else:
    print('你不可以申請獎學金')
```

```
輸入平均分數: 90

輸入體育成績: 90

輸入有無得到獎項(yes or no): no
你可以申請獎學金
```

3-5 巢狀 if

在 if 敘述中又有一 if 敘述，此稱為巢狀 if(nested if)。由於 Python 是以對齊來判斷是屬於哪一個敘述對應的執行動作，所以較易分辨，請看以下範例與說明。

```
num = eval(input('Enter an integer: '))
if num >= 60:
    if num >= 90:
        print('you are better')
else:
    print('fail')

print('over')
```

```
Enter an integer: 90
you are better
over
```

此程式的 else 是與第一個 if 對應，而不是第二個 if，因為 else 和第一個 if 對齊的關係。因此，輸入 90 時會印出以上的輸出結果，若是輸入低於 60，如 59，則輸出結果如下：

```
Enter an integer: 59
fail
over
```

下一程式的 else 與第二個 if 敘述對齊，所以與之對應。

```
num = eval(input('Enter an integer: '))
if num >= 60:
    if num >= 90:
        print('you are better')
    else:
        print('you are fine')

print('over')
```

```
Enter an integer: 78
you are fine
over
```

```
Enter an integer: 92
you are better
over
```

此程式只要輸入的值是介於 60 與 90 之間時，則如輸出結果所示，若輸入的值小於 60 時，如 59，則輸出結果如下：

```
Enter an integer: 59
over
```

第三個程式每一個 if 敘述皆有對應的 else 敘述，端看哪一個 else 敘述與哪一個 if 敘述對齊。

```
num = eval(input('Enter an integer: '))
if num >= 60:
    if num >= 90:
        print('you are better')
    else:
        print('you are fine')
else:
    print('fail')
print('over')
```

```
Enter an integer: 92
you are better
over
```

```
Enter an integer: 80
you are fine
over
```

```
Enter an integer: 50
fail
over
```

我們可以從輸出結果得到上述程式的對應關係。有底線的 if 與有底線的 else 對應，而外圍的 if 與最後一個 else 對應。

練習題

1. 若要輸出以下的結果：

```
Enter an integer: 88
you are fine
over
```

```
Enter an integer: 97
you are fine
over
```

```
Enter an integer: 50
over
```

試問以下的程式哪裡出錯了，請你加以 Debug。

```
num = eval(input('Enter an integer: '))
if num >= 60:
    if num >= 90:
        print('you are better')
else:
    print('fail')

print('over')
```

參考解答

1.

```
num = eval(input('Enter an integer: '))
if num >= 60:
    if num >= 90:
        print('you are better')
    else:
        print('you are fine')

print('over')
```

3-6 if...else 與使用兩個 if 之差異

if...eles 當有一條件成立時，就印出其結果，同時此敘述就結束執行，但若以兩個 if 敘述執行的話，雖然也可以輸出同樣的結果，但較耗時，因為每一個 if 敘述皆會被執行一次，即使第一個 if 已得到答案了，下一個 if 還是需要再執行。在 if...else 或是 if...elif...(elif)else 敘述中只會有一個條件是成立的，當有條件式成立時，整個敘述將結束之。

下一範例是判斷你輸入的數值是偶數或是奇數：

```
n = eval(input('Enter an integer: '))
if n % 2 == 0:
    print(n, 'is even number.')
else:
    print(n, 'is odd number')
```

```
Enter an integer: 12
12 is even number.
```

```
Enter an integer: 13
13 is odd number.
```

若以兩個 if 來撰寫：

```
n = eval(input('Enter an integer: '))
if n % 2 == 0:
    print(n, 'is even number.')
if n % 2 != 0:
    print(n, 'is odd number')
```

```
Enter an integer: 12
12 is even number.
```

```
Enter an integer: 13
13 is odd number.
```

你會發現以 if...else 和兩個 if 來撰寫程式，其結果是一樣的。因為一數值不是偶數就是奇數，所以答案是單選的，因此使用 if...else 較佳，因為當你輸入是 12 時，if...else 這敘述就結束了，但用兩個 if，即使第一個成立了，第二個 if 還是要執行判斷。

若是答案是複選時，則必須一一的以 if 敘述來完成，例如要判斷某一數值是 3 或是 5 的倍數，它有可能同時滿足 3 和 5 的倍數，因此不可以使用 if...else 來處理。

```
num = eval(input('Enter an integer: '))
if num % 3 == 0:
    print(num, '是 3 的倍數')
if num % 5 == 0:
    print(num, '是 5 的倍數')
if num % 3 != 0 and  num % 5 != 0:
    print(num, '不是 3 的倍數，也不是 5 的倍數')
print('over')
```

```
Enter an integer: 9
9 是 3 的倍數
over
```

```
Enter an integer: 30
30 是 3 的倍數
30 是 5 的倍數
over
```

```
Enter an integer: 13
13 不是 3 的倍數，也不是 5 的倍數
over
```

練習題

1. 若將上述的程式改為如下，試問執行時會有正確的結果嗎？有什麼問題存在？

```
num = eval(input('Enter an integer: '))
if num % 3 == 0:
    print(num, '是 3 的倍數')
elif num % 5 == 0:
    print(num, '是 5 的倍數')
else:
    print(num, '不是 3 的倍數，也不是 5 的倍數')
print('over')
```

參考解答

1.
```
Enter an integer: 9
9 是 3 的倍數
over
```

```
Enter an integer: 30
30 是 3 的倍數
```

```
Enter an integer: 20
20 是 5 的倍數
over
```

```
Enter an integer: 11
11 不是 3 的倍數，也不是 5 的倍數
over
```

從輸出結果中，有一些答案是錯的，如 30 可以是 3 的倍數，也是 5 的倍數，但此程式只輸出它是 3 的倍數。你可以發現輸入值不管為何，只有一個答案會出現而已，所以此程式不適合用於複選的問題上。

3-7 個案研究

我們以第 1 章 1-3 節猜生日的個案繼續延伸，此章加入選擇敘述，使用很簡單的 if 來判斷你生日的何日有無在某一個集合表格中，若有，則加此集合表格的代表數字。由於生日是 1~31 之間的某一個數字，因此可用 5 個位元即可表示，因為 2^5 是 32，含蓋 1~31 的數字。

在第 1 個集合表格的數字表示這些數字皆含有最右邊的位元(2^0)，因此若選擇此集合表格時，將會在總和上加 1(2^0)，以此類推，若選擇第 2 個集合表格，則總和要加 2(2^1)，選第 3 個集合表格，則總和要加 4(2^2)，若選擇第 4 個集合表格，則表示總和要加 8(2^3)，若選擇第 5 個集合表格，則表示總和要加 16(2^4)。

範例程式：birthdayWithSelection-1.py

```
01  day = 0
02  name = input('Enter your name: ')
03  hintDay1 = 'set1:\n' +\
04              ' 1  3  5  7  9\n' + \
05              '11 13 15 17 19\n' + \
06              '21 23 25 27 29\n' + \
07              '31\n\n' +\
08              'Is your birthday in set1 (y/n)? '
09
10  ans1 = input(hintDay1)
11  if ans1 == 'y':
12      day += 1
13
14  hintDay2 = 'set2:\n' +\
15              ' 2  3  6  7 10\n' + \
16              '11 14 15 18 19\n' + \
17              '22 23 26 27 30\n' + \
18              '31\n\n' +\
19              'Is your birthday in set2 (y/n)? '
20
21  ans2 = input(hintDay2)
22  if ans2 == 'y':
23      day += 2
24
25  hintDay3 = 'set3:\n' +\
26              ' 4  5  6  7 12\n' + \
27              '13 14 15 20 21\n' + \
28              '22 23 28 29 30\n' + \
29              '31\n\n' +\
30              'Is your birthday in set3 (y/n)? '
31
32  ans3 = input(hintDay3)
33  if ans3 == 'y':
34      day += 4
35
36  hintDay4 = 'set4:\n' +\
37              ' 8  9 10 11 12\n' + \
```

```
38                    '13 14 15 24 25\n' + \
39                    '26 27 28 29 30\n' + \
40                    '31\n\n' +\
41                    'Is your birthday in set4 (y/n)? '
42
43  ans4 = input(hintDay4)
44  if ans4 == 'y':
45      day += 8
46
47  hintDay5 = 'set5:\n' +\
48                    '16 17 18 19 20\n' + \
49                    '21 22 23 24 25\n' + \
50                    '26 27 28 29 30\n' + \
51                    '31\n\n' +\
52                    'Is your birthday in set5 (y/n)? '
53
54  ans5 = input(hintDay5)
55  if ans5 == 'y':
56      day += 16
57
58  print('\nHi, %s'%(name))
59  print('your birthday is %d'%(day))
```

```
Enter your name: Bright

set1:
 1  3  5  7  9
11 13 15 17 19
21 23 25 27 29
31

Is your birthday in set1 (y/n)? y

set2:
 2  3  6  7 10
11 14 15 18 19
22 23 26 27 30
31

Is your birthday in set2 (y/n)? n
```

```
set3:
 4  5  6  7 12
13 14 15 20 21
22 23 28 29 30
31

Is your birthday in set3 (y/n)? y

set4:
 8  9 10 11 12
13 14 15 24 25
26 27 28 29 30
31

Is your birthday in set4 (y/n)? y

set5:
16 17 18 19 20
21 22 23 24 25
26 27 28 29 30
31

Is your birthday in set5 (y/n)? n

Hi, Bright
your birthday is 13
```

練習題

1. 將個案研究的程式修改為可以猜出你生日是何月、何日。此題只要再加上可以讓使用者選擇月份的集合表格。

參考解答

1. 只加上以下程式判斷月份的敘述，由於月份是 1~12，所以只要四個集合表格即可，如下所示：

範例程式：birthdayWithSelection-2.py

```
01  month = 0
02  day = 0
03  name = input('Enter your name: ')
```

```
04  print('\n 生日何月有無出現在下方集合表格中：')
05  hintMonth1 = 'set1:\n' +\
06                      ' 1  3  5  7\n' + \
07                      ' 9 11\n' + \
08                      'Is your birthday in set1 (y/n)? '
09  ans1 = input(hintMonth1)
10  if ans1 == 'y':
11      month += 1
12
13  hintMonth2= 'set2:\n' +\
14                      ' 2  3  6  7\n' + \
15                      '10 11\n' + \
16                      'Is your birthday in set2 (y/n)? '
17  ans2 = input(hintMonth2)
18  if ans2 == 'y':
19      month += 2
20
21  hintMonth3 = 'set3:\n' +\
22                      ' 4  5  6  7 12\n' + \
23                      'Is your birthday in set3 (y/n)? '
24  ans3 = input(hintMonth3)
25  if ans3 == 'y':
26      month += 4
27
28  hintMonth4 = 'set4:\n' +\
29                      ' 8  9 10 11 12\n' + \
30                      'Is your birthday in set4 (y/n)? '
31  ans4 = input(hintMonth4)
32  if ans4 == 'y':
33      month += 8
34
35  print('\n 生日何日有無出現在下方集合表格中：')
36  hintDay1 = 'set1:\n' +\
37                ' 1  3  5  7  9\n' + \
38                '11 13 15 17 19\n' + \
39                '21 23 25 27 29\n' + \
40                '31\n\n' +\
41                'Is your birthday in set1 (y/n)? '
```

```
42  ans1 = input(hintDay1)
43  if ans1 == 'y':
44      day += 1
45
46  hintDay2 = 'set2:\n' +\
47             ' 2  3  6  7 10\n' + \
48             '11 14 15 18 19\n' + \
49             '22 23 26 27 30\n' + \
50             '31\n\n' +\
51             'Is your birthday in set2 (y/n)? '
52  ans2 = input(hintDay2)
53  if ans2 == 'y':
54      day += 2
55
56  hintDay3 = 'set3:\n' +\
57             ' 4  5  6  7 12\n' + \
58             '13 14 15 20 21\n' + \
59             '22 23 28 29 30\n' + \
60             '31\n\n' +\
61             'Is your birthday in set3 (y/n)? '
62  ans3 = input(hintDay3)
63  if ans3 == 'y':
64      day += 4
65
66  hintDay4 = 'set4:\n' +\
67             ' 8  9 10 11 12\n' + \
68             '13 14 15 24 25\n' + \
69             '26 27 28 29 30\n' + \
70             '31\n\n' +\
71             'Is your birthday in set4 (y/n)? '
72  ans4 = input(hintDay4)
73  if ans4 == 'y':
74      day += 8
75
76  hintDay5 = 'set5:\n' +\
77             '16 17 18 19 20\n' + \
78             '21 22 23 24 25\n' + \
79             '26 27 28 29 30\n' + \
80             '31\n\n' +\
```

```
81                  'Is your birthday in set5 (y/n)? '
82  ans5 = input(hintDay5)
83  if ans5 == 'y':
84      day += 16
85
86  print('\nHi, %s'%(name))
87  print('your birthday is %d/%d'%(month, day))
```

```
Enter your name: Bright

生日何月有無出現在下方集合表格中：

set1:
 1  3  5  7
 9 11
Is your birthday in set1 (y/n)? y

set2:
 2  3  6  7
10 11
Is your birthday in set2 (y/n)? y

set3:
 4  5  6  7 12
Is your birthday in set3 (y/n)? n

set4:
 8  9 10 11 12
Is your birthday in set4 (y/n)? n

生日何日有無出現在下方集合表格中：

set1:
 1  3  5  7  9
11 13 15 17 19
21 23 25 27 29
31

Is your birthday in set1 (y/n)? y

set2:
 2  3  6  7 10
11 14 15 18 19
22 23 26 27 30
31
```

```
Is your birthday in set2 (y/n)? n

set3:
 4  5  6  7 12
13 14 15 20 21
22 23 28 29 30
31

Is your birthday in set3 (y/n)? y

set4:
 8  9 10 11 12
13 14 15 24 25
26 27 28 29 30
31

Is your birthday in set4 (y/n)? y

set5:
16 17 18 19 20
21 22 23 24 25
26 27 28 29 30
31

Is your birthday in set5 (y/n)? n

Hi, Bright
your birthday is 3/13
```

選擇敘述先到此暫停，接下來我們來看迴圈敘述。

習題

1. 下列程式有一些 bugs，請你加以 debug。

```
#1 輸入一整數，判斷它是否為偶數或是奇數
a = input('Enter an integer: ')
If a / 2 = 0
    print('%d is an even number:')
Else
    print('%d is an odd numbers.)

#2 輸入一整數，判斷此數大於 0、或等於 0、或小於 0
a = input(Enter an integer: )
If a >= 0
    print(a, 'is greater than 0.')
elseif a = 0:
    print(a, 'is equal to 0.')
Else
    print(a, 'is less than 0')
```

2. 試撰寫一程式，提示使用者輸入你的身高、體重，然後計算你的 BMI。其中輸入身高時以公分為單位，體重以公斤為單位。BMI = 體重/(身高的平方)。以下是 BMI 的對照表：

表 3-1　BMI 對照表

BMI	說明
BMI < 18.5	過輕
18.5 <= BMI < 24	正常、健康
24 <= BMI < 27	過重
27 <= BMI < 30	輕度肥胖
30 <= BMI < 35	中度肥胖
BMI >= 35	重度肥胖

3. 試撰寫一程式，讓對方在紙上寫出 1~100 之間的一個數字，然後設計一些數字集合表格讓對方答是或不是，最後輸出他所寫的數字。

4. 修改 3-7 節個案研究的練習題，讓它可以告訴你生日是何年、何月、何日。

5. 試問以下兩個程式的差異為何？

(a)

```
num = eval(input('Enter an integer: '))
if num > 0:
    print(num, 'is greater than 0')
elif num == 0:
    print(num, 'is equal to 0')
else:
    print(num, 'is less than 0')
print('over')
```

(b)

```
num = eval(input('Enter an integer: '))
if num > 0:
    print(num, 'is greater than 0')
if num == 0:
    print(num, 'is equal to 0')
if num < 0:
    print(num, 'is less than 0')
print('over')
```

CHAPTER 4

迴圈敘述

迴圈敘述(loop statement) 就是重複執行一些敘述。迴圈的三大要素是：一、初值設定，二、終止條件，三、更新。這三項要素皆是運算式(expression)。運算式指的是有包含運算子的敘述。

Python 提供的迴圈敘述，計有 while 和 for...in range() 這兩種，所以很簡單。

4-1 while 迴圈敘述

while 迴圈敘述的語法如下：

```
initial
while condition:
      statements
      update
```

此對應的三大要素是：

```
initial: 初值設定運算式
condition: 終止條件運算式
statements: 敘述
update: 更新運算式
```

while 迴圈敘述的語法對應之流程圖，如圖 4.1 所示：

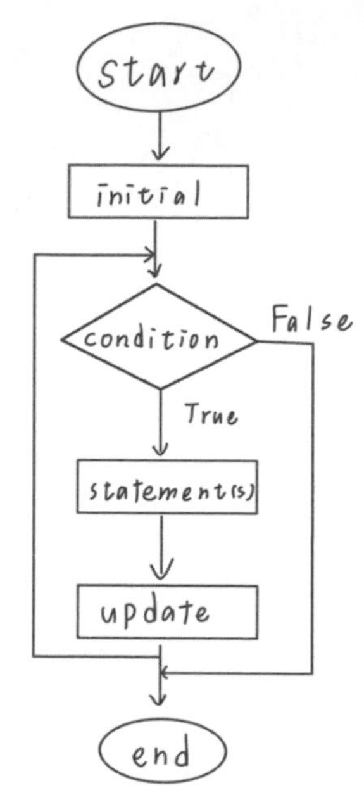

圖 4.1 while 迴圈敘述的語法對應之流程圖

初值設定結束後，當終止條件運算式是真時，則執行敘述與更新運算式，直到終止條件運算式是假。

我們撰寫一程式，從 1 加到 100，每次加 1，計算其總和是多少來說明。

範例程式：while-1.py

```
01  #using while statement
02  i = 1
03  total = 0
04  while i<=100:
05      total += i
06      i += 1
07  print('sum of 1 to 100 is', total)
```

```
sum of 1 to 100 is 5050
```

先將 i 設定初值為 1，total 設定為 0，接著判斷 i<=100 的終止條件運算式，若為真，則執行 total += i 敘述，之後執行 i += 1 更新運算式，繼續判斷 i<=100 運算式，若為真，則再執行 total += i 敘述與 i += 1 更新運算式，一直

重複，直到 i ＞ 100 條件運算式為止。上述程式以流程圖表示的話，如圖 4.2 所示：

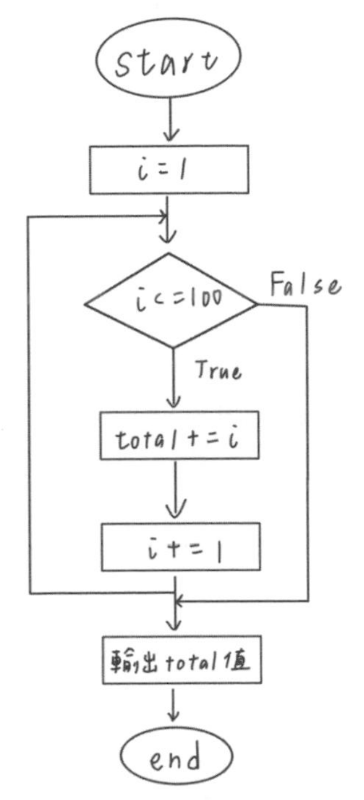

圖 4.2 1 加到 100 總和的流程圖

特別注意的是，迴圈的條件運算式若為真時，所要執行的敘述一定要內縮並對齊，一般會內縮 4 格，但這不是絕對的規定，你也可以內縮少於 4 格或多於 4 格也是可以的。

如以下的 while 迴圈將會形成無窮迴圈：

範例程式：infiniteLoop.py

```
01  i = 1
02  total = 0
03  while i<=100:
04      total += i
05  i += 1
06  print('sum of 1 to 100 is', total)
```

因為 while 迴圈只執行 total += 1 敘述，而 i += 1 並沒有執行，因為它沒有內縮導致 i 永遠是 1。這是執行迴圈最怕發生的事件，所以要小心為上。

練習題

1. 撰寫一程式利用 while 迴圈計算 1 到 100 的偶數和。
2. 撰寫一程式利用 while 迴圈計算 1 到 100 的奇數和。

參考解答

1.
```
i = 2
total = 0
while i <= 100:
    total += i
    i += 2
print('1 到 100 的偶數和：', total)
```

```
1 到 100 的偶數和： 2550
```

2.
```
i = 1
total = 0
while i <= 100:
    total += i
    i += 2
print('1 到 100 的奇數和：', total)
```

```
1 到 100 的奇數和： 2500
```

4-2 for...in range 迴圈

for...in range 迴圈的語法如下：

```
for x in range(start, end, step)
    statements
```

其中 range(start, end, step) 表示區間在[start, end-1]之間，而數字之間相差 step。其中 start 若省略，則預設值是 0，若 step 省略，則預設值是 1。因此上述語法表示如下：

當 x 在[start, end-1] 的區間時，將會執行 statements，請看以下範例：

```
for i in range(1, 6, 1):
    print(i, end = ' ')
```

```
1 2 3 4 5
```

```
for i in range(1, 6):
    print(i, end = ' ')
```

```
1 2 3 4 5
```

```
for i in range(6):
    print(i, end = ' ')
```

```
0 1 2 3 4 5
```

```
for i in range(1, 10, 2):
    print(i, end = ' ')
```

```
1 3 5 7 9
```

接下來，我們將上一節計算 1 加到 100 總和的 while-1.py，改以 for...in range 迴圈敘述來執行的話，其程式如下：

範例程式：for-1.py

```
01  #using for statement
02  total = 0
03  for i in range(1, 101, 1):
04      total += i
05  print('sum of 1 to 100 is', total)
```

```
sum of 1 to 100 is 5050
```

其中 for i in range(1, 101, 1) 迴圈敘述表示 start 為 1，end-1 是 100，step 是 1。若 i 是在[1, 100]的區間，則執行 total += i。由於 step 是 1 為正整數，是遞增的方式，所以以數線圖表示的話是由左至右，直到 101 的前一個數字 100。如圖 4.3 所示：

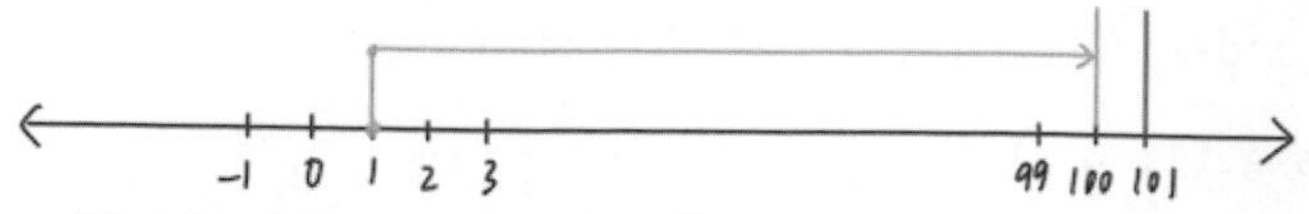

圖 4.3 以 for...in range 迴圈計算 1 加到 100 的流程圖

接下來，我們以亂數產生器產生六個介於 1~49 之間的大樂透號碼：

範例程式：lotto-1.py

```
01  import random
02  print('Your lotto number is: ')
03  for i in range(6):
04      randNum = random.randint(1, 49)
05      print(randNum, end = ' ')
```

```
Your lotto number is:
40 34 7 35 23 3
```

此程式利用 random 模組下的 randint(1, 49)，產生六個介於 1~49 之間的數字。同時要利用：

```
import random
```

載入 random 模組。上述的大樂透號碼每次產生的會不一樣，若要每次產生一樣的號碼，則可以設定其亂數種子，這在下一範例會加以說明。

行文至此，這一大樂透程式並不是最終的程式，因為它可能會產生重複的大樂透號碼，所以還有改善空間，其解法我們就把它當做本章習題。在 for 迴圈中的 range(6)和 range(**0**, 6, **1**)是相同的意思。因為 initial 和 update 各以預設值取代。

當我們改變迴圈的三大要素之一時，其結果將會改變。請務必謹慎。

迴圈敘述常和選擇敘述一起使用，更能解決許多的問題。如要產生 100 個介於 1~100 之間的數值，並且十個印一列。

範例程式：rndNum100-1.py

```
01  import random
02  random.seed(10)
03  for i in range(100):
04      num = random.randint(1, 100)
05      if i % 10 == 0:
```

```
06            print('%3d'%(num))
07        else:
08            print('%3d'%(num), end = ' ')
09    print()
```

```
 74
  5  55  62  74   2  27  60  63  36  84
 21   5  67  63  42  10  32  96  47   6
 54  18  78  46  49  54  37  87  34  59
 23  88  39  85  47  18  59  99  31  57
 79  49   6  75   1  31  18  25  39  69
 47  99  31  41  86  71  58  56  61   9
 84  75  42  65  21  29  53  31   5   5
 64  39  78  85  10  69  11  20  50  73
 48  77  20  15 100  99  13  57  22  25
 45  56  54  58  32  88  36  19  80
```

程式利用：

```
if i % 10 == 0:
    print('%3d'%(num))
```

印出 num 並跳行。由於此程式的 for i in range(100)的迴圈，是從 0 開始執行，一直做到 99。第一個數字是 0，由於它除以 10 後的餘數為 0，所以會跳行。

此種做法的解決方式是將此條件式改為：

```
if (i+1) % 10 == 0:
    print('%3d'%(num))
```

同時為了你和我產生數值是相同的，比較好對照，因此加上了亂數的種子，如：

```
random.seed(10)
```

是以 10 當做亂數的種子。若你也是以 10 當種子值，則其輸出結果應該和上述的輸出結果是一樣的，當然你也可以用其它的數字當亂數種子，此時產生的亂數會和內文中的亂數不一樣。修改後的程式和輸出結果如下所示：

範例程式：rndNum100-2.py

```
01  import random
02  random.seed(10)
03  for i in range(100):
04      num = random.randint(1, 100)
05      if (i+1) % 10 == 0:
06          print('%3d'%(num))
07      else:
08          print('%3d'%(num), end = ' ')
09  print()
```

```
 74   5  55  62  74   2  27  60  63  36
 84  21   5  67  63  42  10  32  96  47
  6  54  18  78  46  49  54  37  87  34
 59  23  88  39  85  47  18  59  99  31
 57  79  49   6  75   1  31  18  25  39
 69  47  99  31  41  86  71  58  56  61
  9  84  75  42  65  21  29  53  31   5
  5  64  39  78  85  10  69  11  20  50
 73  48  77  20  15 100  99  13  57  22
 25  45  56  54  58  32  88  36  19  80
```

其實我們可以將迴圈由 1 到 100，而不是 0 到 99。如下所示：

範例程式：rndNum100-3.py

```
01  import random
02  random.seed(10)
03  
04  for i in range(1, 101):
05      num = random.randint(1, 100)
06      if i % 10 == 0:
07          print('%3d'%(num))
08      else:
09          print('%3d'%(num), end = ' ')
10  print()
```

```
 74   5  55  62  74   2  27  60  63  36
 84  21   5  67  63  42  10  32  96  47
  6  54  18  78  46  49  54  37  87  34
 59  23  88  39  85  47  18  59  99  31
 57  79  49   6  75   1  31  18  25  39
```

```
69  47  99  31  41  86  71  58  56  61
 9  84  75  42  65  21  29  53  31   5
 5  64  39  78  85  10  69  11  20  50
73  48  77  20  15 100  99  13  57  22
25  45  56  54  58  32  88  36  19  80
```

此時就不需要將 i 再加 1。直接除以 10，判斷它是否為 0 即可。從以上幾個程式可得知，一個問題的解決方法是可以多個的，不要認為別人跟你寫的不一樣，他就是錯的，搞不好他寫得比你好呢！

練習題

1. 撰寫一程式，利用 for 迴圈計算 1 到 100 的偶數和。
2. 撰寫一程式，利用 for 迴圈計算 1 到 100 的奇數和。
3. 撰寫一程式，利用亂數產生器產生 100 個介於 1 到 100 之間的數值，最後計算 5 的倍數有多少個，並將這 100 個數值，每一列印十個。請以亂數種子 0 執行之。
4. 承第 3 題，在 5 的倍數的右邊加上星號，以利於驗證個數是否正確。

參考解答

1.
```
total = 0
for i in range(2, 101, 2):
    total += i
print('1 到 100 的奇數和：', total)
```

```
1 到 100 的偶數和： 2550
```

2.
```
total = 0
for i in range(1, 101, 2):
    total += i
print('1 到 100 的奇數和：', total)
```

```
1 到 100 的奇數和： 2500
```

3.
```
import random
count = 0
random.seed(0)

for i in range(1, 101):
    randNum = random.randint(1, 100)
    if randNum % 5 == 0:
        count += 1
    if i % 10 == 0:
        print('%3d '%(randNum))
    else:
        print('%3d '%(randNum), end = '')
print('5 的倍數共有 %d 個'%(count))
```

```
 50  98  54   6  34  66  63  52  39  62
 46  75  28  65  18  37  18  97  13  80
 33  69  91  78  19  40  13  94  10  88
 43  61  72  13  46  56  41  79  82  27
 71  62  57  67  34   8  71   2  12  93
 52  91  86  81   1  79  64  43  32  94
 42  91   9  25  73  29  31  19  70  58
 12  11  41  66  63  14  39  71  38  91
 16  71  43  70  27  78  71  76  37  57
 12  77  50  41  74  31  38  24  25  24
5 的倍數共有 11 個
```

4.
```
import random
count = 0
random.seed(0)

for i in range(1, 101):
    randNum = random.randint(1, 100)
    if randNum % 5 == 0:
        count += 1
        #因為是 5 的倍數，所以加上*
        print('%3d* '%(randNum), end = '')
    else:
        print('%3d  '%(randNum), end = '')
    #判斷是否要跳行
    if i % 10 == 0:
```

```
        print()

print('5 的倍數共有 %d 個'%(count))
```

```
50*  98   54    6   34   66   63   52   39   62
46   75*  28   65*  18   37   18   97   13   80*
33   69   91   78   19   40*  13   94   10*  88
43   61   72   13   46   56   41   79   82   27
71   62   57   67   34    8   71    2   12   93
52   91   86   81    1   79   64   43   32   94
42   91    9   25*  73   29   31   19   70*  58
12   11   41   66   63   14   39   71   38   91
16   71   43   70*  27   78   71   76   37   57
12   77   50*  41   74   31   38   24   25*  24
5 的倍數共有 11 個
```

4-3 更新運算式是遞減的運算

上述論及有關 1 加到 100，是以遞增的方式處理的，我們也可以遞減的方式從 100 往下加到 1。請參閱以下的程式：

```
total = 0
i = 100
while i >= 1:
    total += i
    i -= 1
print('total =', total)
```

```
total = 5050
```

以遞減方式處理時，迴圈的三大要素全要做個更改。此時初始值是 100，條件運算式則為 i >= 1，不是 i <= 1 喔！更新運算式為 i -= 1。其實 while 迴圈的條件運算式改為：

```
while i > 0:
```

也是可以的。

接著是以 for 撰寫，i 從 100 以遞減 1 的方式，將它和 total 加總。

```
total = 0
for i in range(100, 0, -1):
    total += i
print('total =', total)
```

```
total = 5050
```

此時 for 迴圈的區間是從 100 開始，結點是 1，執行 total += i。迴圈敘述進入狀況以數線圖表示如圖 4.4 所示：

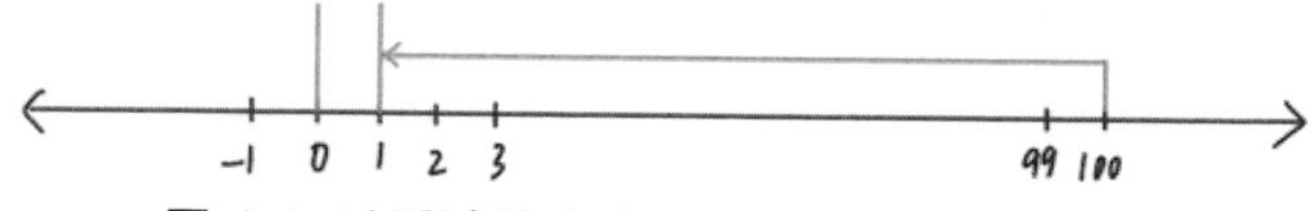

圖 4.4 以遞減的方式從 100 加到 1 的數線圖

由於它是遞減，所以此數線圖從右開始往左移動到結束點 0 的前一個數字，即數字 1 的地方結束。

練習題

1. 撰寫一程式利用 for 迴圈以遞減的方式計算 100 到 1 的偶數和。
2. 撰寫一程式利用 for 迴圈以遞減的方式計算 100 到 1 的奇數和。
3. 試問下一程式的輸出結果：

```
total = 0
for i in range(100, -11, -1):
    total += i
print('total =', total)
```

參考解答

1.
```
total = 0
for i in range(100, 0, -2):
    total += i
print('total =', total)
```

2.
```
total = 0
for i in range(99, 0, -2):
    total += i
print('total =', total)
```

3. `total = 4995`

   說明：此程式從 100 以 1 遞減加到 -10 (100+99+98+⋯+(-8)+(-9)+(-10))。

除了上述的 for…in range 之外，還有 for…in 和 for…in emumerate。例如將名為 word 的字串加以印出， 如下所示：

```
word = 'Python'
for x in word:
    print(x)
```

```
P
y
t
h
o
n
```

也可以使用 for…in enumerate，如下所示：

```
for x in enumerate(word):
    print(x)
```

```
(0, 'P')
(1, 'y')
(2, 't')
(3, 'h')
(4, 'o')
(5, 'n')
```

將名為 word 字串的資料 'Python'，一個一個與索引從 0 開始遞增加以印出，若想改變索引的起始值，則以第二個參數為之。

```
for x in enumerate(word, 10):
    print(x)
```

```
(10, 'P')
(11, 'y')
(12, 't')
(13, 'h')
(14, 'o')
(15, 'n')
```

程式以 10 為起始值。在印出時也可以同時以索引和值為參考點，並加以印出。

```
for i, x in enumerate(word):
    print(i, x)
```

```
0 P
1 y
2 t
3 h
4 o
5 n
```

for...in 和 for...in enumerate 不僅可以用在字串，也可以用於串列、詞典、數組和集合。這些將在後面的章節加以討論。

練習題

1. 請問下列敘述的輸出結果：

```
name = 'Bright'
for x in name:
    print(x)
print()

for x in enumerate(name):
    print(x)
print()


for x in enumerate(name, 11):
    print(x)
print()

for i, x in enumerate(name):
    print(i, x)
print()
for i, x in enumerate(name, 11):
    print(i, x)
print()
```

參考解答

1.
```
B
r
i
g
h
t

(0, 'B')
(1, 'r')
(2, 'i')
(3, 'g')
(4, 'h')
(5, 't')

(11, 'B')
(12, 'r')
(13, 'i')
(14, 'g')
(15, 'h')
(16, 't')

0 B
1 r
2 i
3 g
4 h
5 t

11 B
12 r
13 i
14 g
15 h
16 t
```

4-4 break 與 continue

當迴圈執行到 break 敘述時就會結束迴圈，而執行 continue 時，不會結束迴圈而是跳過 continue 下面的敘述，繼續執行迴圈，直到迴圈條件不成立。請看以下的範例和說明。

以下是執行 break 的程式：

```
num = 0
total = 0
while num < 10:
    num += 1
    if num % 5 == 0:
        break
    else:
        total += num
    print('num = %d, total = %d'%(num, total))
```

```
num = 1, total = 1
num = 2, total = 3
num = 3, total = 6
num = 4, total = 10
```

此程式 num 是從 1 到 10，當 num 是 5 的倍數時，則結束迴圈，所以只會執行 num 從 1 到 4。因此最後的總和是 10。

以下是執行 continue 的程式：

```
num = 0
total = 0
while num < 10:
    num += 1
    if num % 5 == 0:
        continue
    else:
        total += num
    print('num = %d, total = %d'%(num, total))
```

```
num = 1, total = 1
num = 2, total = 3
num = 3, total = 6
num = 4, total = 10
num = 6, total = 16
num = 7, total = 23
num = 8, total = 31
num = 9, total = 40
```

此程式 num 是從 1 到 10，當 num 是 5 的倍數時，不予以加總於 total，所以總和是 40。num 等於 5 和 10 將會跳過加總和輸出的敘述。

練習題

1. 試撰寫一程式，i 從 1 開始累加到 total，直到總和大於等於 5050 時結束，最後印出 i 和 total。
2. 試撰寫一程式，利用 while 和 for...in range 迴圈敘述從 1 加到 100，但不加總 3 或 5 的倍數，請利用 continue 執行之。

參考解答

1.

```
i = 1
total = 0
while True:
    if total < 5050:
        total += i
        i += 1
    else:
        print('i = %d, total = %d'%(i, total))
        break
```

```
i = 101, total = 5050
```

2.

```
#using for loop
total = 0
for i in range(1, 101):
    if (i % 3 == 0) or (i % 5 == 0):
        continue
    else:
```

```
        total += i
print('i = %d, total = %d'%(i, total))
```

```
i = 100, total = 2632
```

```
#=====
#using while loop
i = 1
total = 0
while i <=100:
    if (i % 3 == 0) or (i % 5 == 0):
        i += 1
        continue
    else:
        total += i
        i += 1
print('i = %d, total = %d'%(i, total))
```

```
i = 101, total = 2632
```

4-5 定數迴圈與不定數迴圈

若迴圈敘述的執行次數是固定的話，則稱之為定數迴圈，另一種則是執行次數不固定，稱之為不定數迴圈，要由使用者的輸入值來決定是否要結束迴圈，此時就要靠 break 敘述。break 的功能是直接結束迴圈的執行。

4-5-1 定數迴圈

以下的範例是延伸上一章的台北市長選舉，假設有十個人投票，亦即有十張選票，程式最後將每位候選人的總得票數印出。如下程式所示：

範例程式：election2.py

```
01  chen = 0
02  huang = 0
03  jiang = 0
04  invalid = 0
```

```
05
06  for i in range(1, 11):
07      print('*** Taipei city major candidate ***')
08      print('1: 陳*中')
09      print('2: 黃*珊')
10      print('3: 蔣*安')
11
12      print('#%d '%(i), end='')
13      num = eval(input('Enter candidate number: '))
14      if num == 1:
15          print('你投給陳*中\n')
16          chen += 1
17      elif num == 2:
18          print('你投給黃*珊\n')
19          huang +=1
20      elif num == 3:
21          print('你投給蔣*安\n')
22          jiang +=1
23      else:
24          print('無效選票\n')
25          invalid += 1
26  print('chen: %d, huang: %d, jiang: %d, invalid: %d'%(chen, huang,
27     jiang, invalid))
```

```
*** Taipei city major candidate ***
1: 陳*中
2: 黃*珊
3: 蔣*安
#1 Enter candidate number: 1
你投給陳*中

*** Taipei city major candidate ***
1: 陳*中
2: 黃*珊
3: 蔣*安
#2 Enter candidate number: 2
你投給黃*珊

*** Taipei city major candidate ***
1: 陳*中
```

```
2: 黃*珊
3: 蔣*安
#3 Enter candidate number: 1
你投給陳*中

*** Taipei city major candidate ***
1: 陳*中
2: 黃*珊
3: 蔣*安
#4 Enter candidate number: 2
你投給黃*珊

*** Taipei city major candidate ***
1: 陳*中
2: 黃*珊
3: 蔣*安
#5 Enter candidate number: 1
你投給陳*中

*** Taipei city major candidate ***
1: 陳*中
2: 黃*珊
3: 蔣*安
#6 Enter candidate number: 2
你投給黃*珊

*** Taipei city major candidate ***
1: 陳*中
2: 黃*珊
3: 蔣*安
#7 Enter candidate number: 3
你投給蔣*安

*** Taipei city major candidate ***
1: 陳*中
2: 黃*珊
3: 蔣*安
#8 Enter candidate number: 3
你投給蔣*安
```

```
*** Taipei city major candidate ***
1: 陳*中
2: 黃*珊
3: 蔣*安
#9 Enter candidate number: 1
你投給陳*中

*** Taipei city major candidate ***
1: 陳*中
2: 黃*珊
3: 蔣*安
#10 Enter candidate number: 5
無效選票

chen: 4, huang: 3, jiang: 2, invalid: 1
```

因為程式中迴圈敘述的執行次數是固定，所以稱為定數迴圈。以上的結果是隨意輸入的，請不要有太多的聯想。由於要計票，所以程式中要有變數負責每一位候選人的票數，如 chen、huang、jiang、invalid 等四個變數，然後當你投給某一位候選人時，將其代表的變數加 1，直到十個人已投完票後，印出每一位候選人的總票數。

我們再舉一範例程式，用以列印 2021 到 2121 這一百年中有哪些是閏年，這個程式的迴圈敘述要執行的次數也是固定的，所以也是定數迴圈。

範例程式：leapYear-1.py

```
01  #version 1.0
02  for year in range(2021, 2121):
03      if year % 400 == 0 or (year % 4 == 0 and year % 100 != 0):
04          print(year, end = ' ')
05  print()
```

```
2024 2028 2032 2036 2040 2044 2048 2052 2056 2060 2064 2068 2072 2076
2080 2084 2088 2092 2096 2104 2108 2112 2116 2120 2024 2028 2032 2036
2040
```

以上不管在程式的判斷運算式和輸出結果的敘述都還有改善空間。首先在程式中的判斷運算式太冗長，不易閱讀，所以我們將它移出，以一敘述表示。

範例程式：leapYear-2.py

```
01  #version 2.0
02  for year in range(2021, 2121):
03      conditions = year % 400 == 0 or (year % 4 == 0 and year % 100 != 0)
04      if conditions:
05          print(year, end = ' ')
```

輸出結果同上。在程式還有一改善空間，我們將輸出結果設定為一列只印出五個年份。

範例程式：leapYear-3.py

```
01  #version 3.0
02  count = 0
03  for year in range(2021, 2121):
04      conditions = year % 400 == 0 or (year % 4 == 0 and year % 100 != 0)
05      if conditions:
06          count +=1
07          if count % 5 == 0:
08              print(year)
09          else:
10              print(year, end = ' ')
```

```
2024 2028 2032 2036 2040
2044 2048 2052 2056 2060
2064 2068 2072 2076 2080
2084 2088 2092 2096 2104
2108 2112 2116 2120
```

你是否有感覺輸出結果較美觀呢？

其實在程式的判斷運算式中，可以將冗長的判斷運算式分成三個子條件，如下所示：

範例程式：leapYear-4.py

```
01  #version 4.0
02  count = 0
03  for year in range(2021, 2121):
04      cond1 = year % 400 == 0
05      cond2 = year % 4 == 0
06      cond3 = year % 100 != 0
```

```
07        if cond1 or (cond2 and cond3):
08            count +=1
09            if count % 5 == 0:
10                print(year)
11            else:
12                print(year, end = ' ')
```

此程式的輸出結果同上。你是否覺得這樣程式是否有比較容易閱讀呢？

4-5-2 不定數迴圈

不定數迴圈表示迴圈所執行的次數不固定，通常程式需要在某一情況下，利用 break 敘述加以結束。

我們以下列的範例來說明。

範例一：有一車子停在一處紅綠燈下，提示使用者是否要直走、右轉、左轉或是回家。其選單如下：

```
1: straight
2: right turn
3: left turn
4: go home

Enter your choice:
```

撰寫一無窮迴圈，當你選擇 4 的選項時，結束迴圈的執行。

範例程式：redGreenLight.py

```
01  while True:
02      print()
03      print('1: straight')
04      print('2: right turn')
05      print('3: left turn')
06      print('4: go home')
07
08      d = eval(input('Enter your choice: '))
09      if d == 1:
10          print('Please straight')
11      elif d == 2:
```

```
12            print('Please right trun')
13        elif d == 3:
14            print('Please left turn')
15        elif d == 4:
16            print('go home')
17            break
18        else:
19            print('wrong choice')
```

```
1: straight
2: right turn
3: left turn
4: go home

Enter your choice: 1
Please straight

1: straight
2: right turn
3: left turn
4: go home

Enter your choice: 2
Please right trun

1: straight
2: right turn
3: left turn
4: go home

Enter your choice: 3
Please left turn

1: straight
2: right turn
3: left turn
4: go home

Enter your choice: 4
go home
```

程式中的

```
while true:
```

表示是一無窮迴圈，當我們選擇 4 的選項時，除了印出 go home 外，也執行 break 敘述，此時就離開了迴圈。這種選單的應用在應用程式的撰寫上常常會用到，請多加練習。

範例二：有一家餐廳的晚餐菜單如下：

```
*** dinner menu ***
1: beef
2: chicken
3: port
4: fish
5: exit
```

請在一無窮迴圈中執行，輸入與你的姓名與選項，當選擇 5 的選項時，則結束迴圈。

```
while True:
    print()
    print('*** dinner menu ***')
    print('1: beef')
    print('2: chicken')
    print('3: pork')
    print('4: fish')
    print('5: exit')

    name = input('Enter your name: ')
    choice = eval(input('Enter your choice: '))
    print('Hi, %s'%(name))
    if choice == 1:
        print('You choice beef')
    elif choice == 2:
        print('You choice chicken')
    elif choice == 3:
        print('You choice pork')
    elif choice == 4:
        print('You choice fish')
    elif choice == 5:
        print('over')
```

```
        break
    else:
        print('No this item, choice again');
```

```
*** dinner menu ***
1: beef
2: chicken
3: pork
4: fish
5: exit

Enter your name: Bright

Enter your choice: 3
Hi, Bright
You choice pork

*** dinner menu ***
1: beef
2: chicken
3: pork
4: fish
5: exit

Enter your name: Linda

Enter your choice: 3
Hi, Linda
You choice pork

*** dinner menu ***
1: beef
2: chicken
3: pork
4: fish
5: exit

Enter your name: John

Enter your choice: 5
Hi, John
Over
```

4-6 質數的判斷

我們來檢視某數是否為質數(prime number)。質數的定義是除了 1 和數值本身是其因數外，無其它數值是它的因數稱之。如 113 是質數，121 則不是質數。質數的用途很廣，如加密、製作雜湊表格等等。

範例程式：primeNum-1.py

```
01  #version 1.0
02  num = eval(input('Enter an integer: '))
03  flag = 1
04  k = 2
05  while k < num:
06      if num % k == 0:
07          flag = 0
08          break
09      else:
10          k += 1
11
12  if flag == 1:
13      print('%d is a prime number.'%(num))
14  else:
15      print('%d is not a prime number.'%(num))
```

```
Enter an integer: 13
13 is a prime number.
```

```
Enter an integer: 91
91 is not a prime number.
```

程式先提示使用者輸入一個正整數 num，而 flag 是用來輔助判斷是否為質數，先假設 flag 是 1。然後設定 k 等於 2。

若 k 小於 num 條件為真，則進入迴圈檢查 num 是否可被 k 整除，若是，將 flag 設為 0，並以 break 結束迴圈；若 num 不被 k 整除，則將 k 遞增 1，再回到判斷 k 是否小於 num。

當在 k 大於等於 num 時，則會結束迴圈。程式最後判斷 flag 是否為 1，若是，則為質數，否則不是質數。

讓我們畫出此程式的流程圖，如圖 4.5，這有利於了解程式的運作。

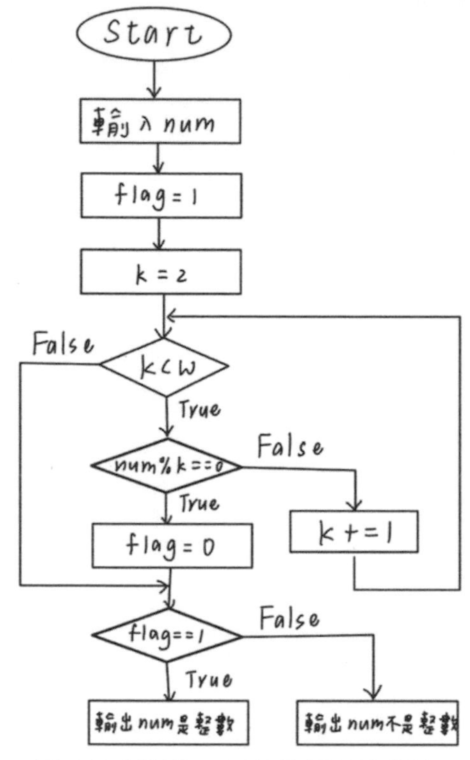

圖 4.5 判斷某一正整數是否爲質數

其實也可將迴圈的條件運算式可改為 k <= num ** 0.5，也就是 num 的開根號即可，這是根據希臘數學埃拉托斯特尼 (Sieve of Eratosthenes)所提出的，「若 n 是因數，則必定至少有一因數小於等於 n 的開根號」。

範例程式：primeNum-2.py

```
01  #version 2.0
02  num = eval(input('Enter an integer: '))
03  flag = 1
04  k = 2
05  while k <= num ** 0.5:
06      if num % k == 0:
07          flag = 0
08          break
09      else:
10          k += 1
```

```
11
12  if flag == 1:
13      print('%d is a prime number.'%(num))
14  else:
15      print('%d is not a prime number.'%(num))
```

此程式的輸出結果同上，但可以更快得知它是否為質數，因為少了不必要的條件判斷。你可以自行執行看看。

練習題

1. 試撰寫一程式，請輸入兩個整數，然後求其最大公因數(greatest common divisor, gcd)。若兩數可以被某數 A 整除，則此數 A 為這兩數的公因數。
2. 試撰寫一程式，請使用可以隨意的輸入一正整數，判斷它是否為質數(prime numbers)，當輸入的值為 -1111 時，則結束程式的執行。(質數表示它的因數除了 1 和本身之外，沒有其它的數字。)
3. 試撰寫一程式，求 2~500 數字之間的質數。
4. 承第 3 題，將一列印十個質數，增加輸出的美觀性。

參考解答

1.

```
#gcd
a, b = eval(input('Enter two integers: '))
gcd = 1
x = 2
while x <= a and x <= b:
    if a % x == 0 and b % x == 0:
        gcd = x
    x += 1

print('gcd(%d, %d) = %d'%(a, b, gcd))
```

```
Enter two integers: 12, 18
gcd(12, 18) = 6
```

程式先提示使用者一次輸入兩個整數 a 與 b，先假設 gcd 是 1，然後以 x 從 2 開始，進入判斷 x 是否小於 a 而且小於 b 的條件下，若 a 與 b 皆可以整除 x，此時將 x 指定給 gcd，並成為新的 gcd 值。再將 x 遞增 1，繼續下一回的迴圈。

2.
```
while True:
    num = eval(input('Enter an integer: '))
    if num == -1111:
        print('terminate program.')
        break
    flag = 1
    k = 2
    while k <= num/2:
        if num % k == 0:
            flag = 0
            break
        else:
            k += 1

    if flag == 1:
        print('%d is a prime number.'%(num))
    else:
        print('%d is not a prime number.'%(num))
```

```
Enter an integer: 121
121 is not a prime number.

Enter an integer: 113
113 is a prime number.

Enter an integer: 111
111 is not a prime number.

Enter an integer: 10
10 is not a prime number.

Enter an integer: -1111
terminate program.
```

3.
```
for num in range(2, 501):
    flag = 1
    k = 2
    while k < num:
        if num % k == 0:
            flag = 0
            break
        else:
            k += 1

    if flag == 1:
        print('%4d '%(num), end = '')
```

```
   2    3    5    7   11   13   17   19   23   29   31   37   41   43
  47   53   59   61   67   71   73   79   83   89   97  101  103  107
 109  113  127  131  137  139  149  151  157  163  167  173  179  181
 191  193  197  199  211  223  227  229  233  239  241  251  257  263
 269  271  277  281  283  293  307  311  313  317  331  337  347  349
 353  359  367  373  379  383  389  397  401  409  419  421  431  433
 439  443  449  457  461  463  467  479  487  491  499
```

此程式的 num 不是由使用者輸入，而是利用迴圈從 2 到 500。

4.
```
count = 0
for num in range(2, 501):
    flag = 1
    k = 2
    while k < num:
        if num % k == 0:
            flag = 0
            break
        else:
            k += 1

    if flag == 1:
        count += 1
        if count % 10 == 0:
            print('%4d '%(num))
        else:
            print('%4d '%(num), end = '')
```

```
  2    3    5    7   11   13   17   19   23   29
 31   37   41   43   47   53   59   61   67   71
 73   79   83   89   97  101  103  107  109  113
127  131  137  139  149  151  157  163  167  173
179  181  191  193  197  199  211  223  227  229
233  239  241  251  257  263  269  271  277  281
283  293  307  311  313  317  331  337  347  349
353  359  367  373  379  383  389  397  401  409
419  421  431  433  439  443  449  457  461  463
467  479  487  491  499
```

此程式加上 count 變數追蹤是否已印出十的倍數個質數，若是，則跳行。

4-7 巢狀迴圈

在迴圈內又有一迴圈，稱此為巢狀迴圈(nested loop)。此迴圈就會有外迴圈和內迴圈之分，如以下範例所示：

```
for i in range(1, 6):
    print('i = %d'%(i))
    for j in range(1, 4):
        print('   j = %d'%(j))
    print()
```

```
i = 1
   j = 1
   j = 2
   j = 3

i = 2
   j = 1
   j = 2
   j = 3

i = 3
   j = 1
   j = 2
   j = 3
```

```
i = 4
   j = 1
   j = 2
   j = 3

i = 5
   j = 1
   j = 2
   j = 3
```

從輸出結果看得很清楚，外迴圈 i 從 1 到 5，每一次皆會執行內迴圈 j 從 1 到 3，總共執行 15 次。巢狀迴圈最常用在產生以下簡易的九九乘法表。

```
for i in range(1, 10):
    for j in range(1, 10):
        print('%3d'%(i*j), end=' ')
    print()
```

```
  1   2   3   4   5   6   7   8   9
  2   4   6   8  10  12  14  16  18
  3   6   9  12  15  18  21  24  27
  4   8  12  16  20  24  28  32  36
  5  10  15  20  25  30  35  40  45
  6  12  18  24  30  36  42  48  54
  7  14  21  28  35  42  49  56  63
  8  16  24  32  40  48  56  64  72
  9  18  27  36  45  54  63  72  81
```

輸出結果的列可視為是 1 的乘數，從 1*1，1*2，…到 1*9，以此類推，第二列是 2 的乘數，第九列是 9 的乘數。

若要印出小時候墊板上的九九乘法表，如下所示：

```
1*1= 1  2*1= 2  3*1= 3  4*1= 4  5*1= 5  6*1= 6  7*1= 7  8*1= 8  9*1= 9
1*2= 2  2*2= 4  3*2= 6  4*2= 8  5*2=10  6*2=12  7*2=14  8*2=16  9*2=18
1*3= 3  2*3= 6  3*3= 9  4*3=12  5*3=15  6*3=18  7*3=21  8*3=24  9*3=27
1*4= 4  2*4= 8  3*4=12  4*4=16  5*4=20  6*4=24  7*4=28  8*4=32  9*4=36
1*5= 5  2*5=10  3*5=15  4*5=20  5*5=25  6*5=30  7*5=35  8*5=40  9*5=45
1*6= 6  2*6=12  3*6=18  4*6=24  5*6=30  6*6=36  7*6=42  8*6=48  9*6=54
1*7= 7  2*7=14  3*7=21  4*7=28  5*7=35  6*7=42  7*7=49  8*7=56  9*7=63
1*8= 8  2*8=16  3*8=24  4*8=32  5*8=40  6*8=48  7*8=56  8*8=64  9*8=72
1*9= 9  2*9=18  3*9=27  4*9=36  5*9=45  6*9=54  7*9=63  8*9=72  9*9=81
```

其對應的程式如下：

```
for i in range(1, 10):
    for j in range(1, 10):
        print('%d*%d=%2d '%(j, i, i*j), end=' ')
    print()
```

要注意的是，從第一列的結果得知，會動的是數字是第一個變數，所以要將內迴圈的變數 j 置於此。外迴圈 i 為 1 時，會執行 j 從 1 到 9。以此類推。

練習題

1. 試問下一程式的輸出結果：

```
for i in range(1, 10):
    for j in range(1, 10):
        print('%d*%d=%2d '%(i, j, i*j), end=' ')
    print()
```

2. 請將本節的九九乘法表，以 while 迴圈敘述撰寫之。

參考解答

1.

```
1*1= 1  1*2= 2  1*3= 3  1*4= 4  1*5= 5  1*6= 6  1*7= 7  1*8= 8  1*9= 9
2*1= 2  2*2= 4  2*3= 6  2*4= 8  2*5=10  2*6=12  2*7=14  2*8=16  2*9=18
3*1= 3  3*2= 6  3*3= 9  3*4=12  3*5=15  3*6=18  3*7=21  3*8=24  3*9=27
4*1= 4  4*2= 8  4*3=12  4*4=16  4*5=20  4*6=24  4*7=28  4*8=32  4*9=36
5*1= 5  5*2=10  5*3=15  5*4=20  5*5=25  5*6=30  5*7=35  5*8=40  5*9=45
6*1= 6  6*2=12  6*3=18  6*4=24  6*5=30  6*6=36  6*7=42  6*8=48  6*9=54
7*1= 7  7*2=14  7*3=21  7*4=28  7*5=35  7*6=42  7*7=49  7*8=56  7*9=63
8*1= 8  8*2=16  8*3=24  8*4=32  8*5=40  8*6=48  8*7=56  8*8=64  8*9=72
9*1= 9  9*2=18  9*3=27  9*4=36  9*5=45  9*6=54  9*7=63  9*8=72  9*9=81
```

2.

```
i = 1
while i <= 9:
    j = 1
    while j <= 9:
        print('%d*%d=%2d '%(j, i, i*j), end=' ')
        j += 1
    i += 1
    print()
```

4-8 個案研究：可以猜猜多人的生日

若將第 3 章 3-7 節個案研究的練習題，猜生日為何月何日，加以擴充可以讓多人使用，並提示使用者先輸入被猜人的名字。以下程式可以猜三個人的生日是哪一天。

範例程式：birthdayWithLoop.py

```
01 for i in range(3):
02     month = 0
03     day = 0
04     name = input('#%d: Enter your name: '%(i+1))
05     print('\n 生日何月有無出現在下方表格中：')
06     hintMessageMonth1 = 'set1:\n' +\
07                         ' 1  3  5  7\n' + \
08                         ' 9 11\n' + \
09                         'Is your birthday in set1 (y/n)? '
10     ans1 = input(hintMessageMonth1)
11     if ans1 == 'y':
12         month += 1
13 
14     hintMessageMonth2 = 'set2:\n' +\
15                         ' 2  3  6  7\n' + \
16                         '10 11\n' + \
17                         'Is your birthday in set2 (y/n)? '
18     ans2 = input(hintMessageMonth2)
19     if ans2 == 'y':
20         month += 2
21 
22     hintMessageMonth3 = 'set3:\n' +\
23                         ' 4  5  6  7 12\n' + \
24                         'Is your birthday in set3 (y/n)? '
25     ans3 = input(hintMessageMonth3)
26     if ans3 == 'y':
27         month += 4
28 
29     hintMessageMonth4 = 'set4:\n' +\
30                         ' 8  9 10 11 12\n' + \
```

```
31                              'Is your birthday in set4 (y/n)? '
32      ans4 = input(hintMessageMonth4)
33      if ans4 == 'y':
34          month += 8
35
36      print('\n 生日何日有無出現在下方表格中：')
37      hintMessage1 = 'set1:\n' +\
38                  ' 1  3  5  7  9\n' + \
39                  '11 13 15 17 19\n' + \
40                  '21 23 25 27 29\n' + \
41                  '31\n\n' +\
42                  'Is your birthday in set1 (y/n)? '
43
44      ans1 = input(hintMessage1)
45      if ans1 == 'y':
46          day += 1
47
48      hintMessage2 = 'set2:\n' +\
49                  ' 2  3  6  7 10\n' + \
50                  '11 14 15 18 19\n' + \
51                  '22 23 26 27 30\n' + \
52                  '31\n\n' +\
53                  'Is your birthday in set2 (y/n)? '
54
55      ans2 = input(hintMessage2)
56      if ans2 == 'y':
57          day += 2
58
59
60      hintMessage3 = 'set3:\n' +\
61                  ' 4  5  6  7 12\n' + \
62                  '13 14 15 20 21\n' + \
63                  '22 23 28 29 30\n' + \
64                  '31\n\n' +\
65                  'Is your birthday in set3 (y/n)? '
66
67      ans3 = input(hintMessage3)
68      if ans3 == 'y':
```

```
69            day += 4
70
71        hintMessage4 = 'set4:\n' +\
72                    ' 8  9 10 11 12\n' + \
73                    '13 14 15 24 25\n' + \
74                    '26 27 28 29 30\n' + \
75                    '31\n\n' +\
76                    'Is your birthday in set4 (y/n)? '
77
78        ans4 = input(hintMessage4)
79        if ans4 == 'y':
80           day += 8
81
82        hintMessage5 = 'set5:\n' +\
83                    '16 17 18 19 20\n' + \
84                    '21 22 23 24 25\n' + \
85                    '26 27 28 29 30\n' + \
86                    '31\n\n' +\
87                    'Is your birthday in set5 (y/n)? '
88
89        ans5 = input(hintMessage5)
90        if ans5 == 'y':
91            day += 16
92
93        print('\nHi, %s'%(name))
94        print('your birthday is %d/%d'%(month, day))
```

```
#1: Enter your name: Linda

生日何月有無出現在下方表格中：

set1:
 1  3  5  7
 9 11
Is your birthday in set1 (y/n)? y
```

```
set2:
 2  3  6  7
10 11
Is your birthday in set2 (y/n)? n

set3:
 4  5  6  7 12
Is your birthday in set3 (y/n)? n

set4:
 8  9 10 11 12
Is your birthday in set4 (y/n)? n

生日何日有無出現在下方表格中：

set1:
 1  3  5  7  9
11 13 15 17 19
21 23 25 27 29
31

Is your birthday in set1 (y/n)? y

set2:
 2  3  6  7 10
11 14 15 18 19
22 23 26 27 30
31

Is your birthday in set2 (y/n)? y

set3:
 4  5  6  7 12
13 14 15 20 21
22 23 28 29 30
31

Is your birthday in set3 (y/n)? y

set4:
 8  9 10 11 12
13 14 15 24 25
26 27 28 29 30
31
```

```
Is your birthday in set4 (y/n)? n

set5:
16 17 18 19 20
21 22 23 24 25
26 27 28 29 30
31

Is your birthday in set5 (y/n)? y
Hi, Linda
your birthday is 1/23

#2: Enter your name: Bright

生日何月有無出現在下方表格中：

set1:
 1  3  5  7
 9 11
Is your birthday in set1 (y/n)? y

set2:
 2  3  6  7
10 11
Is your birthday in set2 (y/n)? y

set3:
 4  5  6  7 12
Is your birthday in set3 (y/n)? n

set4:
 8  9 10 11 12
Is your birthday in set4 (y/n)? n

生日何日有無出現在下方表格中：

set1:
 1  3  5  7  9
11 13 15 17 19
21 23 25 27 29
31
```

```
Is your birthday in set1 (y/n)? y

set2:
 2  3  6  7 10
11 14 15 18 19
22 23 26 27 30
31

Is your birthday in set2 (y/n)? n

set3:
 4  5  6  7 12
13 14 15 20 21
22 23 28 29 30
31

Is your birthday in set3 (y/n)? y

set4:
 8  9 10 11 12
13 14 15 24 25
26 27 28 29 30
31

Is your birthday in set4 (y/n)? y

set5:
16 17 18 19 20
21 22 23 24 25
26 27 28 29 30
31

Is your birthday in set5 (y/n)? n
Hi, Bright
your birthday is 3/13

#3: Enter your name: Jennifer

生日何月有無出現在下方表格中：

set1:
 1  3  5  7
 9 11
```

```
Is your birthday in set1 (y/n)? y

set2:
 2  3  6  7
10 11
Is your birthday in set2 (y/n)? y

set3:
 4  5  6  7 12
Is your birthday in set3 (y/n)? y

set4:
 8  9 10 11 12
Is your birthday in set4 (y/n)? n

生日何日有無出現在下方表格中：

set1:
 1  3  5  7  9
11 13 15 17 19
21 23 25 27 29
31

Is your birthday in set1 (y/n)? n

set2:
 2  3  6  7 10
11 14 15 18 19
22 23 26 27 30
31

Is your birthday in set2 (y/n)? y

set3:
 4  5  6  7 12
13 14 15 20 21
22 23 28 29 30
31

Is your birthday in set3 (y/n)? y

set4:
 8  9 10 11 12
13 14 15 24 25
```

```
26 27 28 29 30
31

Is your birthday in set4 (y/n)? n

set5:
16 17 18 19 20
21 22 23 24 25
26 27 28 29 30
31

Is your birthday in set5 (y/n)? n

Hi, Jennifer
your birthday is 7/6
```

你也可以修改此程式為一不定數的迴圈，讓程式可猜不限人數的生日之何月與何日。我們就將它當做習題。

看完了前面的章節後，相信你可以用程式來解決大部份日常生活中的事項了，為了要求程式一來能夠更易閱讀，二來可以重覆使用程式碼，三來可以降低維護成本，此時必須利用模組化(modularize)的方式來撰寫，這也是下一章所要探討的函式，讓我們繼續看下去。

習題

1. 試問下列程式的輸出結果：

```
#1
i = 1
total = 0
while i <= 100:
    i += 1
    total += i
print('i: %d, total: %d'%(i, total))


#2
i = 0
total = 0
while i < 100:
    i += 1
    total += i
print('i: %d, total: %d'%(i, total))


#3
i = 1
total = 0
while i <= 100:
    total += 1
    i += 1
print('total =', total)


#4
total = 0
for i in range(1, 101, 1):
    total += i
print('total =', total )
```

```
#5
total = 0
for i in range(1, 100, 1):
    total += i
print('total =', total )


#6
total = 0
for i in range(1, 101):
    total += i
print('total =', total )


#7
total = 0
for i in range(101):
    total += i
print('total =', total )


#8
total = 0
for i in range(2, 101, 2):
    total += i
print('total =', total)


#9
total = 0
for i in range(1, 101, 2):
    total += i
print('total =', total)


#10
i = 100
total = 0
while i >= 1:
```

```
    total += i
    i -= 1
print('total =', total)


#11
i = 100
total = 0
while i <= 1:
    total += i
    i -= 1
print('total =', total)


#12
i = 100
total = 0
while i > 0:
    total += i
    i -= 1
print('total =', total)


#13
total = 0
for i in range(100, 0, -1):
    total += 1
print('total =', total)


#14
total = 0
for i in range(100, 1, -1):
    total += i
print('total =', total)


#15
total = 0
```

```
for i in range(100, -2, -1):
    total += i
print('total =', total)
```

2. 以下六題是 2 加到 101 的程式，但小明寫的有些是錯誤的，請聰明的你（妳）加以改正之。

```
#1
total = 0
i = 1
while i < 101:
    total += i
    i += 1
print('total =', total)

#2
total = 0
i = 0
while i <= 101:
    i += 1
    total += i
print('total =', total)

#3
total = 0
i = 100
while i < 0:
    total += i
    i -= 1
print('total =', total)

#4
total = 0
i = 101
while i > 0:
    i -= 1
    total += 1
print('total =', total)
```

```
#5
total = 0
for i in range(2, 101, 1):
    total += 1
print('total =', total)

#6
for i in range(101, 0, -1):
    total += i
print('total =', total)
```

3. 由亂數產生器產生一數字當做答案，然後讓使用者猜此數字，若給予的數字大於或小於答案時，則提示使用者這些訊息，當猜對時，則給予答案。
4. 本章內文的程式 lotto-1.py (p.4-6)的六個大樂透號碼可能會產生重複的數字，請將加以修改，讓它不會有重複的號碼。
5. 承第 4 題，將產生的六個號碼由小至大加以排序。
6. 請將 4-5-1 小節台北市長選舉的程式，改以不定數迴圈來執行，假設若輸入的候選人號碼是 9999，則結束此不定數迴圈。
7. 修改 4-8 節的個案研究，改以不定數迴圈方式撰寫，使其可以讓程式猜不限人數的生日是何月與何日。
8. 撰寫一程式，利用亂數產生器產生 100 個介於 1 到 100 之間的數值，最後計算 5 的倍數有多少個，並將這 100 個數值，每一列印十個，並在 5 的倍數的數字後註明目前是第幾個出現，如下輸出結果所示。請以亂數種子 0 執行之。

```
50( 1)  98      54       6      34      66      63      52      39      62
 46     75( 2)  28      65( 3)  18      37      18      97      13      80( 4)
 33     69      91      78      19      40( 5)  13      94      10( 6)  88
 43     61      72      13      46      56      41      79      82      27
 71     62      57      67      34       8      71       2      12      93
 52     91      86      81       1      79      64      43      32      94
 42     91       9      25( 7)  73      29      31      19      70( 8)  58
 12     11      41      66      63      14      39      71      38      91
 16     71      43      70( 9)  27      78      71      76      37      57
 12     77      50(10)  41      74      31      38      24      25(11)  24
5 的倍數共有 11 個
```

9. 請以下列的公式計算 pi 值：

```
pi = 4(1 - 1/3 + 1/5 - 1/7 + 1/9 - 1/11 + ... + (-1)^(i+1)/(2i-1))
```

試撰寫一程式，當 i 等於 50000, 100000, 150000, 200000, ..., 300000, 350000, ..., 500000 時，pi 值各是多少？

10. 試分別撰寫二個程式，用以輸出以下的圖形。

(a)

```
Enter an integer(5~9): 9
* * * * * * * * 1
* * * * * * * 2 1
* * * * * * 3 2 1
* * * * * 4 3 2 1
* * * * 5 4 3 2 1
* * * 6 5 4 3 2 1
* * 7 6 5 4 3 2 1
* 8 7 6 5 4 3 2 1
9 8 7 6 5 4 3 2 1
```

(b)

```
Enter an integer(5~9): 9
                1
              2 1 2
            3 2 1 2 3
          4 3 2 1 2 3 4
        5 4 3 2 1 2 3 4 5
      6 5 4 3 2 1 2 3 4 5 6
    7 6 5 4 3 2 1 2 3 4 5 6 7
  8 7 6 5 4 3 2 1 2 3 4 5 6 7 8
9 8 7 6 5 4 3 2 1 2 3 4 5 6 7 8 9
```

CHAPTER

5

函式

函式(function)也可以稱為副程式(subprogram)。函式可分系統內建函式(build-in function)和使用者自訂函式(user defined function)。內建函式，如 input()、print()等等；而使用者自訂函式是使用者依其需求所撰寫的一段敘述，用以完成某一項任務。本章所討論的就是如何定義和呼叫使用者自訂函式。

當程式有重複使用的程式碼時，此時可將它萃取出，以函式的型式表示。之後此函式將可以再利用(reuse)以節省開發成本。同時也較易除錯，從而降低維護成本(maintain cost)。

5-1 函式的定義與呼叫

函式的定義是以 def 為前導字，接著是函式名稱加上小括號，與可有可無的參數，最後以冒號結尾。函式要執行的敘述會內縮四格(註：不是絕對的規定四格，也可以二格，只要內縮即可)，並加以對齊，表示這些皆是要函式的主體。還有要注意的是，你一定要撰寫此函式名稱，才能執行此函式的主體敘述。

函式的定義與呼叫，我們以函式的參數和回傳值的組合來表示，計有下列四種型式：

1. 函式沒有參數，也沒有回傳值；
2. 函式沒有參數，但有回傳值；
3. 函式有參數，但沒有回傳值；
4. 函式有參數，也有回傳值。

以下以計算 1 加到 100 總和來解說這四種型式。

5-1-1 函式沒有參數，也沒有回傳值

這是函式最簡單的呼叫方式，沒有參數也沒有回傳值，如下程式所示：

範例程式：type1.py

```
01  #no parameter, and no return value
02  def summation():
03      total = 0
04      for i in range(1, 101):
05          total += i
06      print('total =', total)
07
08  def main():
09      summation()
10      print('over')
11
12  main()
```

```
total = 5050
Over
```

此程式定義兩個函式，一為 summation()，二為 main()函式。其中 summation()是計算 1 加到 100 的總和，並在此函式印出其結果。main()函式則是呼叫 summation()函式，此時的控制權交給了它，用以計算 1 加到 100，當 summation()函式印出其總和並結束時，會將控制權交還給在 main()函式呼叫 summation()函式的下一個敘述，此為印出 over 字串。注意，程式最後的 main()敘述是導引線，表示呼叫 main()函式，沒有它則什麼也不會執行，因為你沒有點燃這個導引線。

此程式執行順序的示意圖，如圖 5.1 所示：

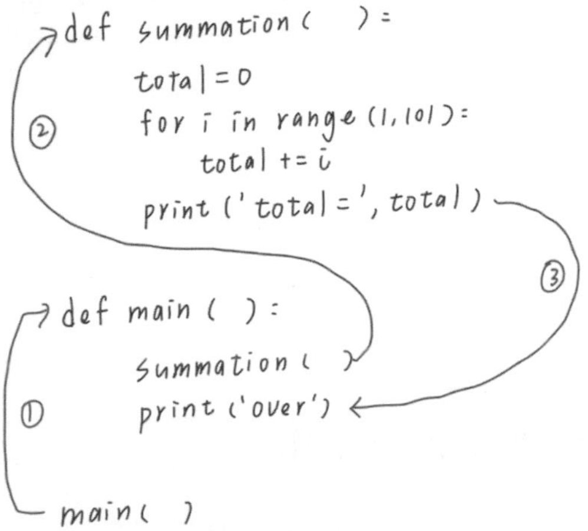

圖 5.1　範例程式 type1.py 執行順序的示意圖

5-1-2　函式沒有參數，但有回傳值

此處和 5-1-1 節的函式呼叫，不同處是它有回傳值，程式如下：

範例程式：type2.py

```
01  #no parameter, but has return
02  def summation():
03      total = 0
04      for i in range(1, 101):
05          total += i
06      return  total
07
08  def main():
09      tot = summation()
10      print('total =', tot)
11      print('over')
12
13  main()
```

```
total = 5050
over
```

在 summation() 函式中，計算 1 到 100 的總和，並將其總和 total 以 return 關鍵字加以回傳。而 main()函式呼叫 summation()，並將此函式的回傳值 total 指定給 tot，所以

```
tot = summation();
```

等於

```
tot = total;
```

因此，印出的值是 5050。

5-1-3 函式有參數，但沒有回傳值

接下來，我們來看函式會接收一參數，但沒有回傳值，如下一程式所示：

範例程式：type3.py

```
01  #has parameter, but no return value
02  def summation(e):
03      total = 0
04      for i in range(1, e+1):
05          total += i
06      print('total =', total)
07
08  def main():
09      to = eval(input('請輸入你要從 1 加到多少: '))
10      summation(to)
11      print('over')
12
13  main()
```

```
請輸入你要從 1 加到多少: 100
total = 5050
over
```

在 main()函式中提示使用者輸入一整數，並指定給 to 變數，然後將 to 傳送給 summation(e) 函式，此時的 e 相當於 to 值，如本範例輸入是 100，則表示從 1 加到 100。在 summation(e) 函式中計算完之後加以印出，注意，在 for i in range(1, e+1)，第二個參數是 e+1。

5-1-4 函式有參數，也有回傳值

最後一種方式是，函式呼叫有傳送參數，結束後也有回傳值，程式如下：

範例程式：type4.py

```
01  #has parameter, and has return
02  def summation(e):
03      total = 0
04      for i in range(1, e+1):
05          total += i
06      return total
07
08  def main():
09      to = eval(input('請輸入你要從 1 加到多少: '))
10      tot = summation(to)
11      print('total =', tot)
12      print('over')
13
14  main()
```

```
請輸入你要從 1 加到多少: 100
total = 5050
over
```

在 main() 函式中提示使用者輸入一整數，並指定給 to 變數，然後將 to 傳送給 summation(e) 函式，此時的 e 相當於 to 值，如本範例輸入是 100，則表示從 1 加到 100。在 summation(e) 函式中計算完之後，將總和 total 加以回傳給 main() 函式的 tot。同樣和上一程式 type3.py 一樣，在輸入時請給予大於 1 的正整數。

函式也可以接收多個參數，我們將上述的程式加以修改，讓程式接收兩個參數，分別是從起始值加到終止值。程式如下所示：

範例程式：type4-1.py

```
01  #has 2 parameters, has return
02  def summation(f, t):
03      total = 0
04      for i in range(f, t+1):
05          total += i
```

```
06        return total
07
08    def main():
09        start, end = eval(input('請輸入你要從多少加到多少: '))
10        tot = summation(start, end)
11        print('total =', tot)
12        print('over')
13
14    main()
```

```
請輸入你要從多少加到多少: 1, 100
total = 5050
over

請輸入你要從多少加到多少: 100, 1
total = 0
over
```

記得一次輸入兩個數值，之間要以逗號隔開。你是否發現第二次的執行結果有錯誤？因為第一個數值要小於等於第二個數值才可以。若輸入的第一個數值大於第二個數值，則必須執行對調的動作。

範例程式：type4-2.py

```
01    #has 2 parameters, has return
02    def summation(f, t):
03        total = 0
04        for i in range(f, t+1):
05            total += i
06        return total
07
08    def main():
09        start, end = eval(input('請輸入你要從多少加到多少: '))
10        #防止 start 大於 end，若是，則對調
11        if start > end:
12            start, end = end, start
13
14        tot = summation(start, end)
15        print('total =', tot)
16        print('over')
```

```
17
18  main()
```

```
輸入你要從多少加到多少: 1, 100
total = 5050
over
```

```
請輸入你要從多少加到多少: 100, 1
total = 5050
over
```

此程式先判斷輸入的第一個值是否大於第二個值，若是，則進行對調的敘述。如此就可以保證程式的執行結果是正確的。

以上所列的四種呼叫方式，不管是哪一種程式語言皆如此，了解之後，下次再學其它程式語言就易如反掌了。

練習題

1. 試撰寫一程式，以上述函式的四種型式，判斷你輸入的年份是閏年(leap year)或是平年(common year)。輸出結果樣本如下：

```
Enter a year: 2020
2020 is a leap year
```

或

```
Enter a year: 2022
2022 is a common year
```

參考解答

1. 以下列列出 4 種不同的處理方式，以供你參考。

(a)

```
#yearType1
#no parameter, and no return value
def leapYear():
    year = eval(input('Enter a year: '))
    cond1 = year % 400 == 0
    cond2 = year % 4 == 0
    cond3 = year % 100 != 0
```

```
    if cond1 or (cond2 and cond3):
        print(year, 'is a leap year')
    else:
        print(year, 'is a common year')

def main():
    leapYear()

main()
```

(b)

```
#yearType2
#no parameter, but has a return value
def leapYear():
    year = eval(input('Enter a year: '))
    print(year, end = ' ')
    cond1 = year % 400 == 0
    cond2 = year % 4 == 0
    cond3 = year % 100 != 0
    if cond1 or (cond2 and cond3):
        return True
    else:
        return False

def main():
    boolean = leapYear()
    if boolean:
        print('is a leap year')
    else:
        print('is a common year')
main()
```

(c)

```
#yearType3
#has a parameter, but no return value
def leapYear(year):
    cond1 = year % 400 == 0
    cond2 = year % 4 == 0
```

```
    cond3 = year % 100 != 0
    if cond1 or (cond2 and cond3):
        print(year, 'is a leap year')
    else:
        print(year, 'is a common year')

def main():
    year = eval(input('Enter a year: '))
    leapYear(year)

main()
```

(d)

```
#yearType4
#has a parameter, and has a return value
def leapYear(year):
    print(year, end = ' ')
    cond1 = year % 400 == 0
    cond2 = year % 4 == 0
    cond3 = year % 100 != 0
    if cond1 or (cond2 and cond3):
        return True
    else:
        return False

def main():
    year = eval(input('Enter a year: '))
    boolean = leapYear(year)
    if boolean:
        print('is a leap year')
    else:
        print('is a common year')
main()
```

5-2 回傳多個值

一般程式語言如 C，C++，函式執行完後只能回傳一個值，但 Python 可以回傳多個值給呼叫的函式，這是它的特色之一。以下程式是以亂數種子為 1 的亂數產生器，產生 100 個介於 1~100 之間的數值，以一函式計算總和與平均數，最後將這些值回傳並加以印出。

```
import random
random.seed(1)
def totalAndAverage():
    total = 0
    for i in range(1, 101):
        randNum = random.randint(1, 100)
        if i % 10 == 0:
            print('%3d '%(randNum))
        else:
            print('%3d '%(randNum), end = '')
        total += randNum
        average = total/100
    return total, average

def main():
    tot, aver = totalAndAverage()
    print('\ntotal =', tot)
    print('average =', aver)

main()
```

```
 18  73  98   9  33  16  64  98  58  61
 84  49  27  13  63   4  50  56  78  98
 99   1  90  58  35  93  30  76  14  41
  4   3   4  84  70   2  49  88  28  55
 93   4  68  29  98  57  64  71  30  45
 30  87  29  98  59  38   3  54  72  83
 13  24  81  93  38  16  96  43  93  92
 65  55  65  86  25  39  37  76  64  65
 51  76   5  62  32  96  52  54  86  23
 47  71  90 100  87  95  48  12  57  85
```

```
total = 5481
average = 54.81
```

程式中以 totalAndAverage() 函式產生 100 個介於 1~100 之間的數值，每一列印十個，因為 i 從 1 開始，所以要以 i % 10 判斷是否餘數為 0。若是，則印出值後要跳行，否則不跳行。最後計算總和與平均數後回傳。只要在 return 敘述中撰寫

```
return total, average
```

即表示回傳 total 和 average 兩個數值，給 main() 函式中呼叫 totalAndAverage() 函式那一行的 tot 和 aver 變數。記得 total 與 average 之間要有逗號隔開。

練習題

1. 以下程式是以亂數種子 1 的亂數產生器，產生 100 個介於 1~100 之間的數值，以 totalNum() 函式計算介於 50~59 與 90~99 之間的數字有幾個，最後將這些值回傳並加以印出。

參考解答

1.
```
mport random
random.seed(1)
def totalNum():
    total5059 = 0
    total9099 = 0
    for i in range(1, 101):
        randNum = random.randint(1, 100)
        if i % 10 == 0:
            print('%3d '%(randNum))
        else:
            print('%3d '%(randNum), end = '')
        if randNum <= 59 and randNum >=50:
            total5059 += 1
        if randNum <= 99 and randNum >=90:
            total9099 += 1

    return total5059, total9099
```

```
def main():
    tot50_59, tot90_99 = totalNum()
    print('\n50~59:', tot50_59)
    print('90-99:', tot90_99)

main()
```

```
 18  73  98   9  33  16  64  98  58  61
 84  49  27  13  63   4  50  56  78  98
 99   1  90  58  35  93  30  76  14  41
  4   3   4  84  70   2  49  88  28  55
 93   4  68  29  98  57  64  71  30  45
 30  87  29  98  59  38   3  54  72  83
 13  24  81  93  38  16  96  43  93  92
 65  55  65  86  25  39  37  76  64  65
 51  76   5  62  32  96  52  54  86  23
 47  71  90 100  87  95  48  12  57  85

50~59: 13
90-99: 16
```

5-3 區域變數和全域變數

在函式定義內宣告的變數稱為區域變數(local variable)，在函式定義外宣告的變數稱之為全域變數(global variable)。

當有區域變數和全域變數時，函式會先選擇用區域變數，如下程式所示：

範例程式：localvar.py

```
01  a = 100
02  def funct():
03      total = 0
04      a = 200
05      total += a
06      print('a = %d, total = %d\n'%(a, total))
07
08  funct()
```

```
a = 200, total = 200
```

此程式因為同時有區域變數和全域變數同名，所以以區域變數優先，因此使用 a 等於 200 和 total 相加。若使用的變數在區域變數沒有宣告的話，則會找全域變數來使用。如下程式所示：

範例程式：global-1.py

```
01  a = 100
02  def funct():
03      total = 0
04      total += a
05      print('a = %d, total = %d\n'%(a, total))
06
07  funct()
```

```
a = 100, total = 100
```

Python 提供 global 的保留字來強調你要使用 global，上述的 global-1.py 可以修改為下一程式：

範例程式：global-2.py

```
01  a = 100
02  def funct():
03      global a
04      total = 0
05      total += a
06      print('a = %d, total = %d\n'%(a, total))
07
08  funct()
```

```
a = 100, total = 100
```

global-1.py 和 global-2.py 的程式執行的結果是一樣的。

練習題

1. 小明學完了這一小節的主題後，撰寫了以下的程式，試問哪裡出錯了，你訂正後輸出結果是如何？

```
a = 100
def funct():
    total = 0
    a += 20
    total += a
    print('a = %d, total = %d\n'%(a, total))

funct()
```

參考解答

1. 此程式在出現參考區域變數 a 之前必須先設定之。此處有兩種改進方式：

(a) 可以設定一區域變數 a = 0，以此變數和 total 加總。

```
a = 100
def funct():
    a = 0
    total = 0
    a += 20
    total += a
    print('a = %d, total = %d\n'%(a, total))

funct()
```

```
a = 20, total = 20
```

(b) 可以利用 global a 用以指定使用全域變數，以此變數和 total 加總。

```
a = 100
def funct():
    global a
    total = 0
    a += 20
    total += a
    print('a = %d, total = %d\n'%(a, total))

funct()
```

```
a = 120, total = 120
```

5-4 預設參數值

在呼叫有參數的函式時，必須給予對應的參數值，否則會產生錯誤的訊息。如以下是計算從 start 到 end 之間的加總。

```
def sum(start, end):
    total = 0
    for i in range(start, end+1):
        total += i
    print('sum of %d to %d is %d\n'%(start, end, total))

def main():
    sum(1, 100)

main()
```

```
sum of 1 to 100 is 5050
```

但當你呼叫以

```
sum(1)
```

或

```
sum()
```

皆會產生錯誤的訊息。有一機制可以讓它正常的運作，那就是給予參數的預設值，其語法就是在參數的後面加上等號給予預設值，如下範例所示：

```
def sum(start=1, end=100):
    total = 0
    for i in range(start, end+1):
        total += i
    print('sum of %d to %d is %d\n'%(start, end, total))

def main():
    sum(2)
    sum()
    sum(2, 101)

main()
```

```
sum of 2 to 100 is 5049

sum of 1 to 100 is 5050

sum of 2 to 101 is 5150
```

程式將 start 的預設值設為 1，而 end 的預設值設為 100。所以當你呼叫 sum(2)只給一個參數時，則 end 會使用預設值，其為 100，而 start 是你給的值 2，此時表示從 2 加總到 100。

若都沒有給參數值時，則皆會使用預設值，此時 start 是 1，而 end 是 100。而 sum(2, 101)的呼叫就不會使用預設值了，因為你都有給予參數值。

必須要注意的是，預設參數值的設定是從後面開始往前設定的，若後面還未給予參數預設值時，在其前面的參數不可以給予參數預設值，如：

```
def sum(start=1, end):
```

這樣的定義是錯的。因為 end 參數沒有設定預設值，所以 start 參數不可以給予參數預設值。

練習題

1. 以下的程式是要計算從 1 到 100 的偶數和，為了可以正常運作 main()函式的所有呼叫，聰明的你可否幫忙 debug 一下，請不要更改 main()函式的呼叫敘述：

```
def sum(start=1, end):
    total = 0
    for i in range(start, end+1):
        total += i
    print('sum of %d to %d is %d\n'%(start, end, total))

def main():
    sum(2)
    sum()
    sum(1)
    sum(101, 2)

main()
```

參考解答

1.
```
def sum(start=2, end=100):
    total = 0
    if start < 2:
        start = 2

    if start > end:
        start, end = end, start

    for i in range(start, end+1, 2):
        total += i
    print('sum of %d to %d is %d\n'%(start, end, total))

def main():
    sum(2)
    sum()
    sum(1)
    sum(101, 2)

main()
```

```
sum of 2 to 100 is 2550

sum of 2 to 100 is 2550

sum of 2 to 100 is 2550

sum of 2 to 101 is 2550
```

5-5 個案研究：以函式撰寫猜猜你的生日

若將猜生日為何月何日的個案加以擴充可以讓多人使用，並且以函式的方式撰寫之。程式會提示使用者輸入被猜人的名字，然後呼叫 birthdayMonth()函式並回傳生日是何月，以及呼叫 birthdayDay()函式並回傳生日是何日。

範例程式：BirthdayUsingFunction.py

```
01  def birthdayMonth():
02      month = 0
03      print('\n 生日何月有無出現在下方表格中：')
04      hintMessageMonth1 = 'set1:\n' +\
05                          ' 1  3  5  7\n' + \
06                          ' 9 11\n' + \
07                          'Is your birthday in set1 (y/n)? '
08      ans1 = input(hintMessageMonth1)
09      if ans1 == 'y':
10          month += 1
11
12      hintMessageMonth2 = 'set2:\n' +\
13                          ' 2  3  6  7\n' + \
14                          '10 11\n' + \
15                          'Is your birthday in set2 (y/n)? '
16      ans2 = input(hintMessageMonth2)
17      if ans2 == 'y':
18          month += 2
19
20      hintMessageMonth3 = 'set3:\n' +\
21                          ' 4  5  6  7 12\n' + \
22                          'Is your birthday in set3 (y/n)? '
23      ans3 = input(hintMessageMonth3)
24      if ans3 == 'y':
25          month += 4
26
27      hintMessageMonth4 = 'set4:\n' +\
28                          ' 8  9 10 11 12\n' + \
29                          'Is your birthday in set4 (y/n)? '
30      ans4 = input(hintMessageMonth4)
```

```
31        if ans4 == 'y':
32            month += 8
33
34        return month
35
36    def birthdayDay():
37        day = 0
38        print('\n 生日何日有無出現在下方表格中：')
39        hintMessage1 = 'set1:\n' +\
40                       ' 1  3  5  7  9\n' + \
41                       '11 13 15 17 19\n' + \
42                       '21 23 25 27 29\n' + \
43                       '31\n\n' +\
44                       'Is your birthday in set1 (y/n)? '
45
46        ans1 = input(hintMessage1)
47        if ans1 == 'y':
48            day += 1
49
50        hintMessage2 = 'set2:\n' +\
51                       ' 2  3  6  7 10\n' + \
52                       '11 14 15 18 19\n' + \
53                       '22 23 26 27 30\n' + \
54                       '31\n\n' +\
55                       'Is your birthday in set2 (y/n)? '
56
57        ans2 = input(hintMessage2)
58        if ans2 == 'y':
59            day += 2
60
61
62        hintMessage3 = 'set3:\n' +\
63                       ' 4  5  6  7 12\n' + \
64                       '13 14 15 20 21\n' + \
65                       '22 23 28 29 30\n' + \
66                       '31\n\n' +\
67                       'Is your birthday in set3 (y/n)? '
68
69        ans3 = input(hintMessage3)
```

```
70        if ans3 == 'y':
71            day += 4
72
73        hintMessage4 = 'set4:\n' +\
74                    ' 8  9 10 11 12\n' + \
75                    '13 14 15 24 25\n' + \
76                    '26 27 28 29 30\n' + \
77                    '31\n\n' +\
78                    'Is your birthday in set4 (y/n)? '
79
80        ans4 = input(hintMessage4)
81        if ans4 == 'y':
82           day += 8
83
84        hintMessage5 = 'set5:\n' +\
85                    '16 17 18 19 20\n' + \
86                    '21 22 23 24 25\n' + \
87                    '26 27 28 29 30\n' + \
88                    '31\n\n' +\
89                    'Is your birthday in set5 (y/n)? '
90
91        ans5 = input(hintMessage5)
92        if ans5 == 'y':
93            day += 16
94
95        return day
96
97    def main():
98        for i in range(3):
99            name = input('#%d: Enter your name: '%(i+1))
100           month = birthdayMonth()
101           day = birthdayDay()
102           print('Hi, %s'%(name))
103           print('your birthday is %d/%d'%(month, day))
104
105   main()
```

輸出結果(略)，請讀者自行執行之。

行文至此，你有沒有感覺程式的可讀性提高了呢？接下來，我們將要探討如何處置一大堆的資料，那就要靠下一章的串列囉！

習題

1. 試撰寫一程式，以 times35() 函式產生 100 個介於 1~100 之間的數值，每一列印十個，最後計算這些數值中有多少個可被 3 整除，有多少個可被 5 整除，之後加以回傳。main() 函式負責呼叫 times35()，並接收 times35() 函式回傳的兩個數值後加以印出。

2. 試撰寫一程式，在主程式中提示使用者輸入身高和體重，然後將這兩項資料傳送給 calcuBMI()函式，在此函式中計算 BMI，最後回傳算出 BMI 所對應的意義。BMI 與其對應的意義如下表所示：

BMI	對應的意義
BMI ＜ 18.5	過輕
18.5 ≦ BMI ＜ 24	正常
24 ≦ BMI ＜ 27	過重
27 ≦ BMI ＜ 30	輕度肥胖
30 ≦ BMI＜ 35	中度肥胖
BMI ≧ 35	重度肥胖

3. 請將第 4 章 4-6 節「質數的判斷」(p.4-27)的程式改以函式的方式撰寫之。

4. 在第 4 章 4-6 節的練習題第 1 題(p.4-29)，有提及如何計算兩數的最大公因數，請將它改以本章 5-1-4 節中談到函式有參數，也有回傳值的方式處理之。試撰寫一程式測試之。

5. 試撰寫一程式，提示使用者輸入兩個有理數，其型式為 q/p，其中 p 不可以為 0，然後計算此兩個有理數相加，最後將它化簡為最簡的有理數，亦即先求分子與分母的最大公因數 k，再將分子與分母除以 k，即可得到最簡的有理數。請以 1/2 和 1/6 這兩個有理數計算之。

6. 提示使用者輸入西元年份與月份，然後印出此年此月的月曆，如下所示：

```
輸入年份 (e.g., 2000): 2022

輸入 1~12 其中一個月份: 2

             February   2022
-----------------------------
 Sun Mon Tue Wed Thu Fri Sat
           1   2   3   4   5
   6   7   8   9  10  11  12
  13  14  15  16  17  18  19
  20  21  22  23  24  25  26
  27  28
```

註：請不要使用系統給予的月曆函式。

7. 請在 main()函式中，輸入兩個西元年份，分別是 year1、year2，並以這兩個年份當做參數，呼叫 displayLeapYear(startYear, endYear)，在此函式中印出介於這兩個年份之間的閏年，並十個年份印一列。同時也判斷 year1 要小於 year2，若不是，則要加以對調。

串列

串列(list)，也可以稱之為陣列(array)，它是用來組織與管理資料的最佳容器(container)。本章將討論有關一維串列(one dimension list)的一些基本操作，而二維串列(two dimension list)與三維串列(three dimension list)將在第 7 章論及。內文中若沒有明白指出它是幾維的串列時，皆表示一維串列。Python 的串列相當於其它程式語言的陣列(array)。

6-1 串列的建立

若有多個資料時，我們不可能一一的為它們取不同的變數名稱，如有 50 個變數，則取 a1, b1, c1, ..., z1, a2, b2, c2, ..., x2，共 50 個變數名稱，這是不太好取名方式，一來這些變數名稱所配置的記憶體是分散的，二來也不太好記哪一變數名稱表示什麼。所以用串列來管理這些資料是不二的選擇。

串列是以中括號([])括起的，若裡面沒有資料，則表示是空集合。如：

```
lst = []
```

表示串列名稱 lst 是空集合。若程式中用及多個變數時，使用串列來表示較有效率，如：

```
arr1 = [1, 3, 5, 7, 9]
```

表示有一個名稱為 arr1 的一維串列，它有五個元素，分別是 1、3、5、7、9。

串列中的每一個資料皆有編號，這就是我們俗稱的索引(index)，要注意的是，索引的起始值是 0，依此加 1，所以若有五個元素，則 0、1、2、3、4 分別是上述資料的索引，如圖 6.1 所示：

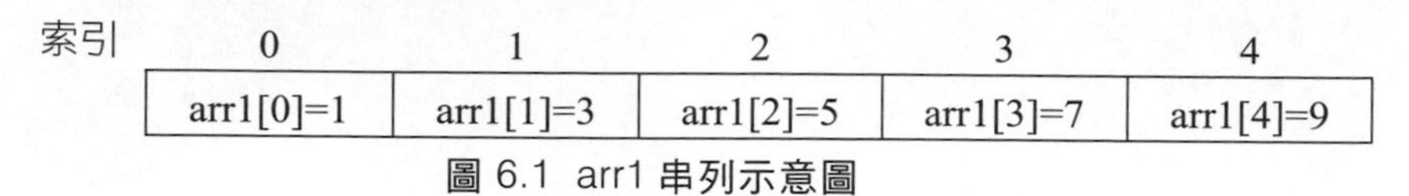

圖 6.1　arr1 串列示意圖

此時若要擷取串列的元素，如串列的 1，則可利用 arr1[0]擷取，同樣的，以 arr1[2]擷取串列的 5。我們有時會稱索引為 0 的串列值是串列第一個元素，索引為 1 的串列值是串列第二個元素，串列的最後的元素，其索引為串列元素個數減 1。以下的敘述是印出串列所有元素值。

```
arr1 = [1, 3, 5, 7, 9]
for i in range(5):
    print(arr1[i], end = ' ')
```

```
1 3 5 7 9
```

以上程式中的迴圈執行次數直接以 5 表示，但串列在程式運行中，有可能會加入或刪除元素。要計算目前串列有多少個元素，可用 len() 函式，此函式接收的是串列名稱，若要計算 arr1 串列的元素個數，其敘述為 len(arr1)。

因此，上述迴圈的執行次數，若改以 len(arr1)則較佳，如下所示：

```
arr1 = [1, 3, 5, 7, 9]
for i in range(len(arr1)):
    print(arr1[i], end = ' ')
```

```
1 3 5 7 9
```

你也可以直接以串列名稱 arr1 為參數，將串列所有元素加以印出。

```
print(arr1)
```

其結果是：

```
[1, 3, 5, 7, 9]
```

我們常常會將串列名稱和索引一起印出，這比較容易了解。如下所示：

```
arr1 = [1, 3, 5, 7, 9]
for i in range(len(arr1)):
    print('arr1[%d] = %d'%(i, arr1[i]))
```

```
arr1[0] = 1
arr1[1] = 3
arr1[2] = 5
arr1[3] = 7
arr1[4] = 9
```

Python 的串列可以儲存不同型態的資料，如下所示：

```
arr2 = [1, 'apple', 2.345]
print(arr2)
```

```
[1, 'apple', 2.345]
```

arr2 串列有整數、字串以及浮點數。這個性質和其它程式語言是不同的，如 C、C++ 的陣列，其元素的資料型態必須相同。

6-2 一些常用的串列函式

在串列的應用中，除了 len()外，還有一些常用的函式，如表 6-1 所示：

表 6-1 串列一些常用的函式

函式	說明
len(lst)	計算 lst 串列的長度
sum(lst)	將 lst 串列的元素加總
max(lst)	輸出 lst 串列的最大元素
min(lst)	輸出 lst 串列的最小元素
x in lst	判斷 x 是否在 lst 串列中，若是，則輸出 True，否則輸出 False
x not in lst	判斷 x 是否不在 lst 串列中，若是，則輸出 True，否則輸出 False

請參閱以下的程式：

```
arr4 = [12, 3, 45, 89, 7]
print(arr4)
print('總和', sum(arr4))
print('最大值', max(arr4))
print('最小值', min(arr4))
```

```
[12, 3, 45, 89, 7]
總和 156
最大值 89
最小值 3
```

以下是 in 和 not in 的程式

```
arr4 = [12, 3, 45, 89, 7]
print(arr4)
print(8 in arr4)
print(8 not in arr4)
print(89 in arr4)
print(89 not in arr4)
```

```
False
True
True
False
```

從輸出結果可得知 8 不在 arr4 串列中，而 89 在 arr4 串列中。

6-3 串列的加入與刪除

在串列的運作上常常會加入資料和刪除資料，只要呼叫適當的方法即可完成。

6-3-1 加入一元素於串列中

上述串列的資料是以指定的方式初始的，其實我們也可以用交談式的方式，配合 append()方法，將資料加入於串列的尾端，或利用 insert(i, x)方法，將資料 x 加在串列索引 i 的地方。

```
arr3 = []
for i in range(5):
    print('\n#%d'%(i+1), end = ' ')
    num = eval(input('Enter an item: '))
    arr3.append(num)
print('\narr3 = ', arr3)
```

```
#1
Enter an item: 2

#2
Enter an item: 4

#3
Enter an item: 6

#4
Enter an item: 8

#5
Enter an item: 10

arr3 =  [2, 4, 6, 8, 10]
```

先以

```
arr3 = []
```

建立一空串列 arr3，接著以迴圈提示使用者輸入資料五次，並呼叫 append()方法將輸入的資料加入於串列中，最後將 arr3 串列加以印出。

也可以利用亂數產生器產生數值(1~100)，然後加入於串列如下所示：

```
import random
num = []
for i in range(5):
    randNum = random.randint(1, 100)
```

```
    num.append(randNum)
print('num =', num)
```

```
num = [1, 47, 41, 18, 74]
```

除了 append(x) 方法可將 x 資料附加在串列的尾端外，以下是呼叫 **insert(i, x)** 方法，表示將 x 資料加在串列索引 i 的地方。如下範例程式所示：

```
num2 = []
num2.insert(0, 100)
print(num2)

num2.insert(1, 200)
print(num2)

num2.insert(2, 300)
print(num2)

num2.insert(0, 400)
print(num2)

num2.insert(1, 500)
print(num2)
```

```
[100]
[100, 200]
[100, 200, 300]
[400, 100, 200, 300]
[400, 500, 100, 200, 300]
```

num2.insert(i, x) 方法有兩個參數，若指定的索引 i 大於目前串列的長度 len(num2)，則表示加在最後一個元素。如以下所示：

```
num2.insert(10, 888)
print(num2)
```

```
[400, 500, 100, 200, 300, 888]
```

因為索引 10 大於 len(num2)為 5 的數字，故加在串列的尾端。

6-3-2 從串列中刪除一元素

看完加入後，我們接著來看如何從串列中刪除一元素。首先是 pop()，其表示將串列的最後一個元素刪除，pop(i)則表示刪除串列索引 i 的資料，而 remove(x)，則表示刪除串列中第一個出現 x 的資料。

```
num3 = [1, 3, 5, 7, 9, 2, 4, 6, 8, 9, 1]
print('num3:      ', num3)

num3.pop()
print('pop():     ', num3)

num3.pop(2)
print('pop(2):    ', num3)

num3.remove(9)
print('remove(9):', num3)
```

```
num3:       [1, 3, 5, 7, 9, 2, 4, 6, 8, 9, 1]
pop():      [1, 3, 5, 7, 9, 2, 4, 6, 8, 9]
pop(2):     [1, 3, 7, 9, 2, 4, 6, 8, 9]
remove(9): [1, 3, 7, 2, 4, 6, 8, 9]
```

程式最後 num3 呼叫 remove(9)表示刪除 num3 串列第一個出現的 9。

練習題

1. 試撰寫一程式，利用亂數產生器產生五個介於 1~100 的數字，然後將每次產生數字加入於串列的前端。
2. 承第 1 題，每一次將串列的第一個元刪除，所以會有刪十次的動作。
3. 試撰寫一程式，利用上述的加入和刪除方法，印出以下名為 lst6 串列的每一次執行結果。

```
#1:    []
#2:    [10]
#3:    [20, 10]
#4:    [20, 5, 10]
#5:    [20, 5, 10, 30]
#6:    [20, 5, 10, 40, 30]
#7:    [20, 5, 10, 40, 30, 60]
```

```
#8:   [20, 10, 40, 30, 60]
#9:   [10, 40, 30, 60]
#10:  [10, 40, 30]
#11:  [10, 20, 40, 30]
#12:  [10, 20, 40, 30, 50]
```

參考解答

1.
```
import random
random.seed(10)
number = []
for i in range(10):
    randNum = random.randint(1, 100)
    print('#%d:'%(i), randNum)
    number.insert(0, randNum)

print(number)
```

```
#0: 74
#1: 5
#2: 55
#3: 62
#4: 74
#5: 2
#6: 27
#7: 60
#8: 63
#9: 36
[36, 63, 60, 27, 2, 74, 62, 55, 5, 74]
```

2.
```
import random
random.seed(10)
number = []
for i in range(10):
    randNum = random.randint(1, 100)
    print('#%d:'%(i), randNum)
    number.insert(0, randNum)

print(number)

print('\ndelete front element')
```

```
for j in range(len(number)):
    print('pop(0): ', number.pop(0))
    print('number: ', number)
    print()
```

```
#0: 74
#1: 5
#2: 55
#3: 62
#4: 74
#5: 2
#6: 27
#7: 60
#8: 63
#9: 36
[36, 63, 60, 27, 2, 74, 62, 55, 5, 74]

delete front element
pop(0):  36
number:  [63, 60, 27, 2, 74, 62, 55, 5, 74]

pop(0):  63
number:  [60, 27, 2, 74, 62, 55, 5, 74]

pop(0):  60
number:  [27, 2, 74, 62, 55, 5, 74]

pop(0):  27
number:  [2, 74, 62, 55, 5, 74]

pop(0):  2
number:  [74, 62, 55, 5, 74]

pop(0):  74
number:  [62, 55, 5, 74]

pop(0):  62
number:  [55, 5, 74]

pop(0):  55
number:  [5, 74]

pop(0):  5
number:  [74]
```

```
pop(0):  74
number:  []
```

3.
```
lst6 = []
print('#1:  ', lst6)

lst6.append(10)
print('#2:  ', lst6)

lst6.insert(0, 20)
print('#3:  ', lst6)

lst6.insert(1, 5)
print('#4:  ', lst6)

lst6.append(30)
print('#5:  ', lst6)

lst6.insert(3, 40)
print('#6:  ', lst6)

lst6.append(60)
print('#7:  ', lst6)

lst6.remove(5)
print('#8:  ', lst6)

lst6.pop(0)
print('#9:  ', lst6)

lst6.pop()
print('#10: ', lst6)

lst6.insert(1, 20)
print('#11: ', lst6)

lst6.append(50)
print('#12: ', lst6)
```

6-4 由小至大或由大至小排序

若要將串列的資料由小至大排序，則可以呼叫 sort()方法完成，若要串列的資料反轉（從尾端到前端），則呼叫 reverse()方法即可，因此若要將資料由大至小排序，則可以利上述的方法執行之，

```
data = [1, 3, 5, 7, 9, 2, 4, 6, 8]
print('data:           ', data)

data.reverse()
print('data.reverse():', data)

data.sort()
print('data.sort():    ', data)

data.reverse()
print('data.reverse():', data)
```

```
data:            [1, 3, 5, 7, 9, 2, 4, 6, 8]
data.reverse(): [8, 6, 4, 2, 9, 7, 5, 3, 1]
data.sort():     [1, 2, 3, 4, 5, 6, 7, 8, 9]
data.reverse(): [9, 8, 7, 6, 5, 4, 3, 2, 1]
```

其實若要由大至小，也可以這樣撰寫：

```
data.sort(reverse=True)
```

在 sort 方法中加入 reverse=True 的參數就會以由大至小排序之。

以上的 sort 和 reverse 是方法，所以要用物件去引發此方法。還有一種是 sorted 和 reversed，這兩個是函式，其參數就是串列，請參閱以下範例與說明：

```
data2 = [1, 3, 5, 7, 9, 2, 4, 6, 8, 10]
print(data2)
print(sorted(data2))
print(data2)
```

```
[1, 3, 5, 7, 9, 2, 4, 6, 8, 10]
[1, 2, 3, 4, 5, 6, 7, 8, 9, 10]
[1, 3, 5, 7, 9, 2, 4, 6, 8, 10]
```

程式中利用 sorted(data2)將串列 data2 由小至大排序，但不會改變原有的 data2 串列元素值，從程式最後一行可得知。

```
data2 = [1, 3, 5, 7, 9, 2, 4, 6, 8, 10]
print(data2)
print(list(reversed(data2)))
print(data2)
```

```
[1, 3, 5, 7, 9, 2, 4, 6, 8, 10]
[10, 8, 6, 4, 2, 9, 7, 5, 3, 1]
[1, 3, 5, 7, 9, 2, 4, 6, 8, 10]
```

程式中利用 reversed(data2)將串列 data2 加以加以反轉，也不會改變原有的 data2 串列元素值，從程式最後一行可得知。

還有一點要注意的是，reversed(data2)要將其以 list 函式加以印出，否則無法看到串列值。

練習題

1. 有一已排序好的串列如下：

   ```
   lst = [1, 3, 5, 7, 9]
   ```

   今將數值 6 依照由小至大的排列順序加入於 lst 中，其實有兩種方式可達成，一種是用 sort() 方法，另一種不使用 sort()而是自行撰寫運作過程，請分別撰寫程式測試之。

2. 試問以下程式的輸出結果。

   ```
   data2 = [1, 3, 5, 7, 9, 2, 4, 6, 8, 10]
   print(data2)
   data2.sort()
   print(data2)
   ```

3. 試問以下程式的輸出結果。

   ```
   data2 = [1, 3, 5, 7, 9, 2, 4, 6, 8, 10]
   print(data2)
   data2.reverse()
   print(data2)
   ```

參考解答

1. (1) 有使用 sort() 方法

```
lst = [1, 3, 5, 7, 9]
a = 6
lst.append(a)
lst.sort()
print(lst)
```

```
[1, 3, 5, 6, 7, 9]
```

(2) 不使用 sort() 方法

```
lst = [1, 3, 5, 7, 9]
a = 6
flag = 0
for i in range(len(lst)):
    if lst[i] > a:
        flag = 1
        break
if flag == 1:
    lst.insert(i, a)
else:
    lst.append(a)

print(lst)
```

```
[1, 3, 5, 6, 7, 9]
```

程式利用 for 迴圈判斷串列的哪一個元素大於 a，則將 flag 指定為 1，並用 break 結束迴圈。接下來利用 if...else 判斷 flag 是否等於 1，若是，則呼叫 insert 將 a 插入於索引 i 的地方，否則利用 append() 將 a 加在串列的尾端。

2.
```
[1, 3, 5, 7, 9, 2, 4, 6, 8, 10]
[1, 2, 3, 4, 5, 6, 7, 8, 9, 10]
```

3.
```
[1, 3, 5, 7, 9, 2, 4, 6, 8, 10]
[10, 8, 6, 4, 2, 9, 7, 5, 3, 1]
```

6-5 檢視某一元素的索引

想知道串列的某個元素在哪個索引，你可以呼叫 index(x)執行之。

```
data2 = [11, 13, 15, 17, 19, 12, 14, 16, 18]
print('data2.index(12):', data2.index(12))
```

```
data2.index(12): 5
```

程式輸出串列的 12 是位於索引 5 的地方，亦即在串列第六個。注意，index 的參數必須存在於串列中，否則會出現錯誤的訊息。

若要輸出此串列最大值是多少，而且其索引為何？

```
print('max(data2):', max(data2))
print('data2.index(max(data2)):', data2.index(max(data2)))
```

```
max(data2): 19
data2.index(max(data2)): 4
```

這表示 data2 串列的最大值是 19，其位於索引為 4 的地方，亦即串列的第五個元素。

練習題

1. 請以亂數的種子 20 來產生十個介於 1~100 之間的數字，並加入於 data3 串列。不可呼叫 index() 和 max() 方法，請自行撰寫程式來完成檢視 data3 串列的最大值與其所在的索引為何？

參考解答

1.
```
import random
data3 = []
i = 0
random.seed(20)
while i < 10:
    randNum = random.randint(1, 100)
    if randNum not in data3:
        data3.append(randNum)
        i += 1
```

```
print(data3)

max = data3[0]
index = 0
for i in range(1, len(data3)):
    if data3[i] > max:
        max = data3[i]
        index = i

print('data3 最大值是 %d'%(max))
print('and at the index of %d'%(index))
```

```
[93, 88, 99, 20, 34, 87, 82, 13, 42, 74]
data3 最大值是 99
and at the index of 2
```

程式說明：

先利用 while 迴圈建立 10 個不同介於 1~100 的數字，並將它置放於 data3 串列中。然後將串列的第一個元素 data3[0] 設為最大值，並置放於 max 的變數，同時也將 0 指定給 index。再利用一迴圈比對其所有元素，視情況是否要更新 max 和 index 變數值。

行文至此，我們將上述串列常用的方法摘要於表 6-2。

表 6-2 一些常用的串列運作方法

方法	說明
append(x)	附加 x 資料於串列的尾端
insert(i, x)	加入 x 資料於串列索引為 i 的地方
pop()	刪除串列的最後一個元素
pop(i)	刪除在串列索引為 i 的元素
remove(x)	刪除串列中的 x 資料
index(x)	找出串列中的資料 x，其索引為何
sort()	將串列由小至大排序
reverse()	將串列的反轉

6-6 擷取串列某一區間的元素

擷取某一元素，只要串列名稱配合索引 listName[index] 就可以了，非常簡單。但若要存取某一區間的值，可使用 listName[start: end]，表示從 start 開始，直到 end-1 為止。注意 start 必須小於 end。還有若 index、start 或 end 是負值，則必須將此值加上此串列的長度。start 的預設值是 0，end 的預設值是 len(listName)。

```
arr5 = [1, 4, 2, 9, 3, 8]
print('arr5:', arr5)
print('len(arr5):', len(arr5))
print('arr5[0]:', arr5[0])
print('arr5[-1]:  ', arr5[-1])
print('arr5[len(arr5)-1)]:', arr5[len(arr5)-1])
print('arr5[1:5]: ', arr5[1:5])
print('arr5[1:-2]:', arr5[1:-2])
print('arr5[1:]:  ', arr5[1:])
print('arr5[:5]:  ', arr5[:5])
```

```
arr5: [1, 4, 2, 9, 3, 8]
len(arr5): 6
arr5[0]: 1
arr5[-1]:   8
arr5[len(arr5)-1)]: 8
arr5[1:5]:  [4, 2, 9, 3]
arr5[2:-2]: [2, 9]
arr5[1:]:   [4, 2, 9, 3, 8]
arr5[:5]:   [1, 4, 2, 9, 3]
```

上述程式說明請參閱表 6-3：

表 6-3　arr5 串列的運作

運算式	結果	說明
arr5	[1, 4, 2, 9, 3, 8]	arr5 的所有元素
len(arr5)	6	計算 arr5 串列的大小
arr5[0]	1	arr5 串列的第一個元素（索引為 0）
arr5[-1])	8	arr5 串列的最後一個元素（索引為 5）
arr5[len(arr5)-1])	8	arr5 串列的最後一個元素（索引為 5）

運算式	結果	說明
arr5[1:5])	[4, 2, 9, 3]	arr5 串列的第二個元素到第五個元素（索引為 1 到 4）
arr5[2:-2])	[2, 9]	arr5 串列的第三個元素到第四個元素（索引為 2 到 3）
arr5[1:])	[4, 2, 9, 3, 8]	arr5 串列的第二個元素到最後的元素（索引為 1 到 5）
arr5[:5]	[1, 4, 2, 9, 3]	arr5 串列的第一個元素到第五個的元素（索引為 0 到 4）

練習題

1. 試問以下程式的輸出結果。

```
lst5 = ['apple', 'kiwi', 'banana', 'orange', 'pineapple']
print('lst5:', lst5)
print('len(lst5):', len(lst5))
print('lst5[2]:', lst5[2])
print('lst5[-2]:  ', lst5[-2])
print('lst5[len(arr5)-2)]:', lst5[len(lst5)-2])

print('lst5[2:5]: ', lst5[2:5])
print('lst5[1:-1]:', lst5[1:-1])
print('lst5[1:]:  ', lst5[1:])
print('lst5[:4]:  ', lst5[:4])
```

2. 試問以下程式的輸出結果。

```
arr6 = [8, 2, 3, 1, 7, 4, 6, 9]
print(arr6)
print(len(arr6))
print(arr6[1])
print(arr6[len(arr5)-2])
print(arr6[-1])
print(arr6[-5:-1])
print(arr6[1:7])
print(arr6[2:-1])
print(arr6[2:])
print(arr6[:5])
```

參考解答

1.
```
lst5: ['apple', 'kiwi', 'banana', 'orange', 'pineapple']
len(lst5): 5
lst5[2]: banana
lst5[-2]:   orange
lst5[len(arr5)-2)]: orange
lst5[2:5]:  ['banana', 'orange', 'pineapple']
lst5[1:-1]: ['kiwi', 'banana', 'orange']
lst5[1:]:   ['kiwi', 'banana', 'orange', 'pineapple']
lst5[:4]:   ['apple', 'kiwi', 'banana', 'orange']
```

2.
```
[8, 2, 3, 1, 7, 4, 6, 9]
8
2
7
9
[1, 7, 4, 6]
[2, 3, 1, 7, 4, 6]
[3, 1, 7, 4, 6]
[3, 1, 7, 4, 6, 9]
[8, 2, 3, 1, 7]
```

6-7 輸出串列的所有元素

印出串列的所有元素，除了上述兩種方法外，還有二種方法。一是 **for** variable **in** listName，其中 variable 是使用者自取名稱，listName 是串列名稱。二是利用 enumerate()來輔助印出索引。請看以下範例。

範例程式：printListMethod.py

```
01  arr5 = [1, 4, 2, 9, 3, 8]
02
03  #1 method
04  print(arr5)
05  print()
```

```
[1, 4, 2, 9, 3, 8]
```

```
06  #2 method
07  for i in range(len(arr5)):
08      print('arr5[%d] = %2d'%(i, arr5[i]))
09  print()
```

```
arr5[0] =  1
arr5[1] =  4
arr5[2] =  2
arr5[3] =  9
arr5[4] =  3
arr5[5] =  8
```

```
10  #3 method
11  for x in arr5:
12      print(x, end = ' ')
```

```
1 4 2 9 3 8
```

第一種方法是直接將串列名稱當做 print 的參數，如此程式中的：

```
print(arr5)
```

其輸出結果是以串列的方式表示的。

第二種方法是以 for i in range() 印出串列的所有元素，在 print 中加上每一個元素所在之處。

第三種方法是以下列方式表示：

```
for x in arr5:
```

以 in 判斷 x 是否存在於 arr5，若 True，則印出 x，此意謂著在 arr5 串列的元素皆加以印出。這是專門為印出串列的元素而設的。

最後是以 enumerate()來表示，如下所示：

```
#4 method
arr5 = [1, 4, 2, 9, 3, 8]
for index, item in enumerate(arr5):
    print('%d: %d'%(index, item))
```

```
0: 1
1: 4
2: 2
3: 9
4: 3
5: 8
```

以 enumerate(arr5)會有索引和資料產生，我們直接將索引輸出是很方便的，如上所示。也可以這樣的包裝，如下所示：

```
arr5 = [1, 4, 2, 9, 3, 8]
for index, item in enumerate(arr5):
    print('arr5[%d]: %2d'%(index, item))
```

```
arr5[0]:  1
arr5[1]:  4
arr5[2]:  2
arr5[3]:  9
arr5[4]:  3
arr5[5]:  8
```

此時就和上述第二種方法的輸出結果是一樣的。

若要更速成可以使用以下敘述

```
arr5 = [1, 4, 2, 9, 3, 8]
num = [x for x in arr5]
print(num)
```

```
[1, 4, 2, 9, 3, 8]
```

```
[x for x in arr5]
```

表示取 arr5 的元素於 x，並置放於串列中，程式將它指定給 num，所以 num 是串列。也可以將取出來的 x 做一些運算，如下所示：

```
arr5 = [1, 4, 2, 9, 3, 8]
num = [x+10 for x in arr5]
print(num)
```

```
[11, 14, 12, 19, 13, 18]
```

練習題

1. 試問以下程式的輸出結果。

```
name = ['Bright', 'Linda', 'Amy', 'Jennifer', 'Cary', 'Chloe']
#1 method
print(name)
print()

#2 method
for i in range(len(name)):
    print('name[%d]: %s'%(i, name[i]))
print()

#3 method
for x in name:
    print(x)
print()
```

2. 試問以下程式的輸出結果。

```
#4 method
name = ['Bright', 'Linda', 'Amy', 'Jennifer', 'Cary', 'Chloe']
for index, item in enumerate(name):
    print('%d: %s'%(index, item))
print()

for index, item in enumerate(name):
    print('name[%d]: %s'%(index, item))
```

參考解答

1.

```
['Bright', 'Linda', 'Amy', 'Jennifer', 'Cary', 'Chloe']

name[0]: Bright
name[1]: Linda
name[2]: Amy
name[3]: Jennifer
name[4]: Cary
name[5]: Chloe
```

```
Bright
Linda
Amy
Jennifer
Cary
Chloe
```

2.
```
0: Bright
1: Linda
2: Amy
3: Jennifer
4: Cary
5: Chloe

name[0]: Bright
name[1]: Linda
name[2]: Amy
name[3]: Jennifer
name[4]: Cary
name[5]: Chloe
```

6-8 str 類別

其實字串是 str 類別的物件。

```
>>> s = 'congratulations'
>>> type(s)
    <class 'str'>
```

從上述輸出結果可得知，s 字串是 str 類別。這如同 123 整數是 int 類別，1.23 是 float 類別。

```
>>> type(123)
    <class 'int'>

>>> type(1.23)
    <class 'float'>
```

類別和物件，好比是資料型態和變數的關係。有關類別和物件請參閱第 9 章「類別、繼承與多型」。

6-8-1 建立字串

你可以使用 str 的：

```
>>> s1 = str()
>>> s1
''
```

它是空字串，因為 str 參數是空的。

```
>>> s2 = str('Python')
>>> s2
    'Python'
```

此時 s2 是'Python'字串，但一般人都是這樣寫的，直接省略 str 函式。

```
>>> s3 = 'Python'
>>> s3
    'Python'
```

同樣也可以建立一字串。

6-8-2 一些字串常用的函式和運算子

以下將討論一些字串常用的函式，如表 6-4 所示：

表 6-4 一些字串常用的函式

函式	功能
len(s)	s 字串的長度
max(s)	s 字串中 ASCII 字元碼最大的字元
min(s)	s 字串中 ASCII 字元碼最小的字元
s1 + s2	將 s1 和 s2 這兩個字串相連
s1 * n	將 s1 字串複製 n 次
s1 in s	檢視 s1 字串是否在 s 字串裡
s1 not in s	檢視 s1 字串是否不在 s 字串裡
s[n]	擷取 s 字串索引為 n 的字元

函式	功能
s[start:end]	擷取 s 字串從索引為 start 到 end-1 的字元
<，<=，>，>=，==，!=	字串的比較

```
>>> s = 'congratulations'
>>> len(s)
    15

>>> max(s)
    'u'

>>> min(s)
    'a'

>>> 'Python ' + 'is fun'
    'Python is fun'

>>> 'Python' * 2
    'PythonPython'

>>> 'tion' in s
    True

>>> 'cong' not in s
    False

>>> s3 = 'abcdefghijklm'
>>> s3[1]
    'b'

>>> s3[-1]
    'm'

>>> s3[2:6]
    'cdef'

>>> s3[2:10:2]
    'cegi'
```

上一敘述是從索引 2 到索引 9，但每次要間隔 2 的字元。不要忘了索引是從 0 開始的。

```
>>> s4 = 'Maserati grecale'
>>> s5 = 'Maserati levante'
>>> s4 > s5
    False

>>> s4 == s5
    False

>>> s4 != s5
    True
```

6-8-3 一些字串常用的方法

以下將討論一些字串常用的函式，如表 6-5 所示：

表 6-5 一些字串常用的方法

方法	功能
s.count(subs:str)	計算 s 字串中出現 subs 子字串的次數
s.startswith(subs:str)	檢視 s 字串的開頭是否為 subs 子字串，若是，則回傳 True
s.endswith(subs:str)	檢視 s 字串的尾端是否為 subs 子字串，若是，則回傳 True
s.find(subs:str)	尋找 s 字串中 subs 子字串最小的索引，若沒找到，則回傳 -1
s.rfind(subs:str)	尋找 s 字串中 subs 子字串最大的索引，若沒找到，則回傳 -1
s.lower()	將 s 字串所有的字元轉換為小寫後回傳
s.upper()	將 s 字串所有的字元轉換為大寫後回傳
s.islower()	檢視 s 字串是否皆為小寫的字元
s.isupper()	檢視 s 字串是否皆為大寫的字元
s.replace(oldS, newS)	將 s 字串的 oldS 字串改以 newS 表示之

以上述的 s 字串為例：

```
>>> s
    'congratulations'

>>> s.startswith('cong')
    True
```

```
>>> s.endswith('tions')
    True

>>> s.count('at')
    2

>>> s.find('at')
    5

>>> s.rfind('at')
    9
```

從上述的輸出結果可得知，find 和 rfind 的差異。

```
>>> s.find('python')
    -1
```

現在改以 t 字串來說明：

```
>>> t = 'taiwan'
>>> t.islower()
    True

>>> t.isupper()
    False

>>> t.upper()
    'TAIWAN'

>>> t.lower()
    'taiwan'

>>> t.replace('wan', 'nan')
    'tainan'
```

注意上述的方法只是中間轉換過程的結果，原來的 t 字串還是不變的。

```
>>> t
    'taiwan'
```

6-9 split() 與 strip() 函式

可以利用 split()將字串加以分割轉換為串列，如下所示：

```
str = 'Python is fun'
strLst = str.split()
print(strLst)
```

```
['Python', 'is', 'fun']
```

因為 str 字串之間是以空格隔開，所以利用 split()即可將 str 串列以空白加以分割。再來看另一範例。

```
date = '2021/12/09'
dateLst = date.split('/')
print(dateLst)
```

```
['2021', '12', '09']
```

因為 date 字串之間是以 / 字元隔開，所以利用 split('/') 即可將 str 串列以 / 加以分割。

若一字串要以多個分隔字元隔開時，則可以串列的方式表示分隔字元，如下所示：

```
import re
nameDepartment = 'Mary:Senior/CS-NCTU Taiwan'
str = re.split('[: /-]', nameDepartment)
print(str)
```

```
['Mary', 'Senior', 'CS', 'NCTU', 'Taiwan']
```

程式中以

```
'[: /-]'
```

做為分隔的字元，其中有 :，**空白**，/ 和 - 四個字元。由於它是使用正規表示式(regular expression, re)，所以利用下一敘述：

```
import re
```

載入 re 模組。以 re 觸發 split()方法。

可以將 split()之後的資料存在字串中，例如輸入一些數值字串，然後利用 strip()將輸入的數值字串左、右空白去除，接著以 split()函式，其分隔字元是空白擷取每一個數值，並經由 eval()函式將其轉換為數值，然後儲存於串列中。

```
s = input("Enter the numbers: ").strip()
numbers = [eval(x) for x in s.split()]
print(numbers)
```

```
Enter the numbers: 1 2 3 4 5
[1, 2, 3, 4, 5]
```

你也可以在輸入時故意將左、右加上一些空白試試看。

順帶說明，strip()是去掉左、右空白，若只要去掉左邊的空白，則可使用 lstrip()，若只要去掉右邊的空白，則可使用 rstrip()。請看以下範例：

```
>>> word = ' Learning Python now! '
>>> word.lstrip()
    'Learning Python now! '

>>> word
    ' Learning Python now! '

>>> word.rstrip()
    ' Learning Python now!'

>>> word
    ' Learning Python now! '
```

在執行 lstrip()與 rstrip()的過程中，word 是不會變的。若要存取中間的過程，你可以指定給另一變數，如下所示：

```
>>> word2 = word.rstrip()
>>> word2
    ' Learning Python now!'

>>> word
    ' Learning Python now! '
```

練習題

1. 如何將下列所述的字串，分割轉換為串列。

```
time = '10:20:26'
```

2. 如何將下列所述的字串，分割轉換為串列。

```
fruits = 'kiwi*banana*apple*guava'
```

3. 如何將下列字串，分割轉換為串列。

```
inform = 'John-NCTU Python:92/Calculus:88/C++:91'
```

4. 試問下一程式的輸出結果：

```
s = input("Enter the number: ").strip()
numbers = [x for x in s.split()]
print(numbers)
```

參考解答

1.
```
timeLst = time.split(':')
print(timeLst)
```

```
['10', '20', '26']
```

2.
```
fruits = 'kiwi*banana*apple*guava'
fruitsLst = fruits.split('*')
print(fruitsLst)
```

```
['kiwi', 'banana', 'apple', 'guava']
```

3.
```
import re
inform = 'John-NCTU Python:92/Calculus:88/C++:91'
str = re.split('[- /:]', inform)
print(str)
```

```
['John', 'NCTU', 'Python', '92', 'Calculus', '88', 'C++', '91']
```

4.
```
Enter the number: 1 2 3 4 5
['1', '2', '3', '4', '5']
```

6-10 將多個串列包裝起來

我們可以利用 zip(lst1, lst2, ,,,)將多個串列包裝起來，請看以下範例說明：

```
names = ['Bright', 'Linda', 'Amy', 'Jennifer', 'Cary']
scores  = [92, 90, 89, 90, 92]
name_score = zip(names, scores)
print(list(name_score))
print()

for name, score in zip(names, scores):
    print('%10s: %d'%(name, score))
```

```
[('Bright', 92), ('Linda', 90), ('Amy', 89), ('Jennifer', 90), ('Cary',
92)]

    Bright: 92
     Linda: 90
       Amy: 89
  Jennifer: 90
      Cary: 92
```

程式建立兩個串列，分別是 names 和 scores，然後利用 zip(names, scores)將其包裝在一起。你可以指定給一變數，然後當做 list()的參數加以印出。接下來的 for 迴圈是直接以 zip(names, scores)當做一串列，印出每一個 name 所對應的 score。

6-11 將串列當做參數傳遞

當我們要把串列資料傳送給呼叫函式當做參數時，不是將串列的資料一個一個傳，而是給予串列的名稱即可。此時呼叫函式的真實參數和被呼叫函式的形式參數是一樣的串列，只是名稱不同罷了。

```
import random
def totalNum(lst2):
    total = 0
    for x in lst2:
```

```
        total += x
    return total

def main():
    lst = []
    random.seed(10)
    for i in range(10):
        randNum = random.randint(1, 10)
        lst.append(randNum)
    print(lst)

    tot = totalNum(lst)
    print('total =', tot)

main()
```

```
[10, 1, 7, 8, 10, 1, 4, 8, 8, 5]
total = 62
```

為了你我所產生的亂數皆一樣，程式中的 main()函式加入：

```
random.seed(10)
```

以一數值當種子，其中的 10 是可以任意一數值。random.randint(1, 10)表示產生的亂數值介於 1~10 之間。其實 main() 函式中的 lst 串列當做呼叫函式的真實參數，傳遞給 totalNum(lst2)函式的形式參數 lst2，所以 lst2 串列和 lst 串列是一樣的，lst2 好比是 lst 串列名稱的別名。

練習題

1. 在 main()函式中以亂數產生器產生 100 個介於 1~100 之間的數字，並將其一一加入到名為 number 串列中，接著印出這 100 個數字，然後呼叫 evenTotal(number2) 計算這 100 個數字中有多少個是偶數。試撰寫一程式測試之。假設以亂數種子為 10 執行之。

參考解答

1.
```
import random
def evenTotal(number2):
    evenTotal = 0
    count = 0
    for x in number2:
        if x % 2 == 0:
           evenTotal += 1
        print('%3d '%(x), end= '')
        count += 1
        if count % 10 == 0:
            print()

    return evenTotal

def main():
    lst = []
    random.seed(10)
    for i in range(100):
        randNum = random.randint(1, 100)
        lst.append(randNum)
    tot = evenTotal(lst)
    print('\ntotal even number =', tot)

main()
```

```
 74   5  55  62  74   2  27  60  63  36
 84  21   5  67  63  42  10  32  96  47
  6  54  18  78  46  49  54  37  87  34
 59  23  88  39  85  47  18  59  99  31
 57  79  49   6  75   1  31  18  25  39
 69  47  99  31  41  86  71  58  56  61
  9  84  75  42  65  21  29  53  31   5
  5  64  39  78  85  10  69  11  20  50
 73  48  77  20  15 100  99  13  57  22
 25  45  56  54  58  32  88  36  19  80

total even number = 43
```

6-12 個案研究(1)：大樂透電腦選號

以下以產生一組大樂透電腦選號(6 個 1 到 49 之間的號碼)的範例來說明串列的應用。注意，因為電腦選號是以隨機產生的亂數，所以你我所產生的數字是不一樣的，除非我們共用亂數的種子，如 random.seed(0)。

```
#version 1.0
import random
for i in range(6):
    randNum = random.randint(1, 49)
    print(randNum, end = ' ')
```

```
39 17 16 29 27 19
```

```
44 22 22 23 15 41
```

這一版本的程式可能會產生重複的數字，如第 2 個輸出結果中 22 號碼是重複的，為了改善此缺點，接下來利用串列來撰寫：

```
#version 2.0
import random
lotto = []
for i in range(6):
    lottoNum = random.randint(1, 49)
    if lottoNum not in lotto:
        lotto.append(lottoNum)
print(lotto)
```

```
[18, 11, 2, 45, 12, 24]
```

```
[31, 6, 26, 20, 33]
```

雖然沒有產生重複的數字但第 2 個輸出結果怎麼少了一個數值。利用程式加以追蹤中間產生了什麼結果。

```
#version 3.0
import random
lotto = []
for i in range(6):
    lottoNum = random.randint(1, 49)
```

```
    print(lottoNum, end = ' ')
    if lottoNum not in lotto:
        lotto.append(lottoNum)
print()
print(lotto)
```

```
39 23 42 39 49 26
[39, 23, 42, 49, 26]
```

我們發現有重複的數字 39，所以只出現 5 個數字而已。那是因為 for 迴圈固定執行 6 次。利用 while 迴圈改善之，因為計數器加 1 由使用者來控制。

```
#version 4.0
import random
lotto = []
i = 1
while i <= 6:
    lottoNum = random.randint(1, 49)
    if lottoNum not in lotto:
        lotto.append(lottoNum)
        i += 1
print()
print(lotto)
```

```
[15, 18, 22, 10, 31, 36]
```

輸出結果是對的，沒有重複數字，也沒有少一個的問題，但是結果沒有由小至大排序，因此再以 sort()加以處理之。

```
#version 5.0
import random
lotto = []
i = 1
while i <= 6:
    lottoNum = random.randint(1, 49)
    if lottoNum not in lotto:
        lotto.append(lottoNum)
        i += 1
print()
lotto.sort()
print(lotto)
```

```
[1, 10, 23, 42, 48, 49]
```

這是最終的大樂透電腦選號的版本，也許你可以自已執行看看，然後以產生的輸出結果買一張來試試運氣，說不定會中頭獎，若沒有中獎，做個公益也不錯，不是嗎？嘿嘿！若中頭獎，別忘了包個紅包喔！

特別說明，上述的亂數由於沒有使用特定的亂數種子，所以你我產生的數值將會不一樣。

6-13 個案研究(2)：猜猜你的生日－使用一維串列

這節我們要使用五個一維串列表示有五張牌，用以儲存生日的日期，如下：

範例程式：birthdayUsingList1d.py

```
01  day = 0
02
03  set0 = [ 1,  3,  5,  7,
04           9, 11, 13, 15,
05          17, 19, 21, 23,
06          25, 27, 29, 31]
07
08  set1 = [ 2,  3,  6,  7,
09          10, 11, 14, 15,
10          18, 19, 22, 23,
11          26, 27, 30, 31]
12
13  set2 = [  4,  5,  6,  7,
14           12, 13, 14, 15,
15           20, 21, 22, 23,
16           28, 29, 30, 31]
17
18  set3 = [ 8,  9, 10, 11,
19          12, 13, 14, 15,
20          24, 25, 26, 27,
21          28, 29, 30, 31]
22
23  set4 = [16, 17, 18, 19,
```

```
24            20, 21, 22, 23,
25            24, 25, 26, 27,
26            28, 29, 30, 31]
27
28  print('Is your birthday in set0?')
29  print(set0)
30
31  ans = input('Enter y for Yes, n for n: ')
32  if ans == 'y':
33      day += 1
34
35  print('\nIs your birthday in set1?')
36  print(set1)
37
38  ans = input('Enter y for Yes, n for n: ')
39  if ans == 'y':
40      day += 2
41
42  print('\nIs your birthday in set2?')
43  print(set2)
44
45  ans = input('Enter y for Yes, n for n: ')
46  if ans == 'y':
47      day += 4
48
49  print('\nIs your birthday in set3?')
50  print(set3)
51
52  ans = input('Enter y for Yes, n for n: ')
53  if ans == 'y':
54      day += 8
55
56  print('\nIs your birthday in set4?')
57  print(set4)
58
59  ans = input('Enter y for Yes, n for n: ')
60  if ans == 'y':
61      day += 16
62
```

```
63  print('\nYour birthday is %d'%(day))
```

```
Is your birthday in set0?
[1, 3, 5, 7, 9, 11, 13, 15, 17, 19, 21, 23, 25, 27, 29, 31]

Enter y for Yes, n for n: y

Is your birthday in set1?
[2, 3, 6, 7, 10, 11, 14, 15, 18, 19, 22, 23, 26, 27, 30, 31]

Enter y for Yes, n for n: n

Is your birthday in set2?
[4, 5, 6, 7, 12, 13, 14, 15, 20, 21, 22, 23, 28, 29, 30, 31]

Enter y for Yes, n for n: y

Is your birthday in set3?
[8, 9, 10, 11, 12, 13, 14, 15, 24, 25, 26, 27, 28, 29, 30, 31]

Enter y for Yes, n for n: y

Is your birthday in set4?
[16, 17, 18, 19, 20, 21, 22, 23, 24, 25, 26, 27, 28, 29, 30, 31]

Enter y for Yes, n for n: n

Your birthday is 13
```

這和之前的運作是差不多的，只是以一維串列來表示每一張牌的日期而已。

講解完一維串列後，還有功能較強也較複雜的二維串列和三維串列，就讓我們繼續研讀下去吧！

習題

1. 利用亂數產生器產生 100 個介於 1~20 之間的整數。計算此串列元素的總和、平均數、變異數和標準差。請以亂數的種子 10 產生數字，以便於驗證輸出結果。

2. 以本章 6-11 節的練習題為基底加以改良，為了便於計算，請在偶數的右方加上一星號，以利計算驗證之，試撰寫一程式測試之。

3. 承第 5 章的習題第 3 題(p.5-21)，用隨機亂數種子 100 產生介於 1~1000 數字的數字，然後判斷它是否為質數，若是，則將它存放於名為 primeList 的串列，一共要產生 100 個不同的質數，最後加以排序，並且每一列印十個質數。

4. 試撰寫一程式，以亂數產生器產生 100 個介於 1~50 之間的數字，將其加入於串列中，然後判斷其是否為 5 的倍數並予以加總，最後印出這 100 個數字與有多少個 5 的倍數。以亂數種子 10 執行之。

5. 承第 4 題，以函式的方式撰寫之。呼叫 multiply5(number2) 計算 number2 串列有多少個 5 的倍數後回傳，呼叫 printAll(number3) 函式，輸出 number3 串列的所有元素值。以 main()函式產生 100 個介於 1~50 的數字，並存放於 number 串列中，呼叫 mutliply5(number2)函式時，傳送 number 給 number2。呼叫 printAll(number3)函式時，傳送 number 給 number3。數字為 5 的倍數右邊要加星號。

6. 承第 5 題，將 5 的倍數數字的右邊不加星號，而是加上出現的累積數目方便驗證，如下所示：

```
37       3      28      31      37       1      14      30( 1) 32      18
42      11       3      34      32      21       5( 2) 16      48      24
 3      27       9      39      23      25( 3) 27      19      44      17
30( 4) 12      44      20( 5) 43      24       9      30( 6) 50( 7) 16
29      40( 8) 25( 9)  3      38       1      16       9      13      20(10)
35(11) 24      50(12) 16      21      43      36      29      28      31
 5(13) 42      38      21      33      11      15(14) 27      16       3
 3      32      20(15) 39      43       5(16) 35(17)  6      10(18) 25(19)
37      24      39      10(20)  8      50(21) 50(22)  7      29      11
13      23      28      27      29      16      44      18      10(23) 40(24)

5 的倍數共有 24 個
```

7. 以種子為 20 的亂數產生器產生十個數字(介於 1 到 100)，每一次產生時，依照由小至大的方式插入於串列中。注意，不可以呼叫內建的 sort() 方法。

8. 試撰寫一程式，提示使用者輸入一字串，然後判斷此字串是否為迴文(palindrom)。迴文定義是由左至右或由右至左唸，都是相同的字串。

9. 試撰寫一程式，從 2 開始產生 200 個質數，並將它置放於 primeList 串列中，最後將這些質數每 4 個印一列。你可參閱第 4 章 4-6 節「質數的判斷」(p.4-27)。請以亂數種子 100 執行之。

CHAPTER 7

再論串列

由於章節篇幅的關係，前一章只論及到一維串列，本章將討論二維串列、三維串列等所謂的多維串列。先來看二維串列。

7-1 二維串列

一維串列可視為線性的排列，而二維串列(two dimension list)可以視為一平面的排列。二維串列可說是由多個一維串列所組成，如圖 7.1 所示：

1001	97.5	92.3	88.2
1002	86.5	78.4	65.8
1003	78.9	92.5	84.6
1004	55.7	65.9	80.4

圖 7.1 二維串列示意圖

上述的二維串列是由四個一維串列所組成。每一列皆可視為一維串列。如圖 7.2 所示：

1001	97.5	92.3	88.2

1002	86.5	78.4	65.8

1003	78.9	92.5	84.6

1004	55.7	65.9	80.4

圖 7.2 二維串列是由一維陣列所組成的示意圖

即表示有四個一維串列。每一個一維串列有四行，分別表示學號、Python、Accounting，以及 Calculus 的分數。其餘三列亦同。

7-1-1 二維串列的建立

如以下是名為 arr23 的串列：

```
arr23 = [[1, 3, 5],
         [2, 4, 6]]
```

這是為二列三行的二維串列，你應該有注意到，arr23 含有二層的中括號([])，最外層[]包含二個一維串列。用另一個角度來看的話，每一列可視為一維串列，每一行表示列的元素，因為 arr23 串列有二個一維串列，所以有兩列。每一列有三個元素，所以它有三行。橫的是列，直的是行，如圖 7.3 所示：

arr23[0][0]=1	arr23[0][1]=3	arr23[0][2]=5
arr23[1][0]=2	arr23[1][1]=4	arr23[1][2]=6

圖 7.3 arr23 串列示意圖

只寫 arr23 表示這串列的全部，而 arr23[0] 則表示 arr23 串列的第一列，它計有三個元素，arr23[1]表示第二列，它也是有三個元素。arr23[0][0] 表示第一列第一行的元素。我們來驗證一下。

```
arr23 = [[1, 3, 5],
         [2, 4, 6]]

print(arr23)
print(arr23[0])
print(arr23[1])
print(arr23[0][0])
```

```
[[1, 3, 5], [2, 4, 6]]

[1, 3, 5]
[2, 4, 6]
1
```

其實二維串列 arr23 儲存在記憶體是這樣的，如下所示：

arr23[0][0]=1	arr23[0][1]=3	arr23[0][2]=5	arr23[1][0]=2	arr23[1][1]=4	arr23[1][2]=6

二維串列有列(row)的索引與行(column)的索引，而且都是由 0 開始。二維串列的排列方式是以列為主，亦即每一列排完後再往下一列。有幾個基本的運算是必須知道的，如 len(arr23) 表示它有多少列，結果是 2；len(arr23[0]) 表示第一列有多少行，結果是 3。同理，len(arr23[1])表示第二列有多少行，結果是 3。

arr23[0]表示第一列的元素，arr23[0][0]表示此串列的第一個元素，對 arr23 串列而言，arr23[1][2]是此串列的最後一個元素，亦即列的個數和行的個數減 1 所得到的。

7-1-2 二維串列的列印

要列印二維串列的所有資料，需要利用多重迴圈，外迴圈控制列的索引，而內迴圈控制行的索引。

範例程式：list2d-1.py

```
01  #two dimension list
02  lst23 = [[1, 2, 3],
03           [4, 5, 6]]
04
05  print(lst23)
06
07  for i  in range(len(lst23)):
08      for j in range(len(lst23[0])):
09          print('lst23[%d][%d] = %d'%(i, j, lst23[i][j]))
```

```
[[1, 2, 3], [4, 5, 6]]
lst23[0][0] = 1
lst23[0][1] = 2
lst23[0][2] = 3
lst23[1][0] = 4
lst23[1][1] = 5
lst23[1][2] = 6
```

其中外迴圈以控制有多少列，也可以直接寫 2，內迴圈控制有多少行，也可以直接寫 3。由於此程式每一列的行的個數皆相同，所以也可以將內迴圈的 len(lst23[0]) 以 len(lst23[1])表示之。

也可以使用下列的方法，印出二維串列中的每一元素，如下所示：

```
lst23 = [[1, 2, 3],
         [4, 5, 6]]

for row in lst23:
    for col in row:
        print('%2d'%(col), end = ' ')
```

```
1  2  3  4  5  6
```

程式中的 row 表示二維串列中的每一列，而 col 則從列中擷取每一行為加以輸出。

二維串列的每一列不一定有相同行數，如以下的 lst3x 串列，第一列有一個元素，第二列有二個元素，第三列有三個元素，此串列稱為不規則的二維串列。

範例程式：list2d-2.py

```
01  lst3x = [[1],
02           [2, 3],
03           [4, 5, 6]]
04
05  print(lst3x)
06
07  for i  in range(len(lst3x)):
08      for j in range(len(lst3x[0])):
09          print('lst3x[%d][%d] = %d'%(i, j, lst3x[i][j]))
```

```
[[1], [2, 3], [4, 5, 6]]
lst3x[0][0] = 1
lst3x[1][0] = 2
lst3x[2][0] = 4
```

因為 len(lst3x)是 3，所以 i 迴圈由 0 執行到 2，而 len(lst3x[0])是 1，所以 j 迴圈是從 0 到 0，只印出一個元素。因此此程式分別印出 lst3x[0][0]、lst3x[1][0]，以及 lst3x[2][0]的元素。

所以要修改 j 迴圈的執行個數，應為 len(lst3x[i])，它會根據索引 i 列所含有的元素個數。

範例程式：list2d-3.py

```
01  lst3x = [[1],
02           [2, 3],
03           [4, 5, 6]]
04
05  print(lst3x)
06
07  for i  in range(len(lst3x)):
08      for j in range(len(lst3x[i])):
09          print('lst3x[%d][%d] = %d'%(i, j, lst3x[i][j]))
```

```
[[1], [2, 3], [4, 5, 6]]
lst3x[0][0] = 1
lst3x[1][0] = 2
lst3x[1][1] = 3
lst3x[2][0] = 4
lst3x[2][1] = 5
lst3x[2][2] = 6
```

有了上述的概念後，接下來我們來看如何計算二維串列中每一列和每一行的和。

7-1-3 計算二維串列每一列的和

以下是計算每一列的和。先給予一名為 lst34 的二維串列，接著利用兩個迴圈計算此串列的每一列的和，如下所示：

範例程式：sumOfRow.py

```
01  lst34 = [[ 1,  2,  3,  4],
02           [ 5,  6,  7,  8],
03           [ 9, 10, 11, 12]]
04
```

```
05  for i in range(len(lst34)):
06      total = 0
07      for j in range(len(lst34[i])):
08          total += lst34[i][j]
09      print('#%d 列的和是 %d'%(i+1, total))
```

```
#1 列的和是 10
#2 列的和是 26
#3 列的和是 42
```

此程式的基本的邏輯是固定每一列後(外迴圈)，將此列的每一行(內迴圈)加總，即可得到每一列的和。

7-1-4 計算二維串列每一行的和

以下程式是計算每一行的和。以下程式是先建立一名為 lst34 的二維串列，然後計算每一行的和，如下所示：

範例程式：sumOfColumn.py

```
01  lst34 = [[ 1,  2,  3,  4],
02           [ 5,  6,  7,  8],
03           [ 9, 10, 11, 12]]
04
05  for j in range(len(lst34[0])):
06      total = 0
07      for i in range(len(lst34)):
08          total += lst34[i][j]
09      print('#%d 行的和是 %d'%(j+1, total))
```

```
#1 行的和是 15
#2 行的和是 18
#3 行的和是 21
#4 行的和是 24
```

此程式的基本的邏輯是固定每一行後(外迴圈)，將此行的每一列(內迴圈)加總，即可得到每一行的和。注意，上述兩個程式的 total = 0 是寫在內迴圈的第一行喔！否則你會將每一行都累加了。

練習題

1. 假設二維串列如下：

```
dim2 = [[ 1,  2,  3,  4],
        [ 5,  6,  7,  8],
        [ 9, 10, 11, 12]]
```

試問下列敘述的輸出結果：

```
print('len(dim2) =', len(dim2))
print('len(dim2[0]) =', len(dim2[0]))
print('dim2 =', dim2)
print('dim2[0] =', dim2[0])
print('dim2[1] =', dim2[1])
print('dim2[2] =', dim2[2])
```

2. 試撰寫一程式，計算下一個二維串列的對角線元素的和：

```
lst44 = [[ 1,  2,  3,  4],
         [ 5,  6,  7,  8],
         [ 9, 10, 11, 12],
         [13, 14, 15, 16]]
```

3. 下一程式是計算每一列的和，答案好像不對，試問哪裡出錯了。

```
lst34 = [[ 1,  4,  7, 10],
         [ 2,  5,  8, 11],
         [ 3,  6,  9, 12]]

total = 0
for i in range(len(lst34)):
    for j in range(len(lst34[i])):
        total += lst34[i][j]
    print('#%d 列的和是 %d'%(i+1, total))
```

參考解答

1.
```
len(dim2) = 3
len(dim2[0]) = 4
dim2 = [[1, 2, 3, 4], [5, 6, 7, 8], [9, 10, 11, 12]]
dim2[0] = [1, 2, 3, 4]
dim2[1] = [5, 6, 7, 8]
dim2[2] = [9, 10, 11, 12]
```

2.
```
#對角線的和
lst44 = [[ 1,  2,  3,  4],
         [ 5,  6,  7,  8],
         [ 9, 10, 11, 12],
         [13, 14, 15, 16]]

total = 0
for i in range(len(lst44)):
    total += lst44[i][i]

print(total)
```

```
34
```

3. total = 0 應該移到內迴圈，如下所示：

```
lst34 = [[ 1,  4,  7, 10],
         [ 2,  5,  8, 11],
         [ 3,  6,  9, 12]]

for i in range(len(lst34)):
    total = 0
    for j in range(len(lst34[i])):
        total += lst34[i][j]
    print('#%d 列的和是 %d'%(i+1, total))
```

應該將 total = 0 移至外迴圈和內迴圈之間。這是初學者常犯的錯誤。請多加以注意。

7-1-5 二維串列的加入與刪除

二維串列的加入和刪除所使用的方法是一樣的，由於二維串列有列和行，所以利用 append(x)指定 x 要加在哪一列的尾端，若是 append([])，則表示要加空的一列，你也可以利用 insert(i, x)將 x 加在哪一列的索引 i 的地方。至於刪除，可使用 pop()或是 remove()，這些和一維串列的加入和刪除相似，只是二維串列不只一列，所以要指定是哪一列。我們以範例程式說明之：

```
lst22 = [[1, 2, 3], [4, 5, 6]]
print('#0:', lst22)

#add an element to list22
lst22.append([])         #增加第三列，開始是空集合
print('#1:', lst22)

lst22[2].append(7)       #將 7 附加在第三列
print('#2:', lst22)

lst22[1].append(8)       #將 8 附加在第二列
print('#3:', lst22)

lst22[0].insert(0, 9)    #加入 9 於第一列索引 0 的地方
print('#4:', lst22)

lst22[2].append(10)      #將 10 附加在第三列
print('#5:', lst22)

lst22.pop()              #刪除 lst22 的最後一列
print('#6:', lst22)

lst22[0].pop(0)          #刪除第一列的第一個元素
print('#7:', lst22)

lst22[1].remove(5)       #刪除第二列的元素 5
print('#8:', lst22)
```

```
#0: [[1, 2, 3], [4, 5, 6]]
#1: [[1, 2, 3], [4, 5, 6], []]
#2: [[1, 2, 3], [4, 5, 6], [7]]
#3: [[1, 2, 3], [4, 5, 6, 8], [7]]
#4: [[9, 1, 2, 3], [4, 5, 6, 8], [7]]
#5: [[9, 1, 2, 3], [4, 5, 6, 8], [7, 10]]
#6: [[9, 1, 2, 3], [4, 5, 6, 8]]
#7: [[1, 2, 3], [4, 5, 6, 8]]
#8: [[1, 2, 3], [4, 6, 8]]
```

以下是其每一步驟的說明：

```
lst22 = [[1, 2, 3], [4, 5, 6]]
print('#0:', lst22)
```

```
#0: [[1, 2, 3], [4, 5, 6]]
```

利用

```
lst22.append([])
```

將串列 lst22 加入一個一維串列，此一維串列為 lst22[2]，下一敘述印出其結果：

```
print('#1:', lst22)
```

```
#1: [[1, 2, 3], [4, 5, 6], []]
```

利用

```
lst22[2].append(7)
```

加入 7 於第三列 lst22[2]，下一敘述印出其結果：

```
print('#2:', lst22)
```

```
#2: [[1, 2, 3], [4, 5, 6], [7]]
```

利用

```
lst22[1].append(8)
```

加入 8 於第二列 lst22[1]，下一敘述印出其結果：

```
print('#3:', lst22)
```

```
#3: [[1, 2, 3], [4, 5, 6, 8], [7]]
```

利用

```
lst22[0].insert(0, 9)
```

加入 9 於第一列 lst22[0] 的索引 0 之處，下一敘述印出其結果：

```
print('#4:', lst22)
```

```
#4: [[9, 1, 2, 3], [4, 5, 6, 8], [7]]
```

利用

```
lst22[2].append(10)
```

將 10 附加於第三列 lst22[2]，下一敘述印出其結果：

```
print('#5:', lst22)
```

```
#5: [[9, 1, 2, 3], [4, 5, 6, 8], [7, 10]]
```

看完加入之後，再來看如何刪除二維串列的元素。和一維串列一樣，可以利用 pop() 和 remove()，若 pop() 沒有指定哪一列，則會刪除最後一列的資料，也可以利用 pop(i) 指定是刪除哪一列的索引 i，或是利用 remove(x) 刪除串列哪一列的 x 資料。

利用

```
lst22.pop()
```

刪除 lst22 串列的最後一列資料，下一敘述印出其結果：

```
print('#6:', lst22)
```

```
#6: [[9, 1, 2, 3], [4, 5, 6, 8]]
```

利用

```
lst22[0].pop(0)
```

刪除 lst22 串列第一列索引為 0 的資料，下一敘述印出其結果：

```
print('#7:', lst22)
```

```
#7: [[1, 2, 3], [4, 5, 6, 8]]
```

利用

```
lst22[1].remove(5)
```

刪除 lst22 串列第二列的資料 5，下一敘述印出其結果：

```
print('#8:', lst22)
```

```
#8: [[1, 2, 3], [4, 6, 8]]
```

7-2 利用二維串列產生多組的大樂透號碼

我們先以亂數產生器產生五組介於 1~49 的數字的大樂透號碼，並利用 append()方法將它一一的加入於 lotto56 二維串列，此串列計有 5 列 6 行。

範例程式：list2dLotto56.py

```
01  import random
02  lotto56 = []
03  for i in range(5):        #產生五組大樂透號碼
04      lotto56.append([])  #建立二維串列
05      n = 1
06      while n <= 6:         #產生每一組的號碼
07          randNum = random.randint(1, 49)
08          if randNum not in lotto56[i]:
09              lotto56[i].append(randNum)
10              n += 1
11  
12  for x in range(len(lotto56)):
13      for y in range(len(lotto56[x])):
14          print('%3d '%(lotto56[x][y]), end = '')
15      print()
```

```
 20  36  43  10  29  11
 15  31  32  37  30  26
 20  48  36  29  39  49
  2  33  35  24  41  46
 30  20  12  16  15  24
```

程式首先利用

```
lotto56 = []
```

建立一個空串列，在外迴圈 i 內利用

```
lotto56.append([])
```

建立一個二維串列，其形式為 [[]]。

此時二維串列有一列，也是第一列，之後在外迴圈 j 中，產生 1~49 的數字，再利用內迴圈的 while 迴圈產生一組不會重複數字的大樂透號碼，設定 n 與利用 not in lotto56[i] 來判斷是否要執行

```
lotto56[i].append(randNum)
```

和

```
n += 1
```

將 randNum 加入於 lotto56[i] 這一列的的一維串列中，然後將 n 加 1。外迴圈的 for 從 0 開始一直到 i 執行到 4 為止。所以最後的 lotto56 串列總共有五列，而每一列就有 6 行。

擷取二維陣列的某些元素

若有一組資料三列四行的資料如下：

```
lst34 = [[ 1,  2,  3,  4],
         [ 5,  6,  7,  8],
         [ 9, 10, 11, 12]]
```

以下有幾種常用的動作：

(a) 擷取第二列第三行的元素

```
print(lst34[1][2])
```

```
7
```

(b) 擷取第二列到第三列的所有元素

```
print(lst34[1:3])
```

```
[[5, 6, 7, 8], [9, 10, 11, 12]]
```

(c) 擷取第二列的第二行與第三行的元素

```
print(lst34[1][1:3])
```

```
[6, 7]
```

(d) 擷取以下二維串列中粗體部份的元素

```
lst34 = [[ 1,  2,  3,  4],
         [ 5,  6,  7,  8],
         [ 9, 10, 11, 12]]
```

其實粗體部份就是二維串列 lst34 的第 2 列到第 3 列，與第 3 行到第 4 行，因此可以兩層迴圈就可以完成此項任務，如下所示：

```
for i in range(1, len(lst34)):
    for j in range(2, len(lst34[i])):
        print('%3d '%(lst34[i][j]), end = '')
    print()
```

```
  7   8
 11  12
```

程式中的內迴圈以 len(lst34[i])做為結束點，主要是防止二維串列是不規則的串列時產生的錯誤。

練習題

1. 試撰寫一程式，提示使用者輸入 3 列 4 行的二維串列，共有 12 個字串的資料，將它一一加入於 str34 串列中。最後將串列的元素加以印出。
2. 試撰寫一程式，擷取第一題的 str34 二維串列中的第 2 列~第 3 列與第 3 行~第 4 行的元素，如下面輸出結果的粗體部份：

```
Bright     Linda       Amy   Jennifer
  Cary     Chloe     Nancy       Nate
 Julio      Eric    Serena       Mary
```

3. 試問若將此節產生的多組的大樂透號碼程式改為如下：

範例程式：list2dLotto56-1.py

```
01  import random
02  lotto56 = []
03  
04  for i in range(5):
05      lotto56.append([])
06      for j in range(6):
07          randNum = random.randint(1, 49)
08          if randNum not in lotto56[i]:
09              lotto56[i].append(randNum)
10              n += 1
11  
12  for x in range(len(lotto56)):
13      for y in range(len(lotto56[x])):
14          print('%3d '%(lotto56[x][y]), end = '')
15      print()
```

你認為可行嗎？為什麼？

1.
```
str23 = []
print('Input twelve string: ', end = '')
for i in range(2):
    str23.append([])
    for j in range(3):
        str = input('Enter a string: ')
        str23[i].append(str)

print()
for x in range(len(str23)):
    for y in range(len(str23[x])):
        print('%10s '%(str23[x][y]), end = '')
    print()
```

```
Input twelve string:
Enter a string: Bright

Enter a string: Linda

Enter a string: Amy

Enter a string: Jennifer

Enter a string: Cary

Enter a string: Chloe

Enter a string: Nancy

Enter a string: Nate

Enter a string: Julio

Enter a string: Eric

Enter a string: Serena

Enter a string: Mary

    Bright      Linda        Amy   Jennifer
      Cary      Chloe      Nancy       Nate
     Julio       Eric     Serena       Mary
```

2.
```
for x in range(1, len(str23)):
    for y in range(2, len(str34[x])):
        print('%10s '%(str34[x][y]), end = '')
    print()
```

```
     Nancy       Nate
    Serena       Mary
```

3. 不可以，如此寫法可能會產生重複的大樂透號碼，而後得產生大樂透號碼不是六個。請你自行多執行幾次看看，是否會發生重複的數字。

7-3 三維串列

三維串列可視為多個二維串列的集合。也就是它是一個立體圖。從立體圖的橫切面，每一面皆為二維串列。而二維串列可視為是一維串列的集合。假設有一個三維串列如圖 7.4 所示。

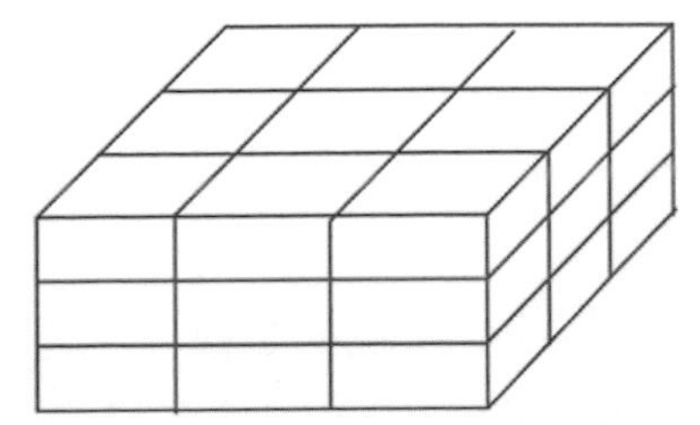

圖 7.4 3*3*3 的三維串列示意圖

此三維串列有三個二維串列，每一個二維串列有三列三行，則其示意圖如圖 7.5 所示：

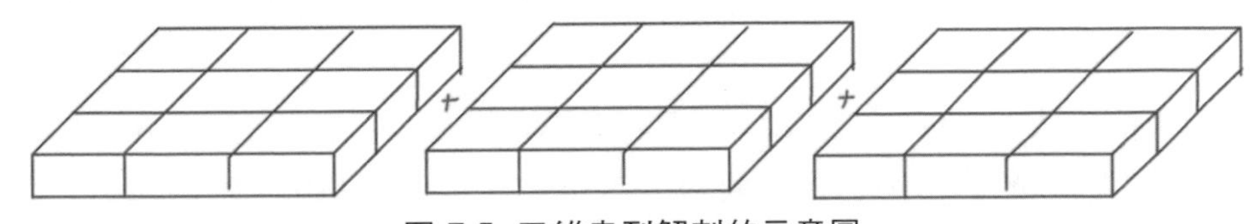

圖 7.5 三維串列解剖的示意圖

假設有一名為 dim3 的三維串列如下：

範例程式：list3d.py

```
01  dim3 = [[[ 1,  2,  3,  4],
02            [ 5,  6,  7,  8],
03            [ 9, 10, 11, 12]],
04
05           [[ 2,  4,  6, 8],
06            [10, 12, 14, 16]]]
07
08  print('len(dim3) =', len(dim3))
09  print('len(dim3[0]) =', len(dim3[0]))
10  print('len(dim3[1]) =', len(dim3[1]))
11  print('len(dim3[0][1]) =', len(dim3[0][1]))
12  print('len(dim3[1][1]) =', len(dim3[1][1]))
```

```
13    print('dim3[0][1] =', dim3[0][1])
14    print('dim3[1][1] =', dim3[1][1])
15    print('dim3[1][1][2] =', dim3[1][1][2])
```

```
len(dim3) = 2
len(dim3[0]) = 3
len(dim3[1]) = 2
len(dim3[0][1]) = 4
len(dim3[1][1]) = 4
dim3[0][1] = [5, 6, 7, 8]
dim3[1][1] = [10, 12, 14, 16]
dim3[1][1][2] = 14
```

此表示三維串列 dim3，從 len(dim3) = 2 得知它有二個二維串列。而第一個二維串列有多少列，可從 len(dim3[0]) = 3 得知有三列，而第二個二維串列有多少列，可從 len(dim3[1]) = 2 得知有二列。

接下來 len(dim3[0][1])表示第一個二維串列的第二列有多少行，從輸出結果得知為 4。len(dim3[1][1])表示第二個二維串列的第二列有多少行，從輸出結果得知為 4。

dim3[0][1] 表示第一個二維串列的第二列元素，則為 [5, 6, 7, 8]，dim3[1][1] 表示第二個二維串列的第二列元素，則為 [10, 12, 14, 16]。最後，dim3[1][1][2] 表示第二個二維串列中的第二列第三行的元素值，其答案是 14。以圖形表示如圖 7.5 所示：

7-3-1 三維串列的加入與刪除

同樣地，我們也可以使用在一維串列所談到的 append(x) 和 insert(i, x) 方法用於三維串列加入的動作。以上述的 dim3 三維串列為例：

```
dim3 = [[[ 1,  2,  3,  4],
          [ 5,  6,  7,  8],
          [ 9, 10, 11, 12]],


         [[ 2,  4,  6, 8],
          [10, 12, 14, 16]]]
```

利用

```
dim3[0][1].append(100)
```

在 dim3 串列的第一個二維串列的第二列附加 100，再利用下一敘述印出 dim3 的所有元素。

```
print(dim3)
```

```
[[[1, 2, 3, 4], [5, 6, 7, 8, 100], [9, 10, 11, 12]],
 [[2, 4, 6, 8], [10, 12, 14, 16]]]
```

接下來利用

```
dim3[0][2].insert(1, 200)
```

在 dim3 串列的第一個二維串列的第三列的行索引為 1 的地方加入 200，再利用下一敘述印出 dim3 的所有元素。

```
print(dim3)
```

```
[[[1, 2, 3, 4], [5, 6, 7, 8, 100], [9, 200, 10, 11, 12]],
 [[2, 4, 6, 8], [10, 12, 14, 16]]]
```

至於在三維串列中刪除某一元素，也可利用一維串列所談的 pop()、pop(i)，以及 remove(x)等方法。如下所示：

利用

```
dim3[1][0].pop()
```

刪除 dim3 串列的第二個二維串列的第一列的最後一個元素 8，再利用下一敘述印出 dim3 的所有元素。

```
print(dim3)
```

```
[[[1, 2, 3, 4], [5, 6, 7, 8, 100], [9, 200, 10, 11, 12]],
 [[2, 4, 6], [10, 12, 14, 16]]]
```

此結果可以跟上一敘述的輸出結果做個比較。

利用

```
dim3[1][1].pop(2)
```

刪除 dim3 串列第二個二維串列的第二列的行索引為 2 的元素 14，再利用下一敘述印出 dim3 的所有元素。

```
print(dim3)
```

```
[[[1, 2, 3, 4], [5, 6, 7, 8, 100], [9, 200, 10, 11, 12]],
 [[2, 4, 6], [10, 12, 16]]]
```

此結果可以跟上一敘述的輸出結果做個比較。

最後利用

```
dim3[0][1].remove(6)
```

刪除 dim3 串列的第一個二維串列的第二列元素為 6，再利用下一敘述印出 dim3 的所有元素。

```
print(dim3)
```

```
[[[1, 2, 3, 4], [5, 7, 8, 100], [9, 200, 10, 11, 12]],
[[2, 4, 6], [10, 12, 16]]]
```

此結果可以跟上一敘述的輸出結果做個比較。論及至此，有一重點是你要把握目前敘述所表示的位置。如 dim3[i]表示第 i+1 個二維串列，dim3[i][j]表示第 i+1 個二維串列的第 j+1 列。dim3[i][j][k] 表示第 i+1 個二維串列的第 j+1 列的第 k+1 行的元素。注意，因為索引都是從 0 開始，我們稱它是第 1 個。

以上的三維串列是已經設定好給予初值了，接下來的程式是利用亂數產生器，以種子 0 產生 12 個數字，並一一的加入於三維串列中，同時也列出每一個過程。請務必了解每一個輸出結果。

範例程式：list3dAppend.py

```
01  import random
02  random.seed(0)
03  lst223 = []
04  #此時形成 lst223[]
05  for i in range(2):
06      lst223.append([])
07      #此時形成 lst223[[]]
08      for j in range(2):
09          lst223[i].append([])
10          #此時形成 lst223[[[]]]
11          print(lst223)
12          for k in range(3):
```

```
13                  randNum = random.randint(1, 49)
14                  print(randNum)
15                  lst223[i][j].append(randNum)
16                  print(lst223)
17              print()
```

```
[[[]]]
25
[[[25]]]
49
[[[25, 49]]]
27
[[[25, 49, 27]]]

[[[25, 49, 27], []]]
3
[[[25, 49, 27], [3]]]
17
[[[25, 49, 27], [3, 17]]]
33
[[[25, 49, 27], [3, 17, 33]]]

[[[25, 49, 27], [3, 17, 33]], [[]]]
32
[[[25, 49, 27], [3, 17, 33]], [[32]]]
26
[[[25, 49, 27], [3, 17, 33]], [[32, 26]]]
20
[[[25, 49, 27], [3, 17, 33]], [[32, 26, 20]]]

[[[25, 49, 27], [3, 17, 33]], [[32, 26, 20], []]]
31
[[[25, 49, 27], [3, 17, 33]], [[32, 26, 20], [31]]]
23
[[[25, 49, 27], [3, 17, 33]], [[32, 26, 20], [31, 23]]]
38
[[[25, 49, 27], [3, 17, 33]], [[32, 26, 20], [31, 23, 38]]]
```

練習題

1. 試問下一程式的輸出結果，請你將每一過程寫出目前 lst323 串列的狀況，並加入適當的註釋。

```
lst323 = [[[]]]
lst323[0][0].append(10)
print('#1: ', lst323)

lst323[0][0].append(11)
print('#2: ', lst323)

lst323[0].append([])
print('#3: ', lst323)

lst323[0][1].append(20)
print('#4: ', lst323)

lst323[0][1].append(21)
print('#5: ', lst323)

lst323.append([])
print('#6: ', lst323)

lst323[1].append([])
print('#7: ', lst323)

lst323[1][0].append(66)
print('#8: ', lst323)

lst323[1][0].append(77)
print('#9: ', lst323)

lst323[1].append([])
print('#10:', lst323)

lst323[1][0].append(88)
print('#11:', lst323)

lst323[1][1].append(99)
```

```
print('#12:', lst323)

lst323[1][1].append(11)
print('#13:', lst323)

lst323[1][1].append(22)
print('#14:', lst323)

lst323.append([])
print('#15:', lst323)

lst323[2].append([])
print('#16:', lst323)

lst323[2][0].append(33)
print('#17:', lst323)
print()

print('len(lst323) =', len(lst323))
print('len(lst323[0]) =', len(lst323[0]))
print('len(lst323[1]) =', len(lst323[1]))
print('len(lst323[2]) =', len(lst323[2]))
print()

print('len(lst323[0][0]) =', len(lst323[0][0]))
print('len(lst323[0][1]) =', len(lst323[0][1]))
print()

print('len(lst323[1][0]) =', len(lst323[1][0]))
print('len(lst323[1][1]) =', len(lst323[1][1]))
print()

print('len(lst323[2][0]) =', len(lst323[2][0]))
```

參考解答

1.
```
#1:  [[[10]]]
#2:  [[[10, 11]]]
#3:  [[[10, 11], []]]
#4:  [[[10, 11], [20]]]
#5:  [[[10, 11], [20, 21]]]
#6:  [[[10, 11], [20, 21]], []]
#7:  [[[10, 11], [20, 21]], [[]]]
#8:  [[[10, 11], [20, 21]], [[66]]]
#9:  [[[10, 11], [20, 21]], [[66, 77]]]
#10: [[[10, 11], [20, 21]], [[66, 77], []]]
#11: [[[10, 11], [20, 21]], [[66, 77, 88], []]]
#12: [[[10, 11], [20, 21]], [[66, 77, 88], [99]]]
#13: [[[10, 11], [20, 21]], [[66, 77, 88], [99, 11]]]
#14: [[[10, 11], [20, 21]], [[66, 77, 88], [99, 11, 22]]]
#15: [[[10, 11], [20, 21]], [[66, 77, 88], [99, 11, 22]], []]
#16: [[[10, 11], [20, 21]], [[66, 77, 88], [99, 11, 22]], [[]]]
#17: [[[10, 11], [20, 21]], [[66, 77, 88], [99, 11, 22]], [[33]]]

len(lst323) = 3
len(lst323[0]) = 2
len(lst323[1]) = 2
len(lst323[2]) = 1

len(lst323[0][0]) = 2
len(lst323[0][1]) = 2

len(lst323[1][0]) = 3
len(lst323[1][1]) = 3

len(lst323[2][0]) = 1
```

上述程式說明如下：

```
lst323 = [[[]]]
lst323[0][0].append(10)     #在第一個二維串列的第一列附加 10
print('#1: ', lst323)
```

```
lst323[0][0].append(11)       #在第一個二維串列的第一列附加 11
print('#2: ', lst323)

lst323[0].append([])          #在第一個二維串列附加一列空集合
print('#3: ', lst323)

lst323[0][1].append(20)       #在第一個二維串列的第二列附加 20
print('#4: ', lst323)

lst323[0][1].append(21)       #在第一個二維串列的第二列附加 21
print('#5: ', lst323)

lst323.append([])             #在三維串列附加一列，這個會當做第二個二維串列
print('#6: ', lst323)

lst323[1].append([])          #在第二個二維串列附加一列
print('#7: ', lst323)

lst323[1][0].append(66)       #在第二個二維串列第一列附加 66
print('#8: ', lst323)

lst323[1][0].append(77).      #在第二個二維串列第一列附加 77
print('#9: ', lst323)

lst323[1].append([]).         #在第二個二維串列附加一列
print('#10:', lst323)

lst323[1][0].append(88)       #在第二個二維串列第一列附加 88
print('#11:', lst323)

lst323[1][1].append(99)       #在第二個二維串列第二列附加 99
print('#12:', lst323)

lst323[1][1].append(11)       #在第二個二維串列第二列附加 11
print('#13:', lst323)

lst323[1][1].append(22)       #在第二個二維串列第二列附加 22
print('#14:', lst323)
```

```
lst323.append([])            #在三維串列附加一列，這個會當做第三個二維串列
print('#15:', lst323)

lst323[2].append([])         #在第三個二維串列附加一列
print('#16:', lst323)

lst323[2][0].append(33)      #在第三個二維串列第一列附加 33
print('#17:', lst323)
print()

#印出 lst323 有多少個二維串列
print('len(lst323) =', len(lst323))

#印出 lst323 第一個二維串列有多少列
print('len(lst323[0]) =', len(lst323[0]))

#印出 lst323 第二個二維串列有多少列
print('len(lst323[1]) =', len(lst323[1]))

#印出 lst323 第三個二維串列有多少列
print('len(lst323[2]) =', len(lst323[2]))
print()

#印出 lst323 第一個二維串列的第一列有多少行
print('len(lst323[0][0]) =', len(lst323[0][0]))

#印出 lst323 第一個二維串列的第二列有多少行
print('len(lst323[0][1]) =', len(lst323[0][1]))
print()

#印出 lst323 第二個二維串列的第一列有多少行
print('len(lst323[1][0]) =', len(lst323[1][0]))

#印出 lst323 第二個二維串列的第二列有多少行
print('len(lst323[1][1]) =', len(lst323[1][1]))
print()

#印出 lst323 第三個二維串列的第一列有多少行
print('len(lst323[2][0]) =', len(lst323[2][0]))
```

7-4 利用三維串列表示生日的五個集合

前面幾章所談的生日集合是以字串的方式表示，並當做輸入的提示訊息。此處我們以三維串列來表示生日的五個集合。

範例程式：birthdayUsingList3d.py

```
01  day = 0
02  sets = [
03          [[ 1,  3,  5,  7],
04           [ 9, 11, 13, 15],
05           [17, 19, 21, 23],
06           [25, 27, 29, 31]],
07          [[ 2,  3,  6,  7],
08           [10, 11, 14, 15],
09           [18, 19, 22, 23],
10           [26, 27, 30, 31]],
11          [[ 4,  5,  6,  7],
12           [12, 13, 14, 15],
13           [20, 21, 22, 23],
14           [28, 29, 30, 31]],
15          [[ 8,  9, 10, 11],
16           [12, 13, 14, 15],
17           [24, 25, 26, 27],
18           [28, 29, 30, 31]],
19          [[16, 17, 18, 19],
20           [20, 21, 22, 23],
21           [24, 25, 26, 27],
22           [28, 29, 30, 31]]]
23
24  for i in range(5):
25      print('Is your birthday in set%d ? '%(i+1))
26      for j in range(4):
27          for k in range(4):
28              print('%4d'%(sets[i][j][k]), end = '')
29          print()
30
31      ans = input('Enter y for Yes, n for n: ')
```

```
32        if ans == 'y':
33            day += sets[i][0][0]
34
35    print('Your birthday is %d'%(day))
```

```
Is your birthday in set1 ?
   1   3   5   7
   9  11  13  15
  17  19  21  23
  25  27  29  31

Enter y for Yes, n for n: y
Is your birthday in set2 ?
   2   3   6   7
  10  11  14  15
  18  19  22  23
  26  27  30  31

Enter y for Yes, n for n: n
Is your birthday in set3 ?
   4   5   6   7
  12  13  14  15
  20  21  22  23
  28  29  30  31

Enter y for Yes, n for n: y
Is your birthday in set4 ?
   8   9  10  11
  12  13  14  15
  24  25  26  27
  28  29  30  31

Enter y for Yes, n for n: y
Is your birthday in set5 ?
  16  17  18  19
  20  21  22  23
  24  25  26  27
  28  29  30  31

Enter y for Yes, n for n: n
Your birthday is 13
```

程式中以三進串列表示生日的五個集合，我們可以將三維串列有多少個二維串列，視為有多少個生日的集合，因為可以將生日的日期以二維串列表示之。將二維串列視為在某個集合中生日的日期。你是否覺得表示生日的日期較簡單了呢？

7-5 個案研究(一)：自動產生生日 (1~31) 的五個集合

前面所用到的生日五個集合都是用人工加以充填的，其實這五個集合也可以讓它自動產生。如此一來，可以節省許多時間，二來保證是正確無誤的。請參閱以下的範例程式。

範例程式：birthdayAutoGeneration.py

```
01  binaryNum = []
02  binaryNum.append('0')
03  for i  in range(1, 32):
04      str = format(i, 'b')
05      binaryNum.append(str)
06  print('binaryNum:')
07  print(binaryNum)
08  print()
09
10  set1 = []
11  set2 = []
12  set3 = []
13  set4 = []
14  set5 = []
15
16  for i in range(1, 32):
17      leng = len(binaryNum[i])
18      print('binaryNum[%d] = %s'%(i, binaryNum[i]))
19      print('length:', leng)
20      print()
21
22      if leng == 1:
23         if binaryNum[i][leng-1] == '1':
24            set1.append(i)
25
```

```
26         elif leng == 2:
27             if binaryNum[i][leng-1] == '1':
28                 set1.append(i)
29             if binaryNum[i][leng-2] == '1':
30                 set2.append(i)
31 
32         elif leng == 3:
33             if binaryNum[i][leng-1] == '1':
34                 set1.append(i)
35             if binaryNum[i][leng-2] == '1':
36                 set2.append(i)
37             if binaryNum[i][leng-3] == '1':
38                 set3.append(i)
39 
40         elif leng == 4:
41             if binaryNum[i][leng-1] == '1':
42                 set1.append(i)
43             if binaryNum[i][leng-2] == '1':
44                 set2.append(i)
45             if binaryNum[i][leng-3] == '1':
46                 set3.append(i)
47             if binaryNum[i][leng-4] == '1':
48                 set4.append(i)
49 
50         elif leng == 5:
51             if binaryNum[i][leng-1] == '1':
52                 set1.append(i)
53             if binaryNum[i][leng-2] == '1':
54                 set2.append(i)
55             if binaryNum[i][leng-3] == '1':
56                 set3.append(i)
57             if binaryNum[i][leng-4] == '1':
58                 set4.append(i)
59             if binaryNum[i][leng-5] == '1':
60                 set5.append(i)
61 
62 print('set1:', set1)
63 print()
64 print('set2:', set2)
```

```
65  print()
66  print('set3:', set1)
67  print()
68  print('set4:', set2)
69  print()
70  print('set5:', set5)
71  print()
```

```
binaryNum:
['0', '1', '10', '11', '100', '101', '110', '111', '1000', '1001',
'1010', '1011', '1100', '1101', '1110', '1111', '10000', '10001',
'10010', '10011', '10100', '10101', '10110', '10111', '11000', '11001',
'11010', '11011', '11100', '11101', '11110', '11111']

binaryNum[1] = 1
length: 1

binaryNum[2] = 10
length: 2

binaryNum[3] = 11
length: 2

binaryNum[4] = 100
length: 3

binaryNum[5] = 101
length: 3

binaryNum[6] = 110
length: 3

binaryNum[7] = 111
length: 3

binaryNum[8] = 1000
length: 4

binaryNum[9] = 1001
length: 4
```

```
binaryNum[10] = 1010
length: 4

binaryNum[11] = 1011
length: 4

binaryNum[12] = 1100
length: 4

binaryNum[13] = 1101
length: 4

binaryNum[14] = 1110
length: 4

binaryNum[15] = 1111
length: 4

binaryNum[16] = 10000
length: 5

binaryNum[17] = 10001
length: 5

binaryNum[18] = 10010
length: 5

binaryNum[19] = 10011
length: 5

binaryNum[20] = 10100
length: 5

binaryNum[21] = 10101
length: 5

binaryNum[22] = 10110
length: 5

binaryNum[23] = 10111
length: 5

binaryNum[24] = 11000
```

```
length: 5

binaryNum[25] = 11001
length: 5

binaryNum[26] = 11010
length: 5

binaryNum[27] = 11011
length: 5

binaryNum[28] = 11100
length: 5

binaryNum[29] = 11101
length: 5

binaryNum[30] = 11110
length: 5

binaryNum[31] = 11111
length: 5

set1: [1, 3, 5, 7, 9, 11, 13, 15, 17, 19, 21, 23, 25, 27, 29, 31]

set2: [2, 3, 6, 7, 10, 11, 14, 15, 18, 19, 22, 23, 26, 27, 30, 31]

set3: [1, 3, 5, 7, 9, 11, 13, 15, 17, 19, 21, 23, 25, 27, 29, 31]

set4: [2, 3, 6, 7, 10, 11, 14, 15, 18, 19, 22, 23, 26, 27, 30, 31]

set5: [16, 17, 18, 19, 20, 21, 22, 23, 24, 25, 26, 27, 28, 29, 30, 31]
```

太棒了！這些集合中的數字皆可自動產生，所以就不用麻煩手動計算了。程式建立五個集合，我們也將中間產生的過程也列印出來，以便讓你可以更加清楚其做法。程式中故意將 0 加入於 binaryNum[0]中，主要是生日是從 1 到 31，這樣會比較容易閱讀。

程式中的 binaryNum[i]表示 binaryNum 串列索引 i 的數字字串，而 binaryNum[i][leng-1] 表示 binaryNum 串列索引 i 的字串中第 leng 個數字。由於數字字串可以將它視為是一串列，所以可以再用索引擷取之。

7-6 個案研究(二)：猜猜你的生日是何日

接下來，有了上述的這些集合後，我們將中間產生集合過程的程式加以刪除，並加入幾個問題將生日的五個集合呈現出來，就可以知道對方的生日是何日了。同時也將生日的五個集合資料整理，以一列五行的方式顯示。如下範例程式所示：

範例程式：guessBirthday-2.py

```
01  binaryNum = []
02  binaryNum.append('0')
03  for i  in range(1, 32):
04      str = format(i, 'b')
05      binaryNum.append(str)
06
07  set1 = []
08  set2 = []
09  set3 = []
10  set4 = []
11  set5 = []
12
13  for i in range(1, 32):
14      leng = len(binaryNum[i])
15
16      if leng == 1:
17          if binaryNum[i][leng-1] == '1':
18              set1.append(i)
19
20      elif leng == 2:
21          if binaryNum[i][leng-1] == '1':
22              set1.append(i)
23          if binaryNum[i][leng-2] == '1':
24              set2.append(i)
25
26      elif leng == 3:
27          if binaryNum[i][leng-1] == '1':
28              set1.append(i)
29          if binaryNum[i][leng-2] == '1':
```

```
30               set2.append(i)
31           if binaryNum[i][leng-3] == '1':
32               set3.append(i)
33 
34       elif leng == 4:
35           if binaryNum[i][leng-1] == '1':
36               set1.append(i)
37           if binaryNum[i][leng-2] == '1':
38               set2.append(i)
39           if binaryNum[i][leng-3] == '1':
40               set3.append(i)
41           if binaryNum[i][leng-4] == '1':
42               set4.append(i)
43 
44       elif leng == 5:
45           if binaryNum[i][leng-1] == '1':
46               set1.append(i)
47           if binaryNum[i][leng-2] == '1':
48               set2.append(i)
49           if binaryNum[i][leng-3] == '1':
50               set3.append(i)
51           if binaryNum[i][leng-4] == '1':
52               set4.append(i)
53           if binaryNum[i][leng-5] == '1':
54               set5.append(i)
55 
56   day = 0
57   count = 0
58   print('set1:')
59   for data in set1:
60       print('%3d'%(data), end = '')
61       count += 1
62       if count % 5 == 0:
63           print()
64   hintMessage = 'Is your birthday in set1 (y/n)? '
65   ans = input(hintMessage)
66   if ans == 'y':
67       day += 1
```

```
68
69  count = 0
70  print('\nset2:')
71  for data in set2:
72      print('%3d'%(data), end = '')
73      count += 1
74      if count % 5 == 0:
75          print()
76  hintMessage = 'Is your birthday in set2 (y/n)? '
77  ans = input(hintMessage)
78  if ans == 'y':
79      day += 2
80
81  count = 0
82  print('\nset3:')
83  for data in set3:
84      print('%3d'%(data), end = '')
85      count += 1
86      if count % 5 == 0:
87          print()
88  hintMessage = 'Is your birthday in set3 (y/n)? '
89  ans = input(hintMessage)
90  if ans == 'y':
91      day += 4
92
93  count = 0
94  print('\nset4:')
95  for data in set4:
96      print('%3d'%(data), end = '')
97      count += 1
98      if count % 5 == 0:
99          print()
100 hintMessage = 'Is your birthday in set4 (y/n)? '
101 ans = input(hintMessage)
102 if ans == 'y':
103     day += 8
104
105 count = 0
```

```
106  print('\nset5:')
107  for data in set5:
108      print('%3d'%(data), end = '')
109      count += 1
110      if count % 5 == 0:
111          print()
112
113  hintMessage = 'Is your birthday in set5 (y/n)? '
114  ans = input(hintMessage)
115  if ans == 'y':
116      day += 16
117  print('\nYour birthday is', day)
118
119  day = 0
120  count = 0
121  print('set1:')
122  for data in set1:
123      print('%3d'%(data), end = '')
124      count += 1
125      if count % 5 == 0:
126          print()
127  hintMessage = 'Is your birthday in set1 (y/n)? '
128  ans = input(hintMessage)
129  if ans == 'y':
130      day += 1
131
132  count = 0
133  print('\nset2:')
134  for data in set2:
135      print('%3d'%(data), end = '')
136      count += 1
137      if count % 5 == 0:
138          print()
139  hintMessage = 'Is your birthday in set2 (y/n)? '
140  ans = input(hintMessage)
141  if ans == 'y':
142      day += 2
143
```

```
144  count = 0
145  print('\nset3:')
146  for data in set3:
147      print('%3d'%(data), end = '')
148      count += 1
149      if count % 5 == 0:
150          print()
151  hintMessage = 'Is your birthday in set3 (y/n)? '
152  ans = input(hintMessage)
153  if ans == 'y':
154      day += 4
155
156  count = 0
157  print('\nset4:')
158  for data in set4:
159      print('%3d'%(data), end = '')
160      count += 1
161      if count % 5 == 0:
162          print()
163  hintMessage = 'Is your birthday in set4 (y/n)? '
164  ans = input(hintMessage)
165  if ans == 'y':
166      day += 8
167
168  count = 0
169  print('\nset5:')
170  for data in set5:
171      print('%3d'%(data), end = '')
172      count += 1
173      if count % 5 == 0:
174          print()
175
176  hintMessage = 'Is your birthday in set5 (y/n)? '
177  ans = input(hintMessage)
178  if ans == 'y':
179      day += 16
180  print('\nYour birthday is', day)
```

```
set1:
  1  3  5  7  9
 11 13 15 17 19
 21 23 25 27 29

31
Is your birthday in set1 (y/n)? y

set2:
  2  3  6  7 10
 11 14 15 18 19
 22 23 26 27 30
 31
Is your birthday in set2 (y/n)? n

set3:
  4  5  6  7 12
 13 14 15 20 21
 22 23 28 29 30
 31
Is your birthday in set3 (y/n)? y

set4:
  8  9 10 11 12
 13 14 15 24 25
 26 27 28 29 30
 31
Is your birthday in set4 (y/n)? y

set5:
 16 17 18 19 20
 21 22 23 24 25
 26 27 28 29 30
 31
Is your birthday in set5 (y/n)? n


Your birthday is 13
```

程式說明：

```
str = format(i, 'b')
```

表示將 i 以二進位的方式轉換，並以字串的方式儲存於 str 變數中。

習題

1. 試撰寫一程式，以亂數種子 10，產生六個介於 1~49 的數字，並一一加入於 2 列 3 行的二維串列中。在也請顯示加入的過程，最後將這二列三行的串列加以印出。

2. 試撰寫一程式用以模擬電腦閱卷，試卷共有十題選擇題，選項計有五項，分別是 A、B、C、D 以及 E。共有五位學生參與考試，學生答案如下：

```
ans = [['A', 'A', 'C', 'D', 'B', 'E', 'C', 'D', 'A', 'B'],
       ['A', 'B', 'D', 'D', 'C', 'E', 'D', 'D', 'C', 'B'],
       ['B', 'A', 'C', 'D', 'B', 'C', 'C', 'E', 'B', 'C'],
       ['A', 'A', 'C', 'E', 'B', 'C', 'C', 'E', 'A', 'B'],
       ['B', 'A', 'C', 'E', 'B', 'E', 'D', 'D', 'C', 'B']
       ]
```

   這十題的標準答案如下：

```
keys = ['A', 'A', 'C', 'E', 'C', 'D', 'C', 'D', 'A', 'B']
```

   最後印出每一位學生答對的題數。

3. 習題第 2 題選擇題與正確答案都是直接設定的，可否將這些事項由亂數產生器來產生。接著做比對的事項，最後印出由亂數產生器產生 20 位學生的答案和此次考題的正確答案，以及每位學生答對的題數。試撰寫一程式測試之。

4. 試撰寫一程式，自動產生 1~100 的數值，並將它置放於七個集合中、仿照上述產生生日五個集合的做法。

5. 承第 4 題，試撰寫一程式，提示使用者先心理想一個 1~100 之間的數字，然後仿照猜生日的做法，讓使用者確認是否他想的數字有無出現在這七個集合的哪些集合中，最後印出數字，用以比對是否相符合。

6. 請將 7-4 節的 birthdayUsingList3d.py 改以二維串列的方式表示生日的日期，然後和使用者互動，最後印出其生日是何日？

CHAPTER

8

數組、集合與詞典

8-1 數組

數組(tuple)一經建立後就不可以處理加入、刪除與修改，因此對資料的安全性是高的。數組是利用小括號括起數組資料。請看以下的範例：

8-1-1 建立一數組

數組是以小括號來表示的。建立一空的數組，可以使用：

```
t1 = ()
print(t1)
```

```
()
```

或直接使用 tuple()。

```
t = tuple()
print(t)
```

```
()
```

一般常會直接利用小括號括起數組的初始值。

```
t1 = (1, 2, 3)
print(t1)
```

```
(1, 2, 3)
```

使用 tuple 函式將串列轉為數組 t2 的元素。

```
t2 = tuple([11, 22, 33])
print(t2)
```

```
(11, 22, 33)
```

以下也是使用 tuple 函式將串列轉為數組 t3 的元素，此數組共有 10 個元素。

```
t3 = tuple([x*2 for x in range(10)])
print(t3)
```

```
(0, 2, 4, 6, 8, 10, 12, 14, 16, 18)
```

程式中的

```
[x*2 for x in range(10)]
```

表示 x 是從 0 到 9，再將每一個元素乘以 2，形成串列的資料。

最後，我們使用 tuple() 函式將字串轉換為數組 t4 的元素。

```
t4 = tuple('apple')
print(t4)
```

```
('a', 'p', 'p', 'l', 'e')
```

tuple()函式的參數 'apple' 會以五個英文字母表示。

和串列一樣，使用 len()函式可得知其長度，max()函式得知數組中的最大值，min()函式得知數組中的最小值，而 sum()則可以得知數組的總和。我們利用上述的數組 t3 來說明。

```
print(len(t3))
print(max(t3))
print(min(t3))
print(sum(t3))
```

```
10
18
0
90
```

上述程式分別得到 t3 數組的大小，最大值、最小值與總和。

我們也可以利用 in 和 not in 來檢視某一資料是否在上述的 t2 數組內。

```
print(33 in t2)
print(33 not in t2)
```

```
True
False
```

擷取數組的區間資料 t[s:e]，擷取 t 數組從 s 到 e-1 索引的元素，這和串列的操作是相同的，在此不再贅述。利用數組 t3 來說明，如下所示：

```
print(t3[3])
print(t3[1:5])
print(t3[4:])
print(t3[:5])
print(t3[-2])
print(t3[1:8:2])
```

```
6
(2, 4, 6, 8)
(8, 10, 12, 14, 16, 18)
(0, 2, 4, 6, 8)
16
(2, 6, 10, 14)
```

8-1-2 列印數組的所有元素

當然我們也可以利用迴圈和 in，將 t3 數組資料一一印出。

```
for x in t3:
    print(x, end = ' ')
```

```
0 2 4 6 8 10 12 14 16 18
```

表 8-1 是數組常用的函式和方法的摘要。

表 8-1　數組常用的函式與方法

函式與方法	功能說明
tuple()	轉換為數組
len(t)	數組 t 的大小
max(t)	數組 t 的最大值
min(t)	數組 t 的最小值
sum(t)	數組 t 的總和
x in t	檢視數組 t 是否有 x 元素
x not in t	檢視 x 元素是否不存在於數組 t

練習題

1. 試問以下程式的輸出結果。

```
t5 = (1, 3, 5, 7, 9, 2, 4, 6, 8)
print('#1:', len(t5))
print('#2:', max(t5))
print('#3:', min(t5))
print('#4:', sum(t5))
print('#5:', t5[2])
print('#6:', t5[-2])
print('#7:', t5[3:])
print('#8:', t5[:5])
print('#9:', t5[2:8:2])
```

2. 承第 1 題，試撰寫一程式，計算數組 t5 的總和，不使用內建的 sum 函式。

參考解答

1.
```
#1: 9
#2: 9
#3: 1
#4: 45
#5: 5
#6: 6
#7: (7, 9, 2, 4, 6, 8)
#8: (1, 3, 5, 7, 9)
#9: (5, 9, 4)
```

2.
```
total = 0
for data in t5:
    total += data
print('total =', total)
```

8-2 集合

集合(set)可以處理加入和刪除的動作。而且兩個集合還可以聯集、交集、差集，以及對稱差集。我們先從如何建立一集合開始。

8-2-1 建立一集合

集合是以大括號來表示的。建立一空的集合，可利用：

```
s1 = set()
print(s1)
```

```
set()
```

可以將串列轉換為集合：

```
s2 = set([x*2 for x in range(11)])
print(s2)
```

```
{0, 2, 4, 6, 8, 10, 12, 14, 16, 18, 20}
```

也可以利用 set()函式將字串轉換為集合：

```
s3 = set('apple')
print(s3)
```

```
{'p', 'a', 'e', 'l'}
```

注意，由於 'apple' 字串有兩個 p，只取一個，因為集合中不會有重複的元素，而且位置不一定按照順序排列。

```
set4 = set([1, 2, 3, 4, 3, 2, 1])
print(set4)
```

```
{1, 2, 3, 4}
```

將串列轉為集合，不取重複的元素，輸出結果為 1, 2, 3, 4。

以下是計算上述 s2 集合的大小，檢視 s2 集合的最大值、最小值，及計算其總和。

```
print(len(s2))
print(max(s2))
print(min(s2))
print(sum(s2))
```

```
11
20
0
110
```

也可以使用 in 和 not in 檢視某一元素是否存在或不存在於集合中。

```
print(2 in s2)
print(3 in s2)
```

```
True
False
```

8-2-2 列印集合的所有元素

和串列一樣，可以使用 for 和 in 列印出集合的所有元素：

```
for items in s2:
    print(items, end = ' ')
```

```
0 2 4 6 8 10 12 14 16 18
```

注意！集合無法像串列一樣擷取個別的元素，如 s2[0]將會產生錯誤。

8-2-3 加入與刪除

接下來來談談有關集合的加入與刪除。可使用 add(x)方法 x 加入於集合中。我們再以 s2 集合為例。

```
s2.add(200)
print(s2)
```

```
{0, 2, 4, 6, 8, 200, 10, 12, 14, 16, 18, 20}
```

此程式加入 200 於 s2 集合中，注意，集合沒有索引，亦即沒有確切的位置，只要有加入到集合即可，不必在乎它的位置。

而要刪除集合中的某一元素，則可以利用 remove(x)刪除集合中 x 的元素。

```
s2.remove(0)
print(s2)
```

```
{2, 4, 6, 8, 200, 10, 12, 14, 16, 18, 20}
```

原來集合中的 0 被刪除了。

8-2-4 兩集合之間的運作

兩個集合常運作的計有聯集、交集、差集與對稱差集。假設有兩個集合 s3 和 s4，如下所示：

```
s3 = {1, 2, 4, 6}
s4 = {1, 3, 5, 7}
```

一、聯集

兩集合 A 與 B 聯集的示意圖，如圖 8.1 所示：

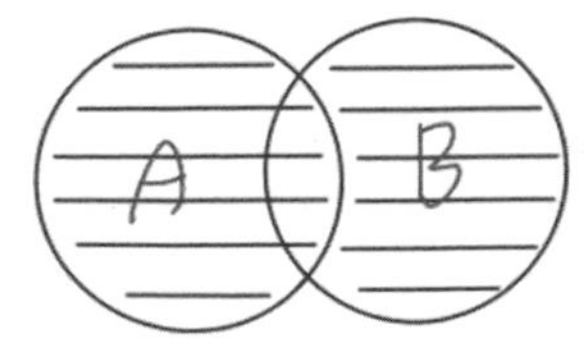

圖 8.1 A 與 B 聯集(A | B)的示意圖

亦即包含兩集合中相同的部份和不相同的部份。聯集可以使用 union 和 | 來完成。

```
print(s3.union(s4))
print(s3 | s4)
```

```
{1, 2, 3, 4, 5, 6, 7}
{1, 2, 3, 4, 5, 6, 7}
```

二、交集

兩集合 A 與 B 交集的示意圖，如圖 8.2 所示：

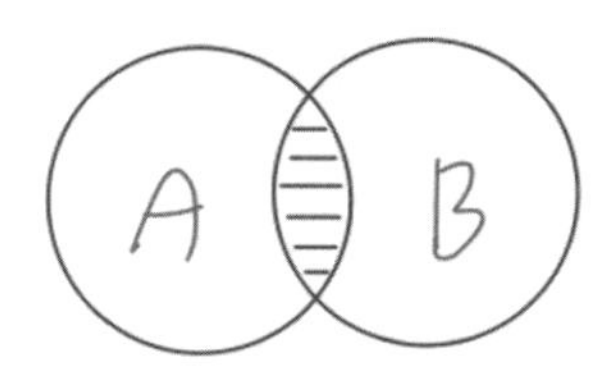

圖 8.2 A 與 B 交集(A & B)的示意圖

亦即兩集合中相同的部份。交集可以使用 intersection 和 & 來完成。

```
print(s3.intersection(s4))
print(s3 & s4)
```

```
{1}
{1}
```

三、差集

兩集合 A 與 B 差集的示意圖，如圖 8.3.1 與 8.3.2 所示：

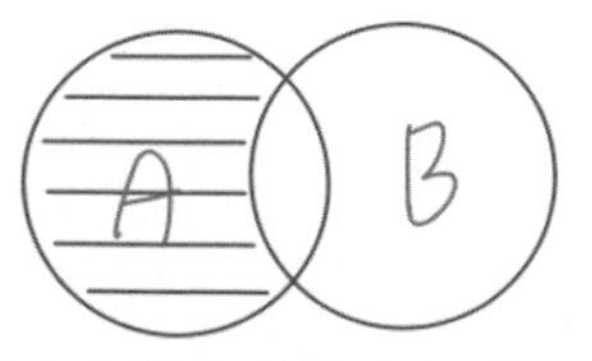

圖 8.3.1 A 與 B 差集(A-B)的示意圖

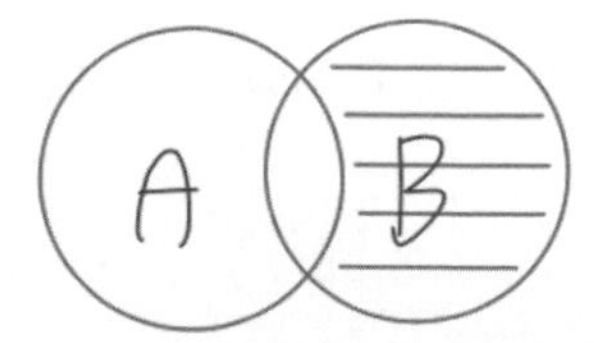

圖 8.3.2 B 與 A 差集(B-A)的示意圖

差集可以使用 difference 和 - 來完成，差集會去掉兩集合相同的部份，**A-B** 只保留 A 集合的其它部份，而 **B-A** 則只保留 B 集合的其它部份。

```
print(s3.difference(s4))
print(s4.difference(s3))

print(s3 - s4)
print(s4 - s3)
```

```
{2, 4, 6}
{3, 5, 7}

{2, 4, 6}
{3, 5, 7}
```

要注意，s3.difference(s4) 表示去掉 s3 和 s4 集合相同的部份，並保留 s3 獨有的部份，其為 {2, 4, 6}，而 s4.difference(s3) 表示去掉 s4 和 s3 集合相同的部份，並保留 s4 獨有的部份，其為 {3, 5, 7}。

四、對稱差集

兩集合 A 與 B 對稱差集的示意圖，如圖 8.4 所示：

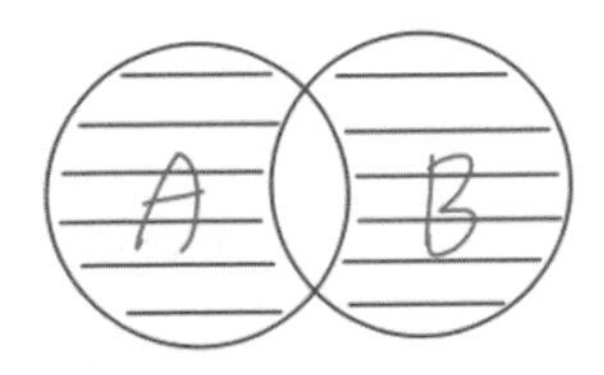

圖 8.4 A 與 B 對稱差集(A ^ B)的示意圖

亦即去掉兩集合相同部份，而保留 A 與 B 的其它部份。對稱差集可以使用 symmetric_difference 和 ^ 來完成。

```
print(s3.symmetric_difference(s4))
print(s4.symmetric_difference(s3))

print(s3 ^ s4)
print(s4 ^ s3)
```

```
{2, 3, 4, 5, 6, 7}
{2, 3, 4, 5, 6, 7}

{2, 3, 4, 5, 6, 7}
{2, 3, 4, 5, 6, 7}
```

s3.symmetric_difference(s4) 表示去掉 s3 和 s4 集合相同的部份，並保留 s3 和 s4 剩下的部份，其為 {2, 3, 4, 5, 6, 7}，而 s4.symmetric_difference(s3) 其答案也相同。

表 8-2 是集合常用的函式和方法的摘要。

表 8-2　集合常用的函式與方法

函式與方法	功能說明
set()	轉換為集合
len(s)	集合 s 的大小
max(s)	集合 s 的最大值
min(s)	集合 s 的最小值
sum(s)	集合 s 的總和
x in s	檢視集合 s 是否有 x 元素
x not in s	檢視 x 元素是否不存在於集合 s
s.add(x)	將 x 加入於集合 s 中
s.remove(x)	將 x 從集合 s 中刪除
s3.union(s4) 或 s3 | s4	s3 與 s4 兩個集合的聯集
s3.intersection(s4) 或 s3 & s4	s3 與 s4 兩個集合的交集
s3.diffence(s4) 或 s3 - s4	s3 與 s4 兩個集合的差集
s3.symetric_diffence(s4) 或 s3 ^ s4	s3 與 s4 兩個集合的對稱差集

8-2-5 集合的應用

將 Python 的關鍵字置放於集合內，然後提示使用者輸入一 python 的檔案名稱，計算此檔案出現多少個關鍵字。

範例程式：keywords.py

```
01  import os.path
02  import sys
03
04  keywords = {'and', 'as', 'assert', 'break', 'class',
05              'continue', 'def', 'del', 'elif', 'else',
06              'except', 'False', 'finally', 'for', 'from',
07              'global', 'if', 'import', 'in', 'is', 'lambda',
08              'None', 'nonlocal', 'not', 'or', 'pass', 'raise',
09              'return', 'True', 'try', 'while', 'with', 'yield'}
```

```
10
11  filename = input('輸入一個 Python 的檔名: ')
12  if not os.path.isfile(filename):
13      print(filename, '不存在')
14      sys.exit()
15
16  infile = open(filename, 'r')
17  text = infile.read().split()
18  print('text:')
19  print(text)
20  print()
21
22  count = 0
23  print('keywords:')
24  for word in text:
25      if word in keywords:
26          print(word)
27          count += 1
28  print('%s 有 %d 個關鍵字'%(filename, count))
```

輸出結果

```
輸入一個 Python 的檔名: keywords.py
text:
['import', 'os.path', 'import', 'sys', 'keywords', '=', "{'and',",
"'as',", "'assert',", "'break',", "'class',", "'continue',", "'def',",
"'del',", "'elif',", "'else',", "'except',", "'False',", "'finally',",
"'for',", "'from',", "'global',", "'if',", "'import',", "'in',", "'is',",
"'lambda',", "'None',", "'nonlocal',", "'not',", "'or',", "'pass',",
"'raise',", "'return','True',", "'try',", "'while',", "'with',",
"'yield'}", 'filename', '=', "input('輸入一個", 'Python', '的檔名:', "')",
'if', 'not', 'os.path.isfile(filename):', 'print(filename,', "'不存在')",
'sys.exit()', 'infile', '=', 'open(filename,', "'r')", 'text', '=',
'infile.read().split()', "print('text:')", 'print(text)', 'print()',
'count', '=', '0', 'for', 'word', 'in', 'text:', 'if', 'word', 'in',
'keywords:', 'print(word)', 'count', '+=', '1', "print('%s", '有', '%d',
"個關鍵字'%(filename,", 'count))']

keywords:
import
import
if
```

```
not
for
in
if
in
keywords.py 有 8 個關鍵字
```

此程式載入了 os.path 主要是要呼叫此模組下的 isfile()函式，用以判斷其參數是否為一檔案，而載入 sys 是要呼叫此模組下的 exit()函式，用以結束程式的執行。程式將 Python 的關鍵字以集合的方式指定給 keywords 變數。

接下來利用 open()打開使用者輸入的檔名，以 read()讀取之，並呼叫 split()將檔案內容以空白為分隔點擷取資料置放於名為 text 的串列，同時也將它加以印出。

最後利用迴圈和 if 判斷在 text 串列的資料是否在 keywords 集合中，若是，則將計算器 count 累加 1。

練習題

1. 試問以下程式的輸出結果。

```
s6 = {10, 30, 50}
s6.add(20)
s6.add(40)
print('#1:', s6)
s6.remove(40)
print('#2:', s6)

for x in s6:
    print(x, end = ' ')
```

2. 試問以下程式的輸出結果。

```
s1 = {1, 2, 3, 4, 5, 6, 8}
s2 = {1, 3, 5, 7, 9}

print('#1:', s1 | s2)
print('#2:', s1 & s2)
print('#3:', s1 - s2)
print('#4:', s2 - s1)
```

```
print('#5:', s1 ^ s2)
print('#6:', s2 ^ s1)
```

3. 將 8-2-5 節的 keywords.py 程式加以修改，輸出檔案中的關鍵字與其個數。

參考解答

1.
```
#1: {40, 10, 50, 20, 30}
#2: {10, 50, 20, 30}
10 50 20 30
```

2.
```
#1: {1, 2, 3, 4, 5, 6, 7, 8, 9}
#2: {1, 3, 5}
#3: {8, 2, 4, 6}
#4: {9, 7}
#5: {2, 4, 6, 7, 8, 9}
#6: {2, 4, 6, 7, 8, 9}
```

3.
```
import os.path
import sys

keyWords = {'and', 'as', 'assert', 'break', 'class',
            'continue', 'def', 'del', 'elif', 'else',
            'except', 'False', 'finally', 'for', 'from',
            'global', 'if', 'import', 'in', 'is', 'lambda',
            'None', 'nonlocal', 'not', 'or', 'pass', 'raise',
            'return', 'True', 'try', 'while', 'with', 'yield'}

filename = input('輸入一個 Python 的檔名: ').strip()

if not os.path.isfile(filename):   # Check if target file exists
    print('File', filename, 'does not exist')
    sys.exit()

infile = open(filename, 'r')

text = infile.read().split()

count = 0
keyWordsInFile = set()
```

```
    for word in text:
        if word in keyWords:
            count += 1
            keyWordsInFile.add(word)

    print('在 %s 的關鍵字共有 %d 個'%(filename, count))
    print('關鍵字如下：', keyWordsInFile)
```

```
輸入一個 Python 的檔名: keywords.py
在 keywords.py 的關鍵字共有 8 個
關鍵字如下： {'if', 'import', 'in', 'not', 'for'}
```

此程式多設了一個集合變數 keyWordsInFile，若串列的資料是在 keywords 集合中的關鍵字，則利用 add 方法將它加入於 keyWordsInFile 集合中。

8-3 詞典

詞典是一鍵/值(key/value) 的數對，它是以大括號括起來，與以中括號括起的串列不同。詞典的鍵值不可以重複。若大括號內沒有數對，則表示此詞典是空集合。

以下我們來介紹一些常用的詞典方法。

8-3-1 建立一詞典

建立一空的詞典可利用

```
dict = {}
print(dict)
```

```
{}
```

或

```
d = dict()
print(d)
```

```
{}
```

直接在定義詞典時給予初值的設定：

```
#create a dictionary
fruits = {'apple':10, 'orange':20, 'banana':18}
print(fruits)
```

```
{'apple': 10, 'orange': 20, 'banana': 18}
```

印出某一鍵所對應的值：

```
print(fruits['apple'])
```

```
10
```

輸出結果說明了 'apple' 對應的值是 10。

若要得知詞典的大小，則以 len()函式為之。

```
#size of dictionary
print(len(fruits))
```

```
3
```

表示 fruits 詞典有三個鍵/值數對。也可以利用 max 和 min 分別找出最大的鍵和最小的鍵：

```
print(max(fruits))
print(min(fruits))
```

```
orange
Apple
```

你也可以使用 sum 來計算鍵的總和，不過要鍵是數值才可。此處由於 fruits 詞典的鍵是字串，所以無法使用 sum 函式來加總。當然也有 in 和 not in 來判斷某一鍵是否存在於詞典中。

```
Print('orange' in fruits)
print('apple' not in fruits)
```

```
True
False
```

8-3-2 加入、修改與刪除

若在詞典中加入鍵/值數對的話，其語法如下：

```
dict_name[key] = value
```

如以下加入了兩個鍵/值數對。

```
#insert
fruits['kiwi'] = 30
fruits['guava'] = 90
print(fruits)
```

```
{'apple': 10, 'orange': 20, 'banana': 18, 'kiwi': 30, 'guava': 90}
```

要修改詞典的資料時，其語法和加入的相同，如下所示：

```
dict_name[key] = new_value
```

將值指定給鍵，就可以將某一詞典的鍵修改為 new_value，如以下將 banana 鍵的值從原來的 18 改為 40：

```
#modify
fruits['banana'] = 40
print(fruits)
```

```
{'apple': 10, 'orange': 20, 'banana': 40, 'kiwi': 30, 'guava': 90}
```

若要刪除詞典中的某一鍵/值數對，很簡單只要利用 del 就可以了，其語法為：

```
del dict_name[key]
```

如下將刪除 fruits 詞典中的 kiwi。

```
#delete
del fruits['kiwi']
print(fruits)
```

```
{'apple': 10, 'orange': 20, 'banana': 40, 'guava': 90}
```

練習題

1. 試問以下程式的輸出結果。

```
captials = {'France':'Paris'}
print('#1: ', captials)
print()

captials['Germany'] = 'Berlin'
captials['Taiwan'] = 'Taipei'
print('#2: ', captials)
print()

captials['Australia'] = 'Canberra'
captials['New Zealand'] = 'Dublin'
print('#3: ', captials)
print()

captials['New Zealand'] = 'Wellington'
print('#4: ', captials)
print()

del captials['France']
print('#5: ', captials)
print()

del captials['Germany']
print('#6: ', captials)
print()

captials['Slovakia'] = 'Bratislava'
print('#7: ', captials)
print()
```

2. 試撰寫一程式，利用 8-3 節所談的函式，輸出以下的結果：

```
#1: {}
#2: {1010: 90, 1020: 80}
#3: {1010: 90, 1020: 80, 1018: 70}
#4: {1010: 90, 1020: 80, 1018: 70, 1022: 88}
#5: {1010: 92, 1020: 80, 1022: 88}
#6: {1010: 92, 1020: 80, 1022: 88, 1030: 99}
```

參考解答

1. (註：輸出結果太長，一列放不下，可能會到下一列)

```
#1:  {'France': 'Paris'}

#2:  {'France': 'Paris', 'Germany': 'Berlin', 'Taiwan': 'Taipei'}

#3:  {'France': 'Paris', 'Germany': 'Berlin', 'Taiwan': 'Taipei',
'Australia': 'Canberra', 'New Zealand': 'Dublin'}

#4:  {'France': 'Paris', 'Germany': 'Berlin', 'Taiwan': 'Taipei',
'Australia': 'Canberra', 'New Zealand': 'Wellington'}

#5:  {'Germany': 'Berlin', 'Taiwan': 'Taipei', 'Australia': 'Canberra',
'New Zealand': 'Wellington'}

#6:  {'Taiwan': 'Taipei', 'Australia': 'Canberra', 'New Zealand':
'Wellington'}

#7:  {'Taiwan': 'Taipei', 'Australia': 'Canberra', 'New Zealand':
'Wellington', 'Slovakia': 'Bratislava'}
```

2.

```
scores = {}
print('#1:',scores)
scores = {1010:90, 1020:80}
print('#2:',scores)
scores[1018] = 70
print('#3:',scores)
scores[1022] = 88
print('#4:',scores)
scores[1010] = 92
del scores[1018]
print('#5:',scores)
scores[1030] = 99
print('#6:',scores)
```

8-3-3 一些常用的詞典的方法

除了上述介紹的函式外，表 8-3 列出一些常用的詞典的方法。

表 8-3 詞典常用的方法

方法	說明
keys()	列出詞典的鍵(key)
values()	列出詞典的值(values)
items()	列出詞典的項目，包括鍵/值數對
get(key)	取得詞典為 key 的 value
pop(key)	刪除詞典為 key 的 value
popitem()	刪除詞典的最後一項鍵/值數對
update(key:value, …)	加入或修改詞典的鍵/值

我們以一些範例程式來驗證。

```
#method
print(fruits)
print(fruits.keys())
print(fruits.values())
print(fruits.items())
```

```
{'apple': 10, 'orange': 20, 'banana': 40, 'guava': 90}
dict_keys(['apple', 'orange', 'banana', 'guava'])
dict_values([10, 20, 40, 90])
dict_items([('apple', 10), ('orange', 20), ('banana', 40), ('guava',
90)])
```

注意，上述方法印出的呈現方式，皆是以串列的方式呈現。最後的 items() 因為串列的每一元素有兩個項目，所以利用小括號來表示。

```
print(fruits.get('orange'))
print(fruits.get('kiwi'))
```

```
20
None
```

上述程式表示得到某一鍵所對應的值，如 'orange' 的值為 20，但由於沒有詞典沒有 'kiwi'，所以輸出為 None。

```
print(fruits.pop('apple'))
print(fruits)
```

```
10
{'orange': 20, 'banana': 40, 'guava': 90}
```

上述程式是彈出詞典的 'apple' 鍵，這表示從詞典刪除此鍵/值，所以目前印出的詞典就沒有 'apple' 鍵。

```
print(fruits.popitem())
print(fruits)
```

```
('guava', 90)
{'orange': 20, 'banana': 40}
```

上述程式是彈出詞典的最後一個鍵/值數對。此數對就是 'guava': 90。

若要同時有加入和修改的功能，則可使用 update()方法來完成，如下所示：

```
Python_score = {'Bright':92, 'Linda':88, 'Jennifer':90}
print(Python_score)
Python_score.update({'Bright':96, 'Amy':93, 'Cary':95})
print(Python_score)
```

```
{'Bright': 92, 'Linda': 88, 'Jennifer': 90}
{'Bright': 96, 'Linda': 88, 'Jennifer': 90, 'Amy': 93, 'Cary': 95}
```

我們發現原來 Python_score 的詞典中已有 'Bright' 鍵，而在此處使用 update() 方法會將 'Bright' 原來的 92 改為 96，而 'Amy' 和 'Cary' 原來的詞典皆沒有，所以就直接加入於 Python_score 詞典中。

8-3-4 輸出詞典的所有元素

和印出串列的所有元素相似，只要使用一個迴圈就可以詞典的所有元素列印出，如下所示：

```
fruits = {'apple':10, 'orange':20, 'banana':18}
for key in fruits:
    print('%12s %3d'%(key, fruits[key]))
```

```
       apple   10
      orange   20
      banana   18
```

也可以這樣寫：

```
for key, value in fruits.items():
    print('%12s %3d'%(key, value))
```

```
       apple   10
      orange   20
      banana   18
```

利用 for 將 fruits.items()的鍵/值指定給 key 和 value 變數，然後加以印出，其結果和上述的程式是一樣的。

以下我們將本章所論及的數組、集合，以及詞典，這些主題可用的函式或方法整理於表 8-4。

表 8-4 數組、集合，及詞典可用的函式或方法

(o 表示有此功能，x 表示沒有此項功能，i 與 j 是索引)

	數組	集合	詞典
擷取某一元素	[i]	x	get(key)
擷取一區間元素	[i:j]	x	x
len	o	o	o
max	o	o	o
min	o	o	o
sum	o	o	o
for…in	o	o	o
in	o	o	o
not in	o	o	o
加入	x	add(x)	dict_name[key] = value
刪除	x	remove(x)	del dict_name[key] pop(key) popitem()
加入與修改	x	x	update(key:value, …)

(註：sum 的加總需要是數值才可以)

8-3-5 一個鍵對應多個值

有時一個鍵不只對應一個值時，此時可以先將這些值置放於串列中，之後再取之。有一 students 詞典如下：

```
students = {1001:['John', 90], 1002:['Mary', 88]}
print(students)
```

```
{1001: ['John', 90], 1002: ['Mary', 88]}
```

每位學生的學號對應的值是一串列內的資料，如 1001 對應姓名和分數為 'John', 90，此 1001 鍵有兩個值。

今加入一學生 Peter 資料，其學號為 1003。

```
students[1003] = ['Peter', 88]
print(students)
```

```
{1001: ['John', 90], 1002: ['Mary', 88], 1003: ['Peter', 88]}
```

接下來，利用迴圈將鍵所對應的多個值加以印出，如下所示：

```
print('%4s %10s %6s'%('ID', 'Name', 'Score'))
for key in students:
    print('%d %10s %6d'%(key, students[key][0], students[key][1]))
```

```
  ID       Name  Score
1001       John     90
1002       Mary     88
1003      Peter     88
```

因為鍵所對應的值是一串列，如下是學生 id 是 1001 時所對應的串列：

```
print(students[1001])
['John', 90]
```

這時就可以再使用索引去擷取。

```
print(students[1001][0])
print(students[1001][1])
```

```
John
90
```

這是很實用的，它可以用來建立一個小型的資料庫喔！

8-3-6 詞典的應用

我們來看一個應用範例，請輸入一些數字並存於串列中，再將此串列的資料一一讀出，當做詞典的鍵(key)。若相同，則累加，否則將其設為 1，找出出現最多的鍵，若有兩個或以上，則要一起列印出。

```
s = input('Enter the numbers: ').strip()
numbers = [eval(x) for x in s.split()]

dictionary = {} #建立一空的詞典

for number in numbers:
    if number in dictionary:
        dictionary[number] += 1
    else:
        dictionary[number] = 1

maxCount = max(dictionary.values()) #找出出現次數最多

pairs = list(dictionary.items()) #將 key 和 value 湊成一對指定給 pairs
print('pairs:')
print(pairs)

items = [[x, y] for (x, y) in pairs] #將 pairs 的資料轉為串列
print('\nitems:')
print(items)

print('\n出現最多次數的數字是', end = ' ')
for (x, y) in items:
    if y == maxCount:
        print(x, end = ' ')
```

```
Enter the numbers: 1 2 2 2 3 3
pairs:
[(1, 1), (2, 3), (3, 2)]

items:
[[1, 1], [2, 3], [3, 2]]

出現最多次數的數字是 2
```

```
Enter the numbers: 1 2 3 3 3 4 4 2 2
pairs:
[(1, 1), (2, 3), (3, 3), (4, 2)]

items:
[[1, 1], [2, 3], [3, 3], [4, 2]]

出現最多次數的數字是 2 3
```

有關程式的說明，請參閱程式的註解敘述。

練習題

1. 試問以下程式的輸出結果。

```
cars = {'BMW':'Germany', 'Volvo':'Sweden'}
print('#1:', cars)
print('#2:', cars.get('Volvo'))
cars['Honda'] = 'Japan'
print('#3:', cars)
print('#4:', cars.pop('Honda'))
print('#5:', cars)
print('#6:', cars.popitem())
print('#7:', cars.keys())
print('#8:', cars.values())
print('#9:', cars.items())
```

2. 請擴充此節的 students 詞典，使得每位學生有三個分數，分別是 Python、Calculus 以及 Accounting。試撰寫一程式測試之。

3. 利用典建立學生的學號和姓名，以學號為鍵，以姓名為值，形成一詞典的鍵/值數對。利用一選單如下：

```
*** Student dictionary ***
        1. insert
        2. delete
        3. display
        4: quit

Enter your choice:
```

提示使用者輸入選項，並呼叫每一選項的函式。此選單計有加入、刪除、顯示及結束等功能，試撰寫一程式測試之。

參考解答

1.
```
#1: {'BMW': 'Germany', 'Volvo': 'Sweden'}
#2: Sweden
#3: {'BMW': 'Germany', 'Volvo': 'Sweden', 'Honda': 'Japan'}
#4: Japan
#5: {'BMW': 'Germany', 'Volvo': 'Sweden'}
#6: ('Volvo', 'Sweden')
#7: dict_keys(['BMW'])
#8: dict_values(['Germany'])
#9: dict_items([('BMW', 'Germany')])
```

2.
```
students = {1001:['John', 90, 80, 92], 1002:['Mary', 88, 82, 78]}
print(students)
students[1003] = ['Peter', 88, 73, 91]
print(students)

print('\n%4s %10s %10s %10s %10s'%('ID', 'Name', 'Python', 'Calculus',
'Accounting'))
for key in students:
    print('%d %10s %10d %10d %10d'%(key, students[key][0],
                students[key][1],students[key][2], students[key][2]))
```

```
{1001: ['John', 90, 80, 92], 1002: ['Mary', 88, 82, 78]}
{1001: ['John', 90, 80, 92], 1002: ['Mary', 88, 82, 78], 1003:
['Peter', 88, 73, 91]}

  ID       Name     Python   Calculus Accounting
1001       John         90         80         80
1002       Mary         88         82         82
1003      Peter         88         73         73
```

3.
```
Students = {}
def main():
    while(True):
        print('*** Student dictionary ***')
        print('        1. insert')
        print('        2. delete')
        print('        3. display')
        print('        4: quit')
        choice = eval(input('Enter your choice: '))
        if choice == 1:
            insertFun()
        elif choice == 2:
            deleteFun()
        elif choice == 3:
            printFun()
        elif choice == 4:
            print('Bye bye')
            break
        else:
            print('Wrong choice')

def insertFun():
    key = eval(input('Enter the ID: '))
    value = input('Enter the name: ')
    Students[key] = value
    print()

def deleteFun():
    delKey = eval(input('What id to delete: '))
    if delKey in Students:
        del Students[delKey]
        print('%d has been deleted'%(delKey))
    else:
        print('The %d is not found'%(delKey))
    print()

def printFun():
    print('\n%10s %15s'%('ID', 'Name'))
    for key in Students:
```

```
        print('%10d %15s'%(key, Students[key]))
    print()

main()
```

```
*** Student dictionary ***
       1. insert
       2. delete
       3. display
       4: quit

Enter your choice: 1

Enter the ID: 10100

Enter the name: Bright

*** Student dictionary ***
       1. insert
       2. delete
       3. display
       4: quit

Enter your choice: 1

Enter the ID: 10200

Enter the name: Linda

*** Student dictionary ***
       1. insert
       2. delete
       3. display
       4: quit

Enter your choice: 1

Enter the ID: 10300

Enter the name: Amy

*** Student dictionary ***
       1. insert
       2. delete
```

```
          3. display
          4: quit

Enter your choice: 3

           ID              Name
        10100            Bright
        10200             Linda
        10300               Amy

*** Student dictionary ***
          1. insert
          2. delete
          3. display
          4: quit

Enter your choice: 2

What id to delete: 10400
The 10400 is not found

*** Student dictionary ***
          1. insert
          2. delete
          3. display
          4: quit

Enter your choice: 2

What id to delete: 10300
10300 has been deleted

*** Student dictionary ***
          1. insert
          2. delete
          3. display
          4: quit

Enter your choice: 3

           ID              Name
        10100            Bright
        10200             Linda
```

```
*** Student dictionary ***
       1. insert
       2. delete
       3. display
       4: quit

Enter your choice: 4
Bye bye
```

習題

1. 試問以下程式的輸出結果。

```
pl = {}
pl[100] = 'C'
pl[200] = 'Python'
pl[300] = 'C++'
print('#1: ', pl)

pl[100] = 'Python'
pl[200] = 'C'
print('#2: ', pl)

pl[400] = 'Java'
pl[500] = 'c#'
pl[600] = 'VB'
print('#3: ', pl)

del pl[600]
print('#4: ', pl)

print('#5: ', pl.keys())
print('#6: ', pl.values())
print('#7: ', pl.items())
print('#8: ', pl.get(100))
print('#9: ', pl.popitem())
print('#10:', pl.pop(400))
```

```
print('#11:', pl)

print('\nProgramming language:')
for key in pl:
    print('%5d %s'%(key, pl[key]))
```

2. 承 8-3 節的練習題 3(p.8-24)，加入修改的功能。
3. 撰寫一程式，提示使用者輸入一 Python 的檔案，然後計算此檔案每一關鍵字出現的次數。
4. 撰寫一程式，提示使用者輸入一文字檔案，然後從此檔案中讀取單字，最後印出由小至大而且沒有重複的單字。
5. 撰寫一程式，以詞典建立美國各州的首都，然後讓使用者輸入某一州的首都為何，每一次程式會詢問使用者是否要再繼續猜。最後印出你猜對幾個、猜錯幾個，以及猜對的百分比。下表是美國各州的首都。

州名	首都
Alabama	Montgomery
Alaska	Juneau
Arizona	Phoenix
Arkansas	Little Rock
California	Sacramento
Colorado	Denver
Connecticut	Hartford
Delaware	Dover
Florida	Tallahassee
Georgia	Atlanta
Hawaii	Honolulu
Idaho	Boise
Illinois	Springfield
Indiana	Indianapolis
Iowa	Des Moines
Kansas	Topeka
Kentucky	Frankfort
Louisiana	Baton Rouge
Maine	Augusta

州名	首都
Maryland	Annapolis
Massachusettes	Boston
Michigan	Lansing
Minnesota	Saint Paul
Mississippi	Jackson
Missouri	Jefferson City
Montana	Helena
Nebraska	Lincoln
Nevada	Carson City
New Hampshire	Concord
New Jersey	Trenton
New York	Albany
New Mexico	Santa Fe
North Carolina	Raleigh
North Dakota	Bismark
Ohio	Columbus
Oklahoma	Oklahoma City
Oregon	Salem
Pennslyvania	Harrisburg
Rhode Island	Providence
South Carolina	Columbia
South Dakota	Pierre
Tennessee	Nashville
Texas	Austin
Utah	Salt Lake City
Vermont	Montpelier
Virginia	Richmond
Washington	Olympia
West Virginia	Charleston
Wisconsin	Madison
Wyoming	Cheyenne

6. 撰寫一程式，以詞典建立一些國家的首都，然後讓使用者輸入某一國的首都為何，每一次程式會詢問使用者是否要再繼續猜。最後印出你猜對幾個、猜錯幾個，以及猜對的百分比。下表一些國家的首都，你可以自由的略增或略減。

國家	首都
阿根廷	布宜諾斯艾利斯
阿富汗	喀布爾
埃及	開羅
愛爾蘭共和國	都柏林
愛沙尼亞	塔林
奧地利	維也納
澳洲	坎培拉
比利時	布魯塞爾
波蘭	華沙
波多黎各	聖胡安
秘魯	利馬
冰島	雷克雅維克
丹麥	哥本哈根
德國	柏林
多明尼加	聖多明哥

類別、繼承與多型

傳統上的程式設計是將程式以函式的方式加以劃分為好幾個，再將這些函式整合在一起，因此，有關資料就被當做二等公民，而主要的還是函式。但你是否知道，函式再怎麼正確，沒有正確的資料，最後還是會產生垃圾進、垃圾出(garbage in, garbage out)。

到了物件導向程式設計(object-oriented programming)後，函式和資料皆為一等公民，也就是同等的重要。物件導向程式設計的三大特性是封裝(encapsulation)、繼承(inheritance)，以及多型(polymorphism)。

封裝是將資料和函式以一類別(class)的方式加以包裝，因為資料成員(data member)只有同一類別的函式才可以直接使用，因而資料成員受到了保護，所以在維護上較容易，從而可以降低維護成本。物件導向程式設計的函式成員稱為方法(method)。物件(object)是類別的一個實體(instance)，和傳統的程式設計之比較，類別相當於資料型態(data type)，而物件則相當於變數(variable)。

繼承表示你可以將已寫好的類別當做父類別，從而可以直接使用父類別的資料和函式，所以可以節省很多開發時間。

多型(polymorphism)表示有多個類別的函式成員是同名的，但它可以在執行期時，依照物件是屬於哪一類別，進而引發此類別的函式成員。多型一定是在繼承的情況下使用的。本章將談論這三個特性，讓我們先從封裝開始。

9-1 封裝

本章之前若要計算圓的面積和周長，你可能會這樣寫。先提示使用者輸入圓的半徑，再計算圓的面積與周長。以下是傳統程式的寫法：

範例程式：circleArea-1.py

```
01  #計算圓的面積與周長
02  import math
03  radius = eval(input('Enter the radius of circle: '))
04  area = math.pi * radius ** 2
05  perimeter = 2 * math.pi * radius
06  print('radius: ', radius)
07  print('area: %.2f'%(area))
08  print('perimeter: %.2f'%(perimeter))
```

```
Enter the radius of circle: 10
radius:  10
area: 314.16
perimeter: 62.83
```

圓的面積與周長都是印出小數點後兩位。接下來程式將劃分為三個函式，一為計算圓面積的 circleArea() 函式，二為計算圓周長的 circlePerimeter() 函式，三為主函式 main()。main() 函式是總指揮，負責統籌 circleArea()和circlePerimeter()函式的呼叫。

範例程式：circleArea-2.py

```
01  #using function
02  import math
03  def circleArea(r):
04      return (math.pi * r ** 2)
05
06  def circlePerimeter(r):
07      return (2 * math.pi * r)
08
09  def main():
10      radius = eval(input('Enter the radius of circle: '))
11      area = circleArea(radius)
```

```
12        perimeter = circlePerimeter(radius)
13        print('area: %.2f'%(area))
14        print('perimeter: %.2f'%(perimeter))
15
16    main()
```

```
Enter the radius of circle: 10
area: 314.16
perimeter: 62.83
```

此處的 circleArea()有接收參數及回傳值，circlePerimeter()函式也有接收參數和回傳值。

接下來，我們以類別的方式撰寫之。首先，以 class 為關鍵字開啟了它是類別的宣告，然後是類別的名稱，通常第一字母是大寫，因為這樣和一般的變數或物件較易區分，但這不是硬性規定。

類別內由資料成員和成員函式(又稱方法)所組成，一般在類別所屬的資料成員前會加上 self 和句點，這表示類別的本身。注意！在類別中所定義的函式成員，皆會有 self 的參數。其中有一個__init__() 函式，此函式成員相當於其它物件導向程式語言的建構函式(constructor)，它會在建立此類別的物件時自動被呼叫。init 前後皆有兩個底線。

一般在撰寫物件導向程式設計時，皆會利用統一塑模語言(Unified Modeling Language, UML)，它是瑞典的計算機科學家 Ivar Jacobson 於 1994-1995 年間在 Rational Software 公司所開發。UML 的類別圖(class diagram)包含資料成員和成員函式的名稱與屬性，再加上其對應說明的欄位。如圖 9.1 所示：

類別名稱	說明
+(-) 資料成員 …	…
+(-) 成員函式 …	…

圖 9.1 UML 類別圖的示意圖

圖 9.1 資料成員和成員函式前面的 + 表示公有(public)，而 – 表示私有(private)，在撰寫程式時不必寫出，這只是給程式設計師撰寫程式時參考的。有了 UML 類別圖之後，程式設計師就可以使用任何程式語言來撰寫。我們以上一範例畫出 UML 類別圖，如圖 9.2 所示：

Circle 類別	說明
(+) radius	圓形的半徑
(+) __init__(self, r) (+) circleArea(self) (+) circlePerimeter(self)	建構函式，接收一個圓形半徑的參數 計算圓的面積 計算圓的周長

圖 9.2 Circle 的 UML 類別圖

有了圖 9.2 我們就可以將它撰寫為下列的程式。

範例程式：class1-1.py

```
01  #public data member
02  import math
03  class Circle:
04      def __init__(self, r):
05          self.radius = r
06  
07      def circleArea(self):
08          return (math.pi * self.radius ** 2)
09  
10      def circlePerimeter(self):
11          return (2 * math.pi * self.radius)
12  
13  def main():
14      circleObj = Circle(10)
15      area = circleObj.circleArea()
16      perimeter = circleObj.circlePerimeter()
17      print('radius:', circleObj.radius)
18      print('area: %.2f'%(area))
19      print('perimeter: %.2f'%(perimeter))
20  
21  main()
```

```
radius: 10
area: 314.16
perimeter: 62.83
```

此程式定義了一個 Circle 類別，此類別的資料成員是 redius，且是 public 的屬性。public 顧名思義就是公有的意思，因此可以在任何函式的地方使用之，因此 circleObj.radius 是合法的。取類別名稱不成文規定是第一個英文字母是大寫。

除了 public 屬性外，還有一個屬性是私有(private)，只要在 radius 前加上兩個底線即可，如以下的程式，將 radius 定義為私有的屬性(UML 類別圖中將 + 改為 -)，寫法為 __radius，此時它只有在同一類別下的函式成員直接使用，若你要在不是這個類別下的函式成員使用的話，則只能間接的使用。此時的 UML 類別圖如圖 9.3 所示：

Circle 類別	說明
(-) radius	圓形的半徑
(+) __init__(self, r) (+) circleArea(self) (+) circlePerimeter(self)	建構函式，接收一個圓形半徑的參數 計算圓的面積 計算圓的周長

圖 9.3 Circle 的 UML 類別圖

其對應的程式如下：

範例程式：class-2.py

```
01  #private data member
02  import math
03  class Circle2:
04      def __init__(self, r):
05          self.__radius = r
06
07      def circleArea(self):
08          return (math.pi * self.__radius ** 2)
09
10      def circlesPerimeter(self):
11          return (2 * math.pi * self.__radius)
12
13      def getRadius(self):
14          return self.__radius
```

```
15
16  def main():
17      circleObj = Circle2(10)
18      area = circleObj.circleArea()
19      score = circleObj.circlesPerimeter()
20      print('radius:', circleObj.getRadius())
21      print('area: %.2f'%(area))
22      print('score: %.2f'%(score))
23
24  main()
```

```
radius: 10
area: 314.16
perimeter: 62.83
```

此程式利用 getRadius() 函式成員來間接取得私有的 __radius 的資料成員。切記，不可以像 class-1.py 程式那樣直接以 circleObj.radius 在 main() 函式使用之。

練習題

1. 以下是小明以類別的方式撰寫一計算圓面積與周長的程式，程式中有一些錯誤，請你幫忙除錯一下。

```
class Circle:
    def __init(r):
        radius = r

    def circleArea():
        return (math.pi * radius ** 2)

    def circlePerimeter():
        return (2 * math.pi * radius)

def main():
    circleObj Circle(10)
    area = circleObj.circleArea()
    perimeter = circleObj.circlePerimeter()
    print('radius:', circleObj.radius)
    print('area: %.2f'%(area))
    print('perimeter: %.2f'%(perimeter))

main()
```

2. 小明同學將上一題的 radius 改為私有的屬性，如下所示，但有些錯誤，請你幫忙訂正一下。

```
class Circle2:
    def __init__(self, r):
        self.__radius = r

    def circleArea(self):
        return (math.pi * self.radius ** 2)

    def circlePerimeter(self):
        return (2 * math.pi * self.radius)

    def getRadius(self):
        return self.radius

def main():
    circleObj = Circle2(10)
    area = circleObj.circleArea()
    perimeter = circleObj.circlePerimeter()
    print('radius:', circleObj.radius)
    print('area: %.2f'%(area))
    print('perimeter: %.2f'%(perimeter))

main()
```

3. 有一 UML 類別圖如圖 9.4 所示：

Rectange 類別	說明
(+) length (+) width	矩形的長 矩形的寬
(+) __init__(self, len, wid) (+) getRectArea(self) (+) getRectPerimeter(self)	建構函式，接收矩形的長度與寬度參數 計算並回傳矩形的面積 計算並回傳矩形的周長

圖 9.4 Rectangle 的 UML 類別圖

請撰寫一程式加以測試之。

4. 將練習題第 3 題的 length 和 width 改為私有，請撰寫一程式測試之。

參考解答

1. 以下粗體部份是修正地方：

```
import math
class Circle:
    def __init__(self, r):
        self.radius = r

    def circleArea(self):
        return (math.pi * self.radius ** 2)

    def circlePerimeter(self):
        return (2 * math.pi * self.radius)

def main():
    circleObj = Circle(10)
    area = circleObj.circleArea()
    perimeter = circleObj.circlePerimeter()
    print('radius:', circleObj.radius)
    print('area: %.2f'%(area))
    print('perimeter: %.2f'%(perimeter))

main()
```

2. 以下粗體部份是修正地方：

```
class Circle2:
    def __init__(self, r):
        self.__radius = r

    def circleArea(self):
        return (math.pi * self.__radius ** 2)

    def circlePerimeter(self):
        return (2 * math.pi * self.__radius)

    def getRadius(self):
        return self.__radius
```

```
def main():
    circleObj = Circle2(10)
    area = circleObj.circleArea()
    perimeter = circleObj.circlePerimeter()
    print('radius:', circleObj.getRadius())
    print('area: %.2f'%(area))
    print('perimeter: %.2f'%(perimeter))

main()
```

3.
```
#Rectangle:
#public data member
class Rectangle:
    def __init__(self, len, wid):
        self.length = len
        self.width = wid

    def getRectArea(self):
        return self.length * self.width

    def getRectPerimeter(self):
        return 2 * (self.length + self.width)

def main():
    rectObj = Rectangle(2, 3)
    area = rectObj.getRectArea()
    perimeter = rectObj.getRectPerimeter()

    print('rectObj:')
    print('length:', rectObj.length, 'width:', rectObj.width)
    print('area = %.2f' % (area))
    print('perimeter = %.2f' % (perimeter))

    print('\nset length and width')
    rectObj.length = 3
    rectObj.width = 9
    area = rectObj.getRectArea()
    perimeter = rectObj.getRectPerimeter()
```

```
    print('length:', rectObj.length, 'width:', rectObj.width)
    print('area = %.2f' % (area))
    print('perimeter = %.2f' % (perimeter))

main()
```

4.
```
# Rectangle
# private data member
class Rectangle:
    def __init__(self, l, w):
        self.__length = l
        self.__width = w

    def setLandW(self, l, w):
        self.__length = l
        self.__width = w

    def getLandW(self):
        return self.__length, self.__width

    def getArea(self):
        return self.__length * self.__width

    def getPerimeter(self):
        return 2 * (self.__length + self.__width)

def main():
    rectObj = Rectangle(2, 3)
    area = rectObj.getArea()
    perimeter = rectObj.getPerimeter()
    l, w = rectObj.getLandW()

    print('rectObj:')
    print('length:', l, 'width:', w)
    print('area = %.2f' % (area))
    print('perimeter = %.2f' % (perimeter))

    print('\nset length and width')
```

```
    rectObj.setLandW(3, 9)
    l, w = rectObj.getLandW()
    area = rectObj.getArea()
    perimeter = rectObj.getPerimeter()
    print('length:', l, 'width:', w)
    print('area = %.2f' % (area))
    print('perimeter = %.2f' % (perimeter))

main()
```

9-2 繼承

繼承可以縮短系統的開發時間，因為你可以用現成的元件。繼承的觀念上有一些名詞需要知道。若 B 類別繼承 A 類別，則稱 B 為衍生類別(derived class) 或子類別(child class)，而 A 類別稱為基礎類別(base class) 或父類別(parent class)，此 UML 類別圖如圖 9.5 所示：

衍生類別(基礎類別)	
以下是基礎類別項目	說明
+(-) 資料成員 …	…
+(-) 成員函式 …	…
以下是衍生類別自訂項目	
+(-) 資料成員 …	…
+(-) 成員函式 …	…

圖 9.5 有繼承的 UML 類別圖之示意圖

有一 Point 的 UML 類別圖，如圖 9.6 所示：

Point 類別	說明
(+) x (+) y	x 座標點 y 座標點
(+) __init__(self)	Point 類別建構函式

圖 9.6 Point 的 UML 類別圖

Circle 類別是繼承 Point 類別，如圖 9.7 所示：

Circle(Point) 類別	
以下基礎類別 Point 項目	說明
(+) x (+) y	x 座標點 y 座標點
(+) __init__(self)	Point 類別建構函式
以下是衍生類別 Circle 自訂項目	
(+) radius	圓形半徑
(+) __init__(self, radius=1) (+) getArea(self) (+) getPerimeter(self)	Circle 類別建構函式 計算並回傳圓形的面積 計算並回傳圓形的周長

圖 9.7 Circle 的 UML 類別圖

試依照圖 9.7 撰寫其對應的程式。

範例程式：inheritance-1.py

```
01  #public data member
02  import math
03  
04  class Point:
05      def __init__(self):
06          self.x = 0
07          self.y = 0
08  
09  class Circle(Point):    #Circle 類別繼承 Point 類別
10      def __init__(self, radius=1):
11          super().__init__()
12          self.radius = radius
13  
```

```
14        def getArea(self):
15            return math.pi * self.radius ** 2
16
17        def getPerimeter(self):
18            return 2*math.pi*self.radius
19
20    def main():
21        pointObj = Point()
22        x, y = pointObj.x, pointObj.y
23        print('Point class:')
24        print('x = %d, y = %d'%(x, y))
25
26        pointObj.x = 2
27        pointObj.y = 8
28        print('x = %d, y = %d'%(pointObj.x, pointObj.y))
29
30        cirObj = Circle()
31        area = cirObj.getArea()
32        print('\nCircle class:')
33        print('center: x = %d, y = %d'%(cirObj.x, cirObj.y))
34        print('radius = %d'%(cirObj.radius))
35        print('Area: %.2f'%(area))
36
37        #設定圓心為(3，9)，半徑為 20
38        cirObj.x = 3
39        cirObj.y = 9
40        cirObj.radius = 10
41        area = cirObj.getArea()
42        perimeter = cirObj.getPerimeter()
43        print('\ncenter: x = %d, y = %d'%(cirObj.x, cirObj.y))
44        print('radius = %d'%(cirObj.radius))
45        print('Area: %.2f'%(area))
46        print('Perimeter: %.2f'%(perimeter))
47
48    main()
```

```
Point class:
x = 0, y = 0
x = 2, y = 8
```

```
Circle class:
center: x = 0, y = 0
radius = 1
Area: 3.14

center: x = 3, y = 9
radius = 10
Area: 314.16
Perimeter: 62.83
```

此程式的 class Circle(Point): 表示 Circle 類別繼承 Point 類別。Point 與 Circle 類別的資料成員皆是公有(public)，因為資料成員前面沒有__，因此，在 main() 函式中的 Point 類別物件 pointObj，可以直接存取 Point 類別的資料成員 x 和 y，以及 Circle 類別物件 cirObj 可以直接存取 radius 資料成員，當然也可以直接存取 Point 父類別的 x 與 y 資料成員。

還有在子類別的 __init__() 函式成員中，需要呼叫父類別的 super().__init__() 函式成員。

在 __init__(self, radius=1): 函式中的參數 radius=1 表示當你建立此類別的物件，而沒有給予 radius 的值時，其預設值是 1，這稱為「預設參數值」(default argument value)。

若是 Point 父類別的資料成員 x 與 y 設定為私有(private)，Circle 子類別的資料成員 radius 也是私有的，則在 main()函式中，需要透過類別的函式成員加以存取。這也是跟公有的資料成員不同之處。若我們將 inheritance-1.py 的資料成員改為私有的話，則程式應如何修正？請參閱 inheritance-2.py。

範例程式：inheritance-2.py

```
01  #private data member
02  import math
03
04  class Point:
05      def __init__(self):
06          self.__x = 0
07          self.__y = 0
08
09      def setXandY(self, x, y):
```

```
10            self.__x = x
11            self.__y = y
12
13        def getXandY(self):
14            return self.__x, self.__y
15
16    class Circle(Point):
17        def __init__(self, radius=1):
18            super().__init__()
19            self.__radius = radius
20
21        def setRadius(self, r):
22            self.__radius = r
23
24        def getRadius(self):
25            return self.__radius
26
27        def getArea(self):
28            return math.pi * self.__radius ** 2
29
30        def getPerimeter(self):
31            return 2*math.pi*self.__radius
32
33    def main():
34        pointObj = Point()
35        x, y = pointObj.getXandY()
36        print('Point class:')
37        print('x = %d, y = %d'%(x, y))
38
39        pointObj.setXandY(2, 8)
40        x, y = pointObj.getXandY()
41        print('x = %d, y = %d'%(x, y))
42
43        cirObj = Circle()
44        area = cirObj.getArea()
45        x, y = cirObj.getXandY()
46        print('\nCircle class:')
47        print('center: x = %d, y = %d'%(x, y))
48        print('radius = %d'%(cirObj.getRadius()))
```

```
49        print('Area: %.2f'%(area))
50
51        #設定半徑為 10
52        cirObj.setRadius(10)
53        area = cirObj.getArea()
54        print('\ncenter: x = %d, y = %d'%(x, y))
55        print('radius = %d'%(cirObj.getRadius()))
56        print('Area: %.2f'%(area))
57
58        #設定圓心為(3，9)，半徑為 20
59        cirObj.setXandY(3, 9)
60        x, y = cirObj.getXandY()
61        cirObj.setRadius(20)
62        area = cirObj.getArea()
63        perimeter = cirObj.getPerimeter()
64        print('\ncenter: x = %d, y = %d'%(x, y))
65        print('radius = %d'%(cirObj.getRadius()))
66        print('Area: %.2f'%(area))
67        print('Perimeter: %.2f'%(perimeter))
68
69    main()
```

```
Point class:
x = 0, y = 0
x = 2, y = 8

Circle class:
center: x = 0, y = 0
radius = 1
Area: 3.14

center: x = 0, y = 0
radius = 10
Area: 314.16

center: x = 3, y = 9
radius = 20
Area: 1256.64
Perimeter: 125.66
```

因為 radius 是私有資料成員，所以必須使用 setRadius(self, r)來設定 radius，利用 getRadius(self)來存取 radius，其中的 setRadius()稱為設定者(setter)，而 getRadius()稱為取得者(getter)。

我們再繼續加入一個 Rectangle 子類別，此類別也是繼承 Point 父類別，其 UML 類別圖如圖 9.8 所示：

Rectangle(Point)類別	
以下基礎類別 Point 項目	說明
(+) x (+) y	x 座標點 y 座標點
(+) __init__(self)	Point 類別建構函式
以下是衍生類別 Rectangle 自訂項目	
(+) length (+) width	矩形長度 矩形寬度
(+) __init__(self, length=1, width=1) (+) getArea(self) (+) getPerimeter(self)	Rectangle 類別建構函式 計算並回傳矩形的面積 計算並回傳矩形的周長

圖 9.8 Rectangle 的 UML 類別圖

圖 9.8 對應的程式如下所示：

範例程式：inheritance-3.py

```
01  #Point, Circle, Rectange
02  #public data member
03  import math
04  class Point:
05      def __init__(self):
06          self.x = 0
07          self.y = 0
08
09  class Circle(Point):
10      def __init__(self, radius=1):
11          super().__init__()
12          self.radius = radius
13
14      def getArea(self):
15          return math.pi * self.radius ** 2
```

```
16
17      def getPerimeter(self):
18          return 2*math.pi*self.radius
19
20  class Rectangle(Point): #Rectangle 類別繼承 Point 類別
21      def __init__(self, length=1, width=1):
22          super().__init__()
23          self.length = length
24          self.width = width
25
26      def getArea(self):
27          return self.length * self.width
28
29      def getPerimeter(self):
30          return 2*(self.length + self.width)
31
32  def main():
33      pointObj = Point()
34      print('Point:')
35      print('x = %d, y = %d'%(pointObj.x, pointObj.y))
36
37      pointObj.x = 2
38      pointObj.y = 8
39      print('x = %d, y = %d'%(pointObj.x, pointObj.y))
40
41      #using default argument value
42      cirObj = Circle()
43      area = cirObj.getArea()
44      print('\nCircle:')
45      print('center: x = %d. y = %d'%(cirObj.x, cirObj.y))
46      print('radius = %d'%(cirObj.radius))
47      print('Area: %.2f'%(area))
48
49      #設定圓心為(3，9)，半徑為 10
50      cirObj.x = 3
51      cirObj.y = 9
52      cirObj.radius = 10
53      area = cirObj.getArea()
54      print('\ncenter: x = %d. y = %d'%(cirObj.x, cirObj.y))
```

```
55        print('radius = %d'%(cirObj.radius))
56        print('Circle area: %.2f'%(area))
57
58        rectObj = Rectangle(3, 3)
59        rectObj.x = 2
60        rectObj.y = 3
61        print('\nRectangle:\nlength = %d. width = %d'%(rectObj.length,
62            rectObj.width))
63        print('Left top: x = %d, y = %d'%(rectObj.x, rectObj.y))
64        area = rectObj.getArea()
65        print('Rectange area: %.2f'%(area))
66
67    main()
```

```
Point:
x = 0, y = 0
x = 2, y = 8

Circle:
center: x = 0. y = 0
radius = 1
Area: 3.14

center: x = 3. y = 9
radius = 10
Circle area: 1256.64

Rectangle:
length = 3. width = 3
Left top: x = 2, y = 3
Rectange area: 9.00
```

這個程式和 inheritance-1.py 程式只是多了一個子類別 Rectangle。

練習題

1. 若將 inheritance-3.py 的父類別與子類別的資料成員改為私有的話，應如何修正？

參考解答

1.
```
#Point, Circle, and Rectange
#private data member
import math

class Point:
    def __init__(self):
        self.__x = 0
        self.__y = 0

    def setXandY(self, x, y):
        self.__x = x
        self.__y = y

    def getXandY(self):
        return self.__x, self.__y

class Circle(Point):
    def __init__(self, radius=1):
        super().__init__()
        self.__radius = radius

    def setRadius(self, r):
        self.__radius = r

    def getRadius(self):
        return self.__radius

    def getArea(self):
        return math.pi * self.__radius ** 2

    def getPerimeter(self):
        return 2*math.pi*self.__radius

class Rectange(Point):
    def __init__(self, length=1, width=1):
        super().__init__()
```

```
        self.__length = length
        self.__width = width

    def setLandW(self, l, w):
        self.__length = l
        self.__width = w

    def getLandW(self):
        return self.__length, self.__width

    def getArea(self):
        return self.__length * self.__width

    def getPerimeter(self):
        return 2*(self.__length + self.__width)

def main():
    pointObj = Point()
    x, y = pointObj.getXandY()
    print('Point:')
    print('x = %d, y = %d'%(x, y))

    pointObj.setXandY(2, 8)
    x, y = pointObj.getXandY()
    print('x = %d, y = %d'%(x, y))

    cirObj = Circle()
    area = cirObj.getArea()
    perimeter = cirObj.getPerimeter()
    print('\nCircle:')
    print('center: x = %d, y = %d'%(x, y))
    print('radius = %d'%(cirObj.getRadius()))
    print('Area: %.2f'%(area))
    print('perimeter: %.2f'%(perimeter))

    #設定半徑為 10
    cirObj.setRadius(10)
    area = cirObj.getArea()
```

```
perimeter = cirObj.getPerimeter()
print('\ncenter: x = %d, y = %d'%(x, y))
print('radius = %d'%(cirObj.getRadius()))
print('Area: %.2f'%(area))
print('perimeter: %.2f'%(perimeter))

#設定圓心為(3，9)，半徑為 20
cirObj.setXandY(3, 9)
x, y = cirObj.getXandY()
cirObj.setRadius(2)
Area = cirObj.getArea()
perimeter = cirObj.getPerimeter()
print('\ncenter: x = %d, y = %d'%(x, y))
print('radius = %d'%(cirObj.getRadius()))
print('Area: %.2f'%(Area))
print('perimeter: %.2f'%(perimeter))

rectObj = Rectange()
rectArea = rectObj.getArea()
rectPerimeter = rectObj.getPerimeter()
l, w = rectObj.getLandW()
rectObj.setXandY(1, 1)
x, y = rectObj.getXandY()
print('\nRectangle:')
print('Length = %d. Width = %d'%(l, w))
print('Left top: x = %d, y = %d'%(x, y))
print('Area: %.2f'%(rectArea))
print('perimeter: %.2f'%(rectPerimeter))

rectObj.setLandW(10, 10)
l, w = rectObj.getLandW()
rectObj.setXandY(5, 5)
x, y = rectObj.getXandY()
rectArea = rectObj.getArea()
rectPerimeter = rectObj.getPerimeter()
print('\nLength = %d, Width = %d'%(l, w))
print('Left top: x = %d, y = %d'%(x, y))
print('Area: %.2f'%(rectArea))
```

```
        print('perimeter: %.2f'%(rectPerimeter))

    main()
```

```
Point:
x = 0, y = 0
x = 2, y = 8

Circle:
center: x = 2, y = 8
radius = 1
Area: 3.14
perimeter: 6.28

center: x = 2, y = 8
radius = 10
Area: 314.16
perimeter: 62.83

center: x = 3, y = 9
radius = 2
Area: 12.57
perimeter: 12.57

Rectangle:
Length = 1. Width = 1
Left top: x = 1, y = 1
Area: 1.00
perimeter: 4.00

Length = 10, Width = 10
Left top: x = 5, y = 5
Area: 100.00
perimeter: 40.00
```

由於私有的資料成員，只能從類別中的公有方法存取，無法在類別外的其它函式如 main()中加以存取，故需以 getter 和 setter 方法擷取或設定。

9-3 多型

多型表示在執行期(run time) 時才決定是呼叫哪一個類別的函式成員，這稱為晚期繫結(late binding)，相對於在編譯時期(compile time)的早期繫結(early binding)來得有彈性，但執行速度較慢。利用一樣的介面，接收不同的物件去執行此物件所屬類別下的方法（或成員函式）。請看以下範例：

範例程式：polymorphism-1.py

```
01  import math
02  class Point:
03      def __init__(self):
04          self.x = 0
05          self.y = 0
06
07  class Circle(Point):
08      def __init__(self, radius=1):
09          super().__init__()
10          self.radius = radius
11
12      def getArea(self):
13          return math.pi * self.radius ** 2
14
15      def getPerimeter(self):
16          return 2*math.pi*self.radius
17
18  class Rectangle(Point):
19      def __init__(self, length=1, width=1):
20          super().__init__()
21          self.length = length
22          self.width = width
23
24      def getArea(self):
25          return self.length * self.width
26
27      def getPerimeter(self):
28          return 2*(self.length + self.width)
29
```

```
30  #polymorphism
31  def displayArea(obj):
32      return obj.getArea()
33
34  def displayPerimeter(obj):
35      return obj.getPerimeter()
36
37  def main():
38      #設定圓心為(3，9)，半徑為 20
39      cirObj = Circle()
40      cirObj.x = 6
41      cirObj.y = 8
42
43      cirObj.radius = 10
44      area = displayArea(cirObj)
45      perimeter = displayPerimeter(cirObj)
46      print('\nCircle:')
47      print('center: x = %d. y = %d'%(cirObj.x, cirObj.y))
48      print('radius = %d'%(cirObj.radius))
49      print('area: %.2f'%(area))
50      print('perimeter: %.2f'%(perimeter))
51
52      rectObj = Rectangle()
53      rectObj.length = 10
54      rectObj.width = 5
55      rectArea = displayArea(rectObj)
56      rectPerimeter = displayPerimeter(rectObj)
57      print('\nRectangle:')
58      print('length = %d. width = %d'%(rectObj.length, rectObj.width))
59      print('area: %.2f'%(rectArea))
60      print('perimeter: %.2f'%(rectPerimeter))
61
62  main()
```

```
Circle:
center: x = 6. y = 8
radius = 10
area: 314.16
perimeter: 62.83
```

```
Rectangle:
length = 10. Width = 5
area: 50.00
perimeter: 30.00
```

程式中不管 Circle 或 Rectangle 類別在計算面積和周長時，皆用相同的方法名稱，分別是 displayArea(obj) 和 displayPerimeter(obj)。這兩個方法依據接收的參數是 Circle 或 Rectangle 類別的物件，來啟動其對應的 getArea()或 getPerimeter()方法。

有時我們會利用 isinstance(objectName, className)來判斷 objectName 物件是否屬於 className 類別，因為在不同的類別所擁有的資料成員和方法不盡相同，如 Circle 類別之物件有半徑，而 Rectangle 類別的物件沒有此項屬性，相對地 Rectangle 類別有長和寬，但 Circle 類別則沒有這些項目。請看以下的範例程式。

範例程式：isinstance.py

```
01  import math
02  class Point:
03      def __init__(self):
04          self.x = 0
05          self.y = 0
06
07  class Circle(Point):
08      def __init__(self, radius=1):
09          super().__init__()
10          self.radius = radius
11
12      def getArea(self):
13          return math.pi * self.radius ** 2
14
15      def getPerimeter(self):
16          return 2*math.pi*self.radius
17
18  class Rectangle(Point):
19      def __init__(self, length=1, width=1):
20          super().__init__()
```

```
21            self.length = length
22            self.width = width
23
24        def getArea(self):
25            return self.length * self.width
26
27        def getPerimeter(self):
28            return 2*(self.length + self.width)
29
30    def displayObject(obj):
31        print('Area is %.2f'%(obj.getArea()))
32        print('Perimeter is %.2f'%(obj.getPerimeter()))
33        if isinstance(obj, Circle):
34            print('Radius is', obj.radius)
35        elif isinstance(obj, Rectangle):
36            print('Length is', obj.length, 'and width is', obj.width)
37
38    def main():
39        cirObj = Circle(3)
40        print('Circle...')
41        displayObject(cirObj)
42        print()
43
44        rectObj = Rectangle(2, 3)
45        print('Rectangle...')
46        displayObject(rectObj)
47
48    main()
```

```
Circle...
Area is 28.27
Perimeter is 18.85
Radius is 3

Rectangle...
Area is 6.00
Perimeter is 10.00
Length is 2 and width is 3
```

程式在 displayObject(obj)函式中利用 isinstance(obj, Circle)判斷 obj 是否為 Circle 類別的物件，若是，則印出 radius，若不是，則利用 isinstance(obj, Rectangle)判斷 obj 是否為 Rectangle 類別的物件，若是，則印出 length 和 width。

9-4 物件導向程式設計的優點

其實在物件導向程式設計中，可降低維護成本，對原有的程式儘量不要去動它，也就是不要去修改它，以範例程式 inheritance-3.py 為例，我們現在又加入一個 Cylinder 類別，它繼承 Circle 類別，如以下的 UML 類別圖，請參閱圖 9.9 所示：

Cylinder(Circle) 類別	
以下基礎類別 Point 項目	說明
(+) x (+) y	x 座標點 y 座標點
(+) __init__(self)	Point 類別建構函式
以下是衍生類別 Circle 自訂項目	
(+) radius	圓形半徑
(+) __init__(self, radius=1) (+) getArea(self) (+) getPerimeter(self)	Circle 類別建構函式 計算並回傳圓形的面積 計算並回傳圓形的周長
以下是衍生類別 Cylinder 自訂項目	
(+) height	圓柱體高度
(+) __init__(self, height=1) (+) getVolume(self) (+) getArea(self)	Cylinder 類別建構函式 計算並回傳圓柱體形的體積 計算並回傳圓柱體形的面積

圖 9.9 Cylinder 的 UML 類別圖

UML 類別圖對應的程式如下：

範例程式：inheritance-4.py

```
01  #Point, Circle, Rectange, cylinder
02  #public data member
03  import math
04  class Point:
05      def __init__(self):
06          self.x = 0
07          self.y = 0
08
09  class Circle(Point):
10      def __init__(self, radius=1):
11          super().__init__()
12          self.radius = radius
13
14      def getArea(self):
15          return math.pi * self.radius ** 2
16
17      def getPerimeter(self):
18          return 2*math.pi*self.radius
19
20  class Rectangle(Point):
21      def __init__(self, length=1, width=1):
22          super().__init__()
23          self.length = length
24          self.width = width
25
26      def getArea(self):
27          return self.length * self.width
28
29      def getPerimeter(self):
30          return 2*(self.length + self.width)
31
32  #add this class
33  class Cylinder(Circle):
34      def __init__(self, height=1):
35          self.height = height
36
```

```
37        def getVolume(self):
38            return math.pi * self.radius**2 * self.height
39
40        def getArea(self):
41            return 2*(math.pi * self.radius**2) + \
42                   2*math.pi*self.radius * self.height
43
44    def main():
45        pointObj = Point()
46        print('Point:')
47        print('x = %d, y = %d'%(pointObj.x, pointObj.y))
48
49        pointObj.x = 2
50        pointObj.y = 8
51        print('x = %d, y = %d'%(pointObj.x, pointObj.y))
52
53        #using default argument value
54        cirObj = Circle()
55        area = cirObj.getArea()
56        print('\nCircle:')
57        print('center: x = %d. y = %d'%(cirObj.x, cirObj.y))
58        print('radius = %d'%(cirObj.radius))
59        print('Area: %.2f'%(area))
60
61        #設定圓心為(3，9)，半徑為 10
62        cirObj.x = 3
63        cirObj.y = 9
64        cirObj.radius = 10
65        area = cirObj.getArea()
66        print('\ncenter: x = %d. y = %d'%(cirObj.x, cirObj.y))
67        print('radius = %d'%(cirObj.radius))
68        print('Circle area: %.2f'%(area))
69
70        rectObj = Rectangle()
71        rectObj.x = 1
72        rectObj.y = 1
73        print('\nRectangle:\nlength = %d. width = %d'%(rectObj.length,
                                                    rectObj.width))
74        print('Left top: x = %d, y = %d'%(rectObj.x, rectObj.y))
```

```
75        area = rectObj.getArea()
76        print('Rectange area: %.2f'%(area))
77
78        #add following statements
79        cylinderObj = Cylinder(3)
80        cylinderObj.radius = 5
81        volume = cylinderObj.getVolume()
82        area = cylinderObj.getArea()
83        print('\nCylinder:')
84        print('radius = %d, height = %d'%(cylinderObj.radius,
                                             cylinderObj.height))
85        print('Volume = %.2f'%(volume))
86        print('Area = %.2f'%(area))
87
88    main()
```

```
Point:
x = 0, y = 0
x = 2, y = 8

Circle:
center: x = 0. y = 0
radius = 1
Area: 3.14

center: x = 3. y = 9
radius = 10
Circle area: 314.16

Rectangle:
length = 1. width = 1
Left top: x = 1, y = 1
Rectange area: 1.00

Cylinder:
radius = 5, height = 3
Volume = 235.62
Area = 251.33
```

以下是圓柱體體積與表面積的計算方式：

1. 圓柱體的體積 = 底面積 × 高
2. 圓柱體的側面積 = 底面圓的周長 × 高
3. 圓柱體的表面積 =上下底面面積 + 側面積

你是否可從此程式中看出，我們只是從 inheritance-3.py 的程式加入了 Cylinder 類別，和它的資料成員 height 和一些成員函式 getVolume()和 getArea()。其它原有的程式都沒有去修改它。

習題

1. 試修正以下的程式：

```
class Triangle:
    def __init__(b, h):
        self.__bottom = b
        self.__height = h

    def setBandH(b, h):
        self.bottom = b
        self.height = h

    def triangleArea():
        return (self.bottom * self.height) / 2

def main():
    triObj = Triangle(5, 8)
    area = triObj.triangleArea()
    b, h = triObj.bottom, triObj.height
    print('\ntriangle:')
    print('bottom = %d, height = %d'%(b, h))
    print('area: %.2f'%(area))

    triObj.setBandH(10, 20)
    area = triObj.triangleArea()
    b, h = triObj.bottom, triObj.height
    print('\ntriangle:')
```

```
    print('bottom = %d, height = %d'%(b, h))
    print('area: %.2f'%(area))

main()
```

```
triangle:
bottom = 5, height = 8
area: 20.00

triangle:
bottom = 10, height = 20
area: 100.00
```

2. 何謂預設參數值？它的好處是什麼？試將上一題改以有預設參數值的方式呈現之。

3. 試撰寫一類別，將第 3 章「選擇敘述」習題 2 的 BMI 程式(p.3-34)，以類別與物件的思維方式呈現之。BMI 的表示意義如表 9-1 所示：

表 9-1 BMI 的表示意義

BMI	意義
小於 18.5	過輕
18.5 <= bmi < 24	健康
24 <= bmi < 27	過重
27 <= bmi < 30	輕度肥胖
30 <= bmi < 35	中度肥胖
35 <= bmi	重度肥胖

4. 試修改範例程式 inheritance-4 (p.9-29)，將名為長方體的類別 Cuboid 加入，讓此程式可以完成計算五種類別，分別是 Poin、Circle、Rectangle，Cylinder，以及 Cuboid。以下是計算長方體體積與表面積的公式：

   長方體的體積=底面積×高

   長方體的表面積 =（長×寬+長×高＋寬×高）×2

5. 將第 4 題以多型的方式輸出面積、周長、體積與表面積。

6. 試依照 Triangle 的 UML 類別圖，如圖 9.10，請撰寫其對應的程式。

Triangle(GeometricObject)類別	
以下基礎類別 GeometricObject 項目	說明
(-) __color (-) __filled	顏色 是否被填滿
(+) __init__(self, color='green', filled=True)	GeometricObject 類別建構成員函式
以下是衍生類別 Triangle 自訂項目	
(-) __side1 (-) __side2 (-) __side3	三角形的三邊長
(+) __init__(self, side1, side2, sid3) (+) isLegal(self) (+) getSide1(self) (+) getSide2(self) (+) getSide3(self) (+) getArea(self) (+) getPerimeter(self) (+) toString(self)	Triangle 類別建構成員函式 判斷是否有效的三邊長 取得 side1 邊長 取得 side2 邊長 取得 side3 邊長 計算並回傳矩形的面積 計算並回傳矩形的周長 回傳三角形的三邊長

圖 9.10 Triangle 的 UML 類別圖

程式將提示使用者輸入三角形的三邊長，當輸入的三邊長是無效時，系統將要求你再重新輸入三邊長，直到輸入的是有效的三邊長。接著輸入顏色和是否被填滿。最後印出三角形面積，周長以及一些相關資訊。

檔案與例外處理

本章將論及檔案的輸出與輸入，與前面所談的標準輸出和輸入不同之處是，檔案的輸出與輸入都是針對檔案，而標準的輸出則是從螢幕輸出結果，標準的輸入則是從鍵盤給予資料。

一般標準的輸出，當我們執行完程式後所得到結果，皆無法保存給下一次程式再執行使用，有時我們需要將上一次的輸出結果當做下一次執行程式的輸入資料時，就必須靠檔案的輸出與輸入了。

10-1 利用 open 開啟檔案

當你要執行檔案的輸出或輸入時，需要開啟檔案名稱及其屬性，其語法如下：

```
物件變數名稱 = open('檔名', '屬性')
```

往後就利用此物件變數名稱代表被開啟的檔案。檔案的屬性請參閱表 10-1。

表 10-1　檔案的屬性

檔案屬式	說明
w	以文字型式(text mode)將資料寫入檔案
r	從檔案讀取文字型式資料
a	以文字型式將資料附加於檔案後面
wb	以二進位型式(binary mode)將資料寫入檔案
rb	檔案讀取二進位型式資料
ab	以二進位型式將資料附加於檔案後面

表 10-1 前三項與後三項不同，後三項多加了 b，表示二進位。

10-2 利用 close 方法將資料寫入檔案

當我們對檔案不再執行任何動作時，可利用物件呼叫 close()來關閉檔案。注意！此方法不需要有參數。

10-3 文字屬性的檔案

檔案的型式計有文字型式和二進位型式，我們先從文字型式的檔案談起。

10-3-1 利用 write 方法將資料寫入檔案

要將文字型式的資料寫入檔案，其實很簡單，只要利用 write 方法就可以搞定一切。

範例程式：write.py

```
01  def main():
02      print('write data to file...')
03      outFile = open('car.txt', 'w')
04      outFile.write('Maserati\n')
05      outFile.write('Porsche\n')
06      outFile.write('BNW\n')
07      outFile.write('Benz\n')
08      outFile.close()
09
10  main()
```

```
write data to file...
```

write 方法接收一要寫入資料的參數，注意，它要物件變數去觸發。

10-3-2 利用 read 方法讀取檔案所有資料

要將從檔案讀取文字型式的資料，也很簡單，只要利用物件呼叫 read() 就可以讀取檔案的所有資料。

範例程式：read.py

```
01  def main():
02      print('reading data from file...')
03      inFile = open('car.txt', 'r')
04      data = inFile.read()
05      print(data)
06      inFile.close()
07
08  main()
```

```
Reading data from file...
Maserati
Porsche
BNW
Benz
```

也可以呼叫 read(n)，其中 n 是字元數目。如以下讀取檔案 15 個字元。

範例程式：read-2.py

```
01  def main():
02      print('reading data from file...')
03      inFile = open('car.txt', 'r')
04      data = inFile.read(15)
05      print(data)
06      inFile.close()
07
08  main()
```

```
Reading data from file...
Maserati
Porsche
```

因為 \n 也是一個字元，所以只讀取到 Porsche。

10-3-3 利用 readline 讀取一行資料

也可以利用物件 readline() 方法一行一行的讀取。請看以下範例程式。

範例程式：readline.py

```
01  def main():
02      print('Using readline()...')
03      inFile = open('car.txt', 'r')
04      data1 = inFile.readline()
05      data2 = inFile.readline()
06      data3 = inFile.readline()
07      data4 = inFile.readline()
08      print(data1)
09      print(data2)
10      print(data3)
11      print(data4)
12      inFile.close()
13
14  main()
```

```
Using readline()...
Maserati

Porsche

BNW

Benz
```

由於 car.txt 檔案有四筆資料，所以利用四個 readline() 方法加以讀取之。也可以加上迴圈敘述讓程式更加簡潔。以下是利用一 while 迴圈敘述來搭配 readline() 方法，當讀取資料是空的時候，表示檔案已到尾端，此時迴圈將會結束。

範例程式：readline-2.py

```
01  def main():
02      print('Using readline()...')
03      inFile = open('car.txt', 'r')
04      data1 = inFile.readline()
```

```
05        data2 = inFile.readline()
06        data3 = inFile.readline()
07        data4 = inFile.readline()
08        print(repr(data1))
09        print(repr(data2))
10        print(repr(data3))
11        print(repr(data4))
12        inFile.close()
13
14    main()
```

```
Using readline()...
'Maserati\n'
'Porsche\n'
'BNW\n'
'Benz\n'
```

程式中的 repr(data1)表示回傳 data1 的原始字串，將轉義序字元以文字顯示，所以會出現 \n。

10-3-4 利用 readlines() 方法讀取檔案所有行

利用 readlines() 讀取檔案的所有行，如下所示：

範例程式：readlines.py

```
01    def main():
02        print('Using readlines()...')
03        inFile = open('car.txt', 'r')
04        data = inFile.readlines()
05        print(data)
06        inFile.close()
07
08    main()
```

```
Using readlines()...
['Maserati\n', 'Porsche\n', 'BNW\n', 'Benz\n']
```

若要印出每一筆，則可以這樣做：

範例程式：readlines.py

```
01  def main():
02      print('Using readlines()...')
03      inFile = open('car.txt', 'r')
04      data = inFile.readlines()
05      print(data)
06      for d in data:
07          print(d)
08      inFile.close()
09
10  main()
```

```
Maserati

Porsche

BNW

Benz
```

readlines() 函式將以串列的方式回傳，從輸出結果可得知。其實也可以使用 readline() 一行一行的讀取，直到沒有資料。

範例程式：displayUsingWhile.py

```
01  def main():
02      inFile = open('car.txt', 'r')
03
04      data = inFile.readline()
05      while data != '':
06          print(data)
07          data = inFile.readline()
08      inFile.close()
09
10  main()
```

```
Maserati

Porsche
```

```
BNW

Benz
```

因為每一筆有\n，所以會跳行。也利用 for 讀取檔案的所有行，如下所示：

範例程式：displayUsingFor.py

```
01  def main():
02      print('Using for...')
03      inFile = open('car.txt', 'r')
04  
05      for data in inFile:
06          print(data)
07      inFile.close()
08  
09  main()
```

```
Using for...
Maserati

Porsche

BNW

Benz
```

10-3-5 將資料附加於檔案的尾端

在檔案的模式中有一屬性是 a，它表示附加的意思，亦即將資料加在檔案的尾端。

範例程式：append.py

```
01  def main():
02      outFile = open('cars.txt', 'a')
03      outFile.write('Rolls Royce\n')
04      outFile.close()
05  
06      inFile = open('cars.txt', 'r')
07      data = inFile.read()
```

```
08        print(data)
09
10    main()
```

```
Maserati
Porsche
BNW
Benz
Rolls Royce
```

我們再次打開 cars.txt 檔案，但此次的檔案模式是附加(a)。注意，若屬性不是'a'，而是'w'，則會將原有的資料覆蓋掉，這要特別的小心。

10-3-6 將數值資料寫入檔案

因為寫入檔案一定要字串，若要將數值資料寫入檔案，則必須利用 str() 函式將其轉為字串後再寫入檔案，之後我們將利用字串的特性，將字串加以分割，經由 eval() 函式，將字串轉為數值，存入串列，此時串列的資料是數值資料，最後以 for 迴圈將資料印出。

以下就是產生六個 1~49 的數值，將它寫入檔案後，再經由對 read() 方法讀取所有的資料，由於寫入檔案時是數值字串，所以利用 split() 方法，將字串以空白隔開的字串加以分開，再利用 eval() 函式轉換為數值。

範例程式：lottoNumUsingFile.py

```
01    import random
02    def main():
03        outFile = open('lotto.txt', 'w')
04        random.seed(10)
05        for i in range(6):
06            lottoNum = random.randint(1, 49)
07            outFile.write(str(lottoNum) + ' ')
08        outFile.close()
09
10        inFile = open('lotto.txt', 'r')
11        string = inFile.read()
12        print('string:', string)
13        numbers = [eval(x) for x in string.split()]
14        print('numbers:', numbers)
```

```
15        for number in numbers:
16            print(number, end = ' ')
17        inFile.close()
18
19    main()
```

```
string: 37 3 28 31 37 1
numbers: [37, 3, 28, 31, 37, 1]
37 3 28 31 37 1
```

練習題

1. 試撰寫一程式，計算 car.txt 檔案內有多少行和多少字元
2. 試撰寫一程式，以不定數迴圈建立多筆分數，並將其寫入檔案，然後再將它讀取，以計算此檔案有多少筆分數、總和及平均分數。

參考解答

1.
```
def main():
    inFile = open('car.txt', 'r')
    numLines = numChars = 0
    for line in inFile:
        numLines += 1
        numChars += len(line)
    print('car.txt 有%d 行和%d 字元'%(numLines, numChars))

main()
```

2.
```
def main():
    outFile = open('scores.txt', 'w')
    numbers =  0
    total = 0
    score = eval(input('請輸入分數： '))
    while score >= 0:
        numbers += 1
        outFile.write(str(score) + ' ')
        score = eval(input('請輸入分數： '))
    outFile.close()

    inFile = open('scores.txt', 'r')
```

```
    string = inFile.read()
    scoresList = [eval(x) for x in string.split()]
    for x in scoresList:
        total += x
    average = total / numbers
    print('There are have %d score(s)'%(numbers))
    print('total score:', total)
    print('average score:', average)

main()
```

```
請輸入分數： 90

請輸入分數： 80

請輸入分數： 70

請輸入分數： 60

請輸入分數： 50

請輸入分數： -9
There are have 5 score(s)
total score: 350
average score: 70.0
```

10-4 二進位型式的檔案

上述所談的檔案皆是文字型式的檔案，本節將討論二進位型式的檔案，也就是以二進位的方式處理儲存和讀取。在 pickle 模組中有二個方法可分別用來處理儲存和讀取的功能，那就是 dump() 和 load() 方法，因此觸發這兩個方法時，需載入 pickle。我們以一範例來解說。

10-4-1 利用 dump() 方法儲存資料於二進位檔案

利用 dump() 方法儲存資料於二進位檔案，此方法的語法為：

```
pickle.dump(資料, 物件變數名稱)
```

請看以下範例程式。

範例程式：binaryDump.py

```
01  import pickle
02  def main():
03      outFile = open('anyData.txt', 'wb')
04      print('writing data to binary file...')
05      pickle.dump(1234, outFile)
06      pickle.dump(1.23, outFile)
07      pickle.dump('iPhone 13', outFile)
08      pickle.dump(['apple', 'orange', 'kiwi'], outFile)
09      pickle.dump({101:'Mary', 102:'John'}, outFile)
10      outFile.close()
11
12  main()
```

```
writing data to binary file...
```

程式中檔案屬性要加上 b，而且要載入 pickle 模組。此程式展示了將整數、浮點數、字串、串列以及詞典的資料寫入於二進位屬性的檔案。

10-4-2 利用 load() 方法從二進位檔案讀取資料

利用 load() 方法從二進位型式的檔案，此方法的語法為：

```
pickle.load(物件變數名稱)
```

請看以下範例程式。

範例程式：binaryLoad.py

```
01  def main():
02      inFile = open('anyData.txt', 'rb')
03      print('reading data from binary file...')
04      print(pickle.load(inFile))
```

```
05        print(pickle.load(inFile))
06        print(pickle.load(inFile))
07        print(pickle.load(inFile))
08        print(pickle.load(inFile))
09        inFile.close()
10
11    main()
```

```
1234
1.23
iPhone 13
['apple', 'orange', 'kiwi']
{101: 'Mary', 102: 'John'}
```

dump()方法用來將資料儲存於二進位檔案，它接收兩個參數，第一個是要寫入檔案的資料，第二個是欲儲存檔案的參考，此範例程式是 outFile。load()方法用來從檔案讀取資料，它只有一個參數，就是讀取檔案的參考，此範例程式是 inFile。

10-5 偵測檔尾

若不道檔案有多少筆資料時，該如何讀取所有資料呢？我們可以重覆使用 load() 函式，直到檔案沒有資料時，會擲出 EOFError 的異常。Python 的異常處理的簡單的語法就是：

```
try:
    statements
except Exception:
    statement
```

若已達到檔尾，此時擲出的 Exception 就是 EOFError。

我們將撰寫二進位檔案來儲存學生的姓名與 Python 分數，利用一不定數迴圈來執行輸入與儲存，當分數小於 0 時，將結束輸入與儲存的動作。接著打開檔案做讀取的動作，當到達檔尾時，將結束讀取。

範例程式：binaryEndFile.py

```
01  import pickle
02  def main():
03      #open outFile for writing
04      outFile = open('nameScores.txt', 'wb')
05      name = input('請輸入名字：')
06      score = eval(input('請輸入分數: '))
07      while score >= 0 :
08          pickle.dump(name, outFile)
09          pickle.dump(score, outFile)
10          name = input('請輸入名字：')
11          score = eval(input('請輸入分數: '))
12      outFile.close()
13
14      #open inFile for reading
15      inFile = open('nameScores.txt', 'rb')
16      end_of_file = False
17      print()
18
19      while not end_of_file:
20          try:
21              n = pickle.load(inFile)
22              s = pickle.load(inFile)
23              print('%10s %5.2f'%(n, s))
24          except EOFError:
25              end_of_file = True
26      inFile.close()
27
28  main()
```

```
請輸入名字：Bright

請輸入分數: 90

請輸入名字：Linda

請輸入分數: 88

請輸入名字：Jennifer
```

```
請輸入分數: 92

請輸入名字：ppp

請輸入分數: -1

   Bright 90.00
    Linda 88.00
 Jennifer 92.00
```

練習題

1. 試撰寫一程式，以不定數迴圈建立多筆分數，並將其寫入二進位檔案，之後將它讀取，以計算此檔案有多少筆分數、總和及平均分數。

參考解答

1.
```
import pickle
def main():
    #open outFile for writing
    outFile = open('scores.txt', 'wb')
    numbers = 0
    score = eval(input('請輸入分數: '))
    while score >= 0 :
        pickle.dump(score, outFile)
        score = eval(input('請輸入分數: '))
        numbers += 1
    outFile.close()

    #open inFile for reading
    inFile = open('scores.txt', 'rb')
    end_of_file = False
    print()

    total = 0
    while not end_of_file:
        try:
            s = pickle.load(inFile)
            total += s
            print('%d'%(s), end = ' ')
```

```
        except EOFError:
            end_of_file = True
    average = total / numbers
    print('\nThere are have %d score(s)'%(numbers))
    print('total: %d'%(total))
    print('average: %.1f'%(average))
    inFile.close()

main()
```

```
請輸入分數： 90

請輸入分數： 80

請輸入分數： 70

請輸入分數： 60

請輸入分數： 50

請輸入分數： -9
輸入結束

90 80 70 60 50
There are have 5 score(s)
total score: 350
average score: 70.0
```

10-6 例外處理

當程式執行時遇到有錯誤時，即會停止結束程式的執行。若要要執行，則需重新再來一次。我們可以利用例外處理(exception handle)的機制來顯示其錯誤訊息給使用者，並繼續的執行程式，使程式又可以正常的運作。

一般程式的錯誤不外乎有下列幾個常見的錯誤：

1. 沒有定義變數，這會產生 NameError
2. 語法上的錯誤，這會產生 SyntaxError
3. 兩數相除，分母為 0，這會產生 ZeroDivisionError
4. 串列索引超出範圍，這會產生 IndexError
5. 若輸入的數值不符合程式所要時，將會產生 ValueError

有了上述的認知後，接下來是例外處理的語法，如下所示：

```
try:
    <body statement(s)>
except <exceptionType>:
    <handle statement(s)>
```

以下將以範例來說明上述的例外處理情形。

一、產生 NameError 的例外處理

```
def main():
    try:
        a = eval(input('Please input a number:'))
        total = a + 100
        print('total =', total)
    except NameError:
        print('輸入需要是數值')

main()
```

```
Please input a number:10
total = 110
```

```
Please input a number:a
輸入需要是數值
```

在第 2 個輸出結果中若輸入的是英文字母，不是數值，將會產生 NameError，從而執行 exception NameError:的例外處理區段下的敘述，因此輸出「輸入需要是數值」的訊息。

二、產生 SyntaxError 的例外處理

```
def main():
    try:
        a, b = eval(input('Input a and b: '))
        tot = a + b
        print('total =', tot)
    except SyntaxError:
        print('語法不正確')

main()
```

```
Input a and b: 100, 200
total = 300
```

```
Input a and b: 1 2
語法不正確
```

在第 2 個輸出結果中若輸入兩個數值之間沒有逗號時，將會產生 SyntaxError，從而執行 exception SyntaxError:的例外處理區段下的敘述，因此輸出「語法不正確」的訊息。

三、產生 ZeroDivisionError 的例外處理

```
def main():
    try:
        a, b = eval(input('Please input a and b: '))
        c = a / b
        print('%d / %d = %.2f'%(a, b, c))
    except ZeroDivisionError:
        print('分母不可為 0')

main()
```

```
Please input a and b: 100, 3
100 / 3 = 33.33
```

```
Please input a and b: 100, 0
分母不可為 0
```

在第 2 個輸出結果中若輸入兩個數值中當做分母的 b，其值為 0 時，將會產生 ZeroDivisionError，從而執行 exception ZeroDivisionError:的例外處理區段下的敘述，因此輸出「分母不可為 0」的訊息。

四、產生 IndexError 的例外處理

```
def main():
    try:
        a = [1, 2, 3]
        for i in range(4):
            print('a[%d]=%d'%(i, a[i]))
    except IndexError:
        print('something is wrong.  index is %d'%(i))
        print('索引超出範圍')

main()
```

```
a[0]=1
a[1]=2
a[2]=3
something is wrong.  index is 3
索引超出範圍
```

此程式將會產生 IndexError，從而執行 exception IndexError: 的例外處理區段下的敘述，因此輸出「索引超出範圍」的訊息。

五、產生 ValueError 的例外處理

```
import math
def main():
    try:
        a = eval(input('Please input a number:'))
        sqrtValue = math.sqrt(a)
        print('sqareRootValue =', sqrtValue)
    except ValueError:
        print('輸入資料需要是正數')

main()
```

```
Please input a number:100
sqareRootValue = 10.0
```

```
Please input a number:-90
輸入資料需要是正數
```

在第 2 個輸出結果中若輸入的數值是負數時，將會產生 ValueError，從而執行 exception ValueError:的例外處理區段下的敘述，因此輸出「輸入資料需要是正數」的訊息。

其實上述的錯誤的例外處理皆來繼承 Exception，因此你可以使用 except Exception:取代上述的錯誤的例外處理皆可以的。你可以將上一範例程式改為如下敘述，其輸出結果是相同的。

```
import math
def main():
    try:
        a = eval(input('Please input a number:'))
        sqrtValue = math.sqrt(a)
        print('sqareRootValue =', sqrtValue)
    except Exception:
        print('輸入資料需要是正數')

main()
```

當我們不知程式會產生何時錯誤時，而且又要以例外處理方式處置時，這是很好的用法。其實 try…except 的完整的語法如下：

```
try:
    <body statement(s)>
except <exceptionType1>:
    <handle1 statement(s)>
...
except <exceptionTypeN>:
    <handleN statement(s)>
except:
    <handle statement(s)>

else:
    <process_else statement(s)>
```

```
finally:
    <process_finally statement(s)>
```

try 是將要執行的區段敘述，當有發生錯誤時，先尋找其例外處理，其中 except 後面接了好幾個例外處理的事項，如 exceptionType1，…，exceptionTypeN 等等，視對應的錯誤執行其例外處理區段中的敘述。

最後一個 except 表示上述 exceptionType1，...，exceptionTypeN 的例外處理都沒有對應到的話，將執行此 except:下的敘述。

else 表示若無例外處理的訊息的話，則將處理此區段敘述。

finally 表示最後不管三七二十一皆會被執行，我們來看一範例程式與其說明：

```
def main():
    try:
        x, y = eval(input('Plaese input x and y:'))
        z = x / y
        print('%d / %d = %.2f'%(x, y, z))
    except ZeroDivisionError:
        print('處理 ZeroDivisionError')
        print('分母不可為 0')
    except SyntaxError:
        print('處理 SyntaxError')
        print('語法錯誤')
    except:
        print('處理 except')
        print('兩數要數值喔！')
    else:
        print('處理 else')
        print('正確輸入')
    finally:
        print('處理 finally')
        print('執行完畢')
main()
```

```
Plaese input x and y:100, 3
100 / 3 = 33.33
處理 else
正確輸入
處理 finally
執行完畢
```

```
Plaese input x and y:1 2
處理 SyntaxError
語法錯誤
處理 finally
執行完畢
```

```
Plaese input x and y:1, 0
處理 ZeroDivisionError
分母不可為0
處理 finally
執行完畢
```

```
Plaese input x and y:1, a
處理 except
兩數要數值喔！
處理 finally
執行完畢
```

你可以從輸出結果得知其執行例外處理所對應的區段敘述。

也可以由使用者在某些情況下，自訂其例外處理，如當你輸入一圓的半徑時，若輸入的數值是負值，則產生一 RumtimeError 的例外處理，其語法如下：

```
raise RuntimeError()
```

我們來看一範例程式及其說明：

```
import math
def main():
    try:
        radius = eval(input('Please enter radius of circle:'))
        if radius < 0:
            raise RuntimeError
        else:
            area = radius * radius * math.pi
        print('area = %.2f'%(area))
```

```
    except RuntimeError:
        print('radius can\'t be negative')
    finally:
        print('over')

main()
```

```
Please enter radius of circle:10
area = 314.16
over
```

```
Please enter radius of circle:-10
radius can't be negative
over
```

當輸入的 radius 值是負的時候，這時引發 RuntimeError，從而執行 RuntimeError 的例外處理。也可以在引發例外處理給予參數，然後在 except 的區段中加入 as ex 的做法，如下所示：

```
import math
def main():
    try:
        radius = eval(input('Please enter radius of circle:'))
        if radius < 0:
            raise RuntimeError('radius can\'t be negative')
        else:
            area = radius * radius * math.pi
        print('area = %.2f'%(area))
    except RuntimeError as ex:
        print(ex)
    finally:
        print('over')

main()
```

此程式的輸出結果如同上一範例程式。

習題

1. 試撰寫一程式，利用詞典和二進位檔案建立一通訊錄(address book)，在詞典中鍵值是姓名，其對應的資料是電話號碼。此程式有兩個函式，一為 main()，在此函式中，利用不定數迴圈輸入鍵值/資料，若輸入姓名為 Q，則結束輸入的動作，接著將此詞典寫入檔案；二為 query()，用於查詢之用，輸入欲查詢名字，若存在，則顯示其電話號碼，反之，則顯示'無此名字'，它會詢問使用者是否要繼續查詢，若不要，則輸入 N 即可。

2. 試問以下程式的輸出結果為何？

```
import math
class Circle():
    def __init__(self, radius):
        self.setRadius(radius)

    def getRadius(self):
        return self.__radius

    def setRadius(self, radius):
        if radius < 0:
            raise Exception('negative radius.')
        else:
            self.__radius = radius

    def getArea(self):
        return self.__radius * self.__radius * math.pi

def main():
    try:
        print('circle1 object')
        circle1 = Circle(6)
        print('circle1 area is %.2f'%(circle1.getArea()))

        print('\ncircle2 object')
        circle2 = Circle(-6)
        print('circle2 area is', circle2.getArea())
```

```
        print('\ncircle3 object')
        circle3 = Circle(0)
        print('circle3 area is', circle3.getArea())
    except Exception as ex:
        print(ex)

main()
```

3. 試問以下程式的輸出結果為何？

```
def main():
    try:
        x, y = eval(input('Plaese input x and y:'))
        a = x + y
        b = x - y
        c = x * y
        d = x / y
        print('%d + %d = %.2f'%(x, y, a))
        print('%d - %d = %.2f'%(x, y, b))
        print('%d * %d = %.2f'%(x, y, c))
        print('%d / %d = %.2f'%(x, y, d))
    except ZeroDivisionError:
        print('處理 ZeroDivisionError')
        print('分母不可為 0')
    except SyntaxError:
        print('處理 SyntaxError')
        print('語法錯誤')
    except:
        print('處理 except')
        print('兩數要數值喔！')
    else:
        print('處理 else')
        print('正確輸入')
    finally:
        print('處理 finally')
        print('執行完畢')
main()
```

4. 試問下一程式的輸出結果為何？(可能輸入不是阿拉伯數字)

```
def main():
    try:
        a = eval(input('Please input a number:'))
        total = a + 100
        print('total =', total)
    except Exception:
        print('輸入需要是數值')

main()
```

5. 撰寫一程式，提示使用者輸入一檔案，計算此檔案共有多少個字元、多少單字，以及多少行。單字之間以空白隔開。
6. 撰寫一程式，提示使用者輸入原始檔名和目標的檔名，將原始檔名的每一個字元加 3 後，形成一加密檔案，並加以儲存於目標檔名。
7、承第 6 題，提示使用者輸入原始檔名和目標的檔名，將原始檔名加以解密後，並加以儲存於目標檔名。你可以檢視一下此時的目標檔案是否和第 6 題的原始檔案內容相同。請將第 6 題的目標檔名當做原始檔名。
8. 請修改第 9 章習題第 6 題(p.9-34)，當輸入三角形三邊長是無效時，則產生 RuntimeError 的異常，並結束程式的執行。

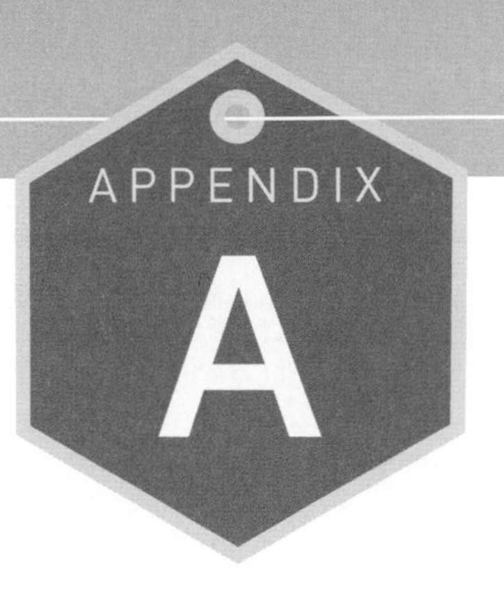

各章習題解答

第 1 章

1. 可以在 print()敘述加上最後一個參數 end = ''，如：

```
print('Python is fun, ', end = '')
print('Learning Python now!')
```

上述敘述將會印出：

```
Pytnon is fun, Learning Python now!
```

2. Python 的格式特定器計有三個，分別是：

(1) % 格式特定器

分別以 %d、%f 和 %s 對應整數、浮點數和字串的變數或常數。例如：

```
print('%d'%(整數變數或常數))
print('%f'%(浮點數變數或常數))
print('%s'%(字串變數或常數))
```

也可以加上欄位寬。在%格式特定器中，預設值是向右靠齊，若要向左靠齊可以在欄位寬前上負號。

(2) format()格式特定器，第一個參數是變數或是常數，第二個字串參數，以 d，f 和 s 分別表示整數、浮點數和字串。

```
print(format(整數變數或常數, 'd'))
print(format(浮整數變數或常數, 'f'))
print(format(字串變數或常數, 's'))
```

也可以加上欄位寬。在 format 格式特定器中，整數和浮點數預設值是向右靠齊，字串是向左靠齊。若要向左靠齊可以在欄位寬前加上 < 字符，向右靠齊在欄位寬前加上 >，也可以加上向中靠齊的字符 ^。

(3) .format()格式特定器，格式如下：

```
print('{0:d} {1:d} ...'.format(整數變數或常數))
print('{0:f} {1:f} ...'.format(浮整數變數或常數))
print('{0:s} {1:s} ...'.format(字串變數或常數))
```

也可以加上欄位寬。在.format 格式特定器中，整數和浮點數預設值是向右靠齊，字串是向左靠齊。若要向左靠齊可以在欄位寬前加上 < 字符，向右靠齊在欄位寬前加上 >，也可以加上置中的字符 ^。

請參閱第 1 章 1-1-3 節的內文。

3.

```
|    1234  1234567        12|
|     1234  1234567        12 |
|    1234  1234567        12 |
|    1234  1234567        12|
```

4.

```
float1 = 1.234
float2 = 123456.789
float3 = 123.456
#浮點數向右靠齊
print('{0:10.2f} {1:10.2f} {2:10.2f}'.format(float1, float2, float3))
print('{0:10.2f} {1:10.2f} {2:10.2f}'.format(float2, float3, float1))
print('{0:10.2f} {1:10.2f} {2:10.2f}'.format(float3, float1, float2))
print()

str1 = 'kiwi'
str2 = 'pineapple'
str3 = 'orange'
#字串向左靠齊（.format 預設字串是向左靠齊）
print('{0:10s} {1:10s} {2:10s}'.format(str1, str2, str3))
print('{0:10s} {1:10s} {2:10s}'.format(str2, str3, str1))
print('{0:10s} {1:10s} {2:10s}'.format(str3, str1, str2))print()

#字串向右靠齊
print('{0:>10s} {1:>10s} {2:>10s}'.format(str1, str2, str3))
print('{0:>10s} {1:>10s} {2:>10s}'.format(str2, str3, str1))
print('{0:>10s} {1:>10s} {2:>10s}'.format(str3, str1, str2))
```

5. Python 的輸入敘述 input()預設輸入的資料皆為字串，若要數值資料則需加上 eval()。

6.

```
number = 0
hintMessage1 = 'set1:\n' +\
               ' 1   3   5   7   9\n' +\
               '11  13  15  17  19\n' +\
               '21  23  25  27  29\n' +\
               '31  33  35  37  39\n' +\
               '41  43  45  47  49\n' +\
```

```
                'Is your guess number in set1 (y/n)? '
ans1 = input(hintMessage1)
print('ans1 =', ans1)

hintMessage2 = 'set2:\n' +\
               ' 2   3   6   7  10\n' +\
               '11  14  15  18  19\n' +\
               '22  23  26  27  30\n' +\
               '31  34  35  38  39\n' +\
               '42  43  46  47  50\n' +\
               'Is your guess number in set2 (y/n)? '
ans2 = input(hintMessage2)
print('ans2 =', ans2)

hintMessage3 = 'set3:\n' +\
               ' 4   5   6   7  12\n' +\
               '13  14  15  20  21\n' +\
               '22  23  28  29  30\n' +\
               '31  36  37  38  39\n' +\
               '44  45  46  47\n' +\
               'Is your guess number in set3 (y/n)? '
ans3 = input(hintMessage3)
print('ans3 =', ans3)

hintMessage4 = 'set4:\n' +\
               ' 8   9  10  11  12\n' +\
               '13  14  15  24  25\n' +\
               '26  27  28  29  30\n' +\
               '31  40  41  42  43\n' +\
               '44  45  46  47\n' +\
               'Is your guess number in set4 (y/n)? '
ans4 = input(hintMessage4)
print('ans4 =', ans4)

hintMessage5 = 'set5:\n' +\
               '16  17  18  19  20\n' +\
               '21  22  23  24  25\n' +\
               '26  27  28  29  30\n' +\
               '31  48  49  50\n' +\
               'Is your guess number in set5 (y/n)? '
ans5 = input(hintMessage5)
print('ans5 =', ans5)

hintMessage6 = 'set6:\n' +\
               '32  33  34  35  36\n' +\
               '37  38  39  40  41\n' +\
               '42  43  44  45  46\n' +\
               '47  48  49  50\n' +\
               'Is your guess number in set6 (y/n)?'
ans6 = input(hintMessage6)
print('ans6 =', ans6)
```

```
set1:
 1   3   5   7   9
11  13  15  17  19
21  23  25  27  29
31  33  35  37  39
41  43  45  47  49
Is your guess number in set1 (y/n)? n
ans1 = n

set2:
 2   3   6   7  10
11  14  15  18  19
22  23  26  27  30
31  34  35  38  39
42  43  46  47  50
Is your guess number in set2 (y/n)? y
ans2 = y

set3:
 4   5   6   7  12
13  14  15  20  21
22  23  28  29  30
31  36  37  38  39
44  45  46  47
Is your guess number in set3 (y/n)? y
ans3 = y

set4:
 8   9  10  11  12
13  14  15  24  25
26  27  28  29  30
31  40  41  42  43
44  45  46  47
Is your guess number in set4 (y/n)? y
ans4 = y

set5:
16  17  18  19  20
21  22  23  24  25
26  27  28  29  30
31  48  49  50
Is your guess number in set5 (y/n)? n
ans5 = n

set6:
32  33  34  35  36
37  38  39  40  41
42  43  44  45  46
47  48  49  50
Is your guess number in set6 (y/n)?y
ans6 = y
```

第 2 章

1.

```
cel = eval(input('請輸入攝氏溫度： '))
fah = cel * 9/5 + 32
print('攝氏溫度 %d 度\n 等於華氏溫度 %.2f 度'%(cel, fah))
```

```
請輸入攝氏溫度： 100
攝氏溫度 100 度
等於華氏溫度 212.00 度
```

2.

```
import math
radius = eval(input('請輸入圓的半徑: '))
area = math.pi * radius ** 2
perimeter = 2 * math.pi * radius ** 2
print('radius =', radius)
print('area = %.2f, perimeter = %.2f'%(area, perimeter))
```

```
請輸入圓的半徑: 5
radius = 5
area = 78.54, perimeter = 157.08
```

3.

```
km = eval(input('請輸入公里數: '))
mile = km / 1.6
print('%d 公里等於 %.2f 英哩'%(km, mile))
```

```
請輸入公里數: 100
100 公里等於 62.50 英哩
```

4.

```
import math
x1, x2, x3 = eval(input('Enter x1, x2, x3 values: '))
s1 = 1 / (1+math.exp(-x1))
s2 = 1 / (1+math.exp(-x2))
s3 = 1 / (1+math.exp(-x3))
print('當 x 是 %d 時，sigmoid 的值為 %.2f'%(x1, s1))
print('當 x 是 %d 時，sigmoid 的值為 %.2f'%(x2, s2))
print('當 x 是 %d 時，sigmoid 的值為 %.2f'%(x3, s3))
```

```
Enter x1, x2, x3 values: -1, 0, 1
當 x 是 -1 時，sigmoid 的值為 0.27
當 x 是 0 時，sigmoid 的值為 0.50
當 x 是 1 時，sigmoid 的值為 0.73
```

5.
```
e = 1 * math.pow(10, -3) * math.pow(299792458, 2)
print(e)
```

```
89875517873681.77
```

1 公克相當於 $1*10^{-3}$，這大約 $9*10^{13}$ 焦耳，相當於 90 萬億焦耳，這個能量相當於 2.5 千萬度電，2.14 萬噸黃色炸藥，1.5 顆廣島原子彈爆炸的威力。若是 1 公斤則相當於 $9*10^{16}$ 焦耳。

在電磁學裡，1 焦耳等於將 1 安培電流通過 1 歐姆電阻在 1 秒時間所需的能量。焦耳是因為紀念英國的物理學家—詹姆斯．焦耳(James Prescott Joule，1818 年 12 月 24 日－1889 年 10 月 12 日)而命名的。

6.
```
#1: 33.333333333333336
#2: 33
#3: 1
#4: 10000
#5: 14
#6: 16
#7: 789.5
#8: 789.46
#9: 10000.0
#10: 68
#11: 67
#12: 1.0
#13: False
#14: True
#15: True
#16: False
#17: False
#18: 100.0
#19: 2.0
#20: 111
```

第 3 章

1.
```
#1
a = eval(input('Enter an integer: '))
if a % 2 == 0:
    print('%d is an even number:'%(a))
else:
    print('%d is an odd numbers.'%(a))


#2
a = eval(input('Enter an integer: '))
if a > 0:
```

```
    print(a, 'is greater than 0.')
elif a == 0:
    print(a, 'is equal to 0.')
else:
    print(a, 'is less than 0')
```

2.

```
weight = eval(input('請輸入你的體重(公斤): '))
height = eval(input('請輸入你的身高(公分): '))

hInMeter = height / 100
bmi = weight / hInMeter ** 2
print('你的 BMI 是 %.2f'%(bmi))
if bmi < 18.5:
    print('過輕')
elif bmi < 24:
    print('正常、健康')
elif bmi < 27:
    print('過重')
elif bmi < 30:
    print('輕度肥胖')
elif bmi < 35:
    print('中度肥胖')
else:
    print('重度肥胖')
```

```
請輸入你的體重(公斤): 73

請輸入你的身高(公分): 184
你的 BMI 是 21.56
正常、健康
```

3.

```
#guessOneHundred.py
number = 0
name = input('請輸入你的姓名: ')
print('\n 請問你想的數字有無出現在下方表格中：')
hintMessage1 = 'set1:\n' +\
   '  1   3   5   7   9  11  13  15  17  19\n' +\
   ' 21  23  25  27  29  31  33  35  37  39\n' +\
   ' 41  43  45  47  49  51  53  55  57  59\n' +\
   ' 61  63  65  67  69  71  73  75  77  79\n' +\
   ' 81  83  85  87  89  91  93  95  97  99\n' +\
   ' Is your guess number in set1 (y/n)? '
ans1 = input(hintMessage1)
if ans1 == 'y':
    number += 1

hintMessage2 = 'set2:\n' +\
   '  2   3   6   7  10  11  14  15  18  19\n' +\
   ' 22  23  26  27  30  31  34  35  38  39\n' +\
   ' 42  43  46  47  50  51  54  55  58  59\n' +\
```

```
    ' 62  63  66  67  70  71  74  75  78  79\n' +\
    ' 82  83  86  87  90  91  94  95  98  99\n' +\
    ' Is your guess number in set2 (y/n)? '
ans2 = input(hintMessage2)
if ans2 == 'y':
    number += 2

hintMessage3 = 'set3:\n' +\
    '  4   5   6   7  12  13  14  15  20  21\n' +\
    ' 22  23  28  29  30  31  36  37  38  39\n' +\
    ' 44  45  46  47  52  53  54  55  60  61\n' +\
    ' 62  63  68  69  70  71  76  77  78  79\n' +\
    ' 84  85  86  87  92  93  94  95 100\n' +\
    ' Is your guess number in set3 (y/n)? '
ans3 = input(hintMessage3)
if ans3 == 'y':
    number += 4

hintMessage4 = 'set4:\n' +\
    '  8   9  10  11  12  13  14  15  24  25\n' +\
    ' 26  27  28  29  30  31  40  41  42  43\n' +\
    ' 44  45  46  47  56  57  58  59  60  61\n' +\
    ' 62  63  72  73  74  75  76  77  78  79\n' +\
    ' 88  89  90  91  92  93  94  95\n' +\
    ' Is your guess number in set4 (y/n)? '
ans4 = input(hintMessage4)
if ans4 == 'y':
    number += 8

hintMessage5 = 'set5:\n' +\
    ' 16  17  18  19  20  21  22  23  24  25\n' +\
    ' 26  27  28  29  30  31  48  49  50  51\n' +\
    ' 52  53  54  55  56  57  58  59  60  61\n' +\
    ' 62  63  80  81  82  83  84  85  86  87\n' +\
    ' 88  89  90  91  92  93  94  95\n' +\
    ' Is your guess number in set5 (y/n)? '
ans5 = input(hintMessage5)
if ans5 == 'y':
    number += 16

hintMessage6 = 'set6:\n' +\
    ' 32  33  34  35  36  37  38  39  40  41\n' +\
    ' 42  43  44  45  46  47  48  49  50  51\n' +\
    ' 52  53  54  55  56  57  58  59  60  61\n' +\
    ' 62  63  96  97  98  99 100\n' +\
    ' Is your guess number in set6 (y/n)? '

ans6 = input(hintMessage6)
if ans6 == 'y':
    number += 32

hintMessage7 = 'set7:\n' +\
```

```
    ' 64  65  66  67  68  69  70  71  72  73\n' +\
    ' 74  75  76  77  78  79  80  81  82  83\n' +\
    ' 84  85  86  87  88  89  90  91  92  93\n' +\
    ' 94  95  96  97  98  99 100\n' +\
    ' Is your guess number in set7 (y/n)? '

ans7 = input(hintMessage7)
if ans7 == 'y':
    number += 64

print('\nHi, %s'%(name))
print('your guess number is %d'%(number))
```

```
請輸入你的姓名: Bright

請問你想的數字有無出現在下方表格中：

set1:
  1   3   5   7   9  11  13  15  17  19
 21  23  25  27  29  31  33  35  37  39
 41  43  45  47  49  51  53  55  57  59
 61  63  65  67  69  71  73  75  77  79
 81  83  85  87  89  91  93  95  97  99
 Is your guess number in set1 (y/n)? n

set2:
  2   3   6   7  10  11  14  15  18  19
 22  23  26  27  30  31  34  35  38  39
 42  43  46  47  50  51  54  55  58  59
 62  63  66  67  70  71  74  75  78  79
 82  83  86  87  90  91  94  95  98  99
 Is your guess number in set2 (y/n)? y

set3:
  4   5   6   7  12  13  14  15  20  21
 22  23  28  29  30  31  36  37  38  39
 44  45  46  47  52  53  54  55  60  61
 62  63  68  69  70  71  76  77  78  79
 84  85  86  87  92  93  94  95 100
 Is your guess number in set3 (y/n)? n

set4:
  8   9  10  11  12  13  14  15  24  25
 26  27  28  29  30  31  40  41  42  43
 44  45  46  47  56  57  58  59  60  61
 62  63  72  73  74  75  76  77  78  79
 88  89  90  91  92  93  94  95
 Is your guess number in set4 (y/n)? n
```

```
set5:
 16  17  18  19  20  21  22  23  24  25
 26  27  28  29  30  31  48  49  50  51
 52  53  54  55  56  57  58  59  60  61
 62  63  80  81  82  83  84  85  86  87
 88  89  90  91  92  93  94  95
 Is your guess number in set5 (y/n)? n

set6:
 32  33  34  35  36  37  38  39  40  41
 42  43  44  45  46  47  48  49  50  51
 52  53  54  55  56  57  58  59  60  61
 62  63  96  97  98  99 100
 Is your guess number in set6 (y/n)? y

set7:
 64  65  66  67  68  69  70  71  72  73
 74  75  76  77  78  79  80  81  82  83
 84  85  86  87  88  89  90  91  92  93
 94  95  96  97  98  99 100
 Is your guess number in set7 (y/n)? y

Hi, Bright
your guess number is 98
```

此程式和猜生日是相似的，只是將集合中的數字加以擴充而已，請你耐心的寫出每一集合中的數字。

4.
```
#birthdayWithSelection-2.py
#guess your birthday
#guess year(1~120)
year = 0
name = input('請輸入你的姓名: ')
print('\n 生日何年有無出現在下方表格中：')
hintYear1 = 'set1:\n' +\
    '  1   3   5   7   9  11  13  15  17  19\n' +\
    ' 21  23  25  27  29  31  33  35  37  39\n' +\
    ' 41  43  45  47  49  51  53  55  57  59\n' +\
    ' 61  63  65  67  69  71  73  75  77  79\n' +\
    ' 81  83  85  87  89  91  93  95  97  99\n' +\
    '101 103 105 107 109 111 113 115 117 119\n' +\
    ' Is your birthday year in set1 (y/n)? '
ans1 = input(hintYear1)
if ans1 == 'y':
    year += 1

hintYear2 = 'set2:\n' +\
    '  2   3   6   7  10  11  14  15  18  19\n' +\
    ' 22  23  26  27  30  31  34  35  38  39\n' +\
    ' 42  43  46  47  50  51  54  55  58  59\n' +\
```

```
    ' 62  63  66  67  70  71  74  75  78  79\n' +\
    ' 82  83  86  87  90  91  94  95  98  99\n' +\
    '102 103 106 107 110 111 114 115 118 119\n' +\
    ' Is your birthday year in set2 (y/n)? '
ans2 = input(hintYear2)
if ans2 == 'y':
    year += 2

hintYear3 = 'set3:\n' +\
    '  4   5   6   7  12  13  14  15  20  21\n' +\
    ' 22  23  28  29  30  31  36  37  38  39\n' +\
    ' 44  45  46  47  52  53  54  55  60  61\n' +\
    ' 62  63  68  69  70  71  76  77  78  79\n' +\
    ' 84  85  86  87  92  93  94  95 100 101\n' +\
    '102 103 108 109 110 111 116 117 118 119\n' +\
    ' Is your birthday year in set3 (y/n)? '
ans3 = input(hintYear3)
if ans3 == 'y':
    year += 4

hintYear4 = 'set4:\n' +\
    '  8   9  10  11  12  13  14  15  24  25\n' +\
    ' 26  27  28  29  30  31  40  41  42  43\n' +\
    ' 44  45  46  47  56  57  58  59  60  61\n' +\
    ' 62  63  72  73  74  75  76  77  78  79\n' +\
    ' 88  89  90  91  92  93  94  95 104 105\n' +\
    '106 107 108 109 110 111 120\n' +\
    ' Is your birthday year in set4 (y/n)? '
ans4 = input(hintYear4)
if ans4 == 'y':
    year += 8

hintYear5 = 'set5:\n' +\
    ' 16  17  18  19  20  21  22  23  24  25\n' +\
    ' 26  27  28  29  30  31  48  49  50  51\n' +\
    ' 52  53  54  55  56  57  58  59  60  61\n' +\
    ' 62  63  80  81  82  83  84  85  86  87\n' +\
    ' 88  89  90  91  92  93  94  95 112 113\n' +\
    '114 115 116 117 118 119 120\n' +\
    ' Is your birthday year in set5 (y/n)? '
ans5 = input(hintYear5)
if ans5 == 'y':
    year += 16

hintYear6 = 'set6:\n' +\
    ' 32  33  34  35  36  37  38  39  40  41\n' +\
    ' 42  43  44  45  46  47  48  49  50  51\n' +\
    ' 52  53  54  55  56  57  58  59  60  61\n' +\
    ' 62  63  96  97  98  99 100 101 102 103\n' +\
    '104 105 106 107 108 109 110 111 112 113\n' +\
    '114 115 116 117 118 119 120\n' +\
    ' Is your birthday year in set6 (y/n)? '
```

```
ans6 = input(hintYear6)
if ans6 == 'y':
    year += 32

hintYear7 = 'set7:\n' +\
    ' 64  65  66  67  68  69  70  71  72  73\n' +\
    ' 74  75  76  77  78  79  80  81  82  83\n' +\
    ' 84  85  86  87  88  89  90  91  92  93\n' +\
    ' 94  95  96  97  98  99 100 101 102 103\n' +\
    '104 105 106 107 108 109 110 111 112 113\n' +\
    '114 115 116 117 118 119 120\n' +\
    ' Is your guess number in set7 (y/n)? '

ans7 = input(hintYear7)
if ans7 == 'y':
    year += 64

month = 0
print('\n 生日何月有無出現在下方表格中：')
hintMonth1 = 'set1:\n' +\
                    ' 1  3  5  7\n' + \
                    ' 9 11\n' + \
                    'Is your birthday in set1 (y/n)? '
ans1 = input(hintMonth1)
if ans1 == 'y':
    month += 1

hintMonth2 = 'set2:\n' +\
                    ' 2  3  6  7\n' + \
                    '10 11\n' + \
                    'Is your birthday in set2 (y/n)? '
ans2 = input(hintMonth2)
if ans2 == 'y':
    month += 2

hintMonth3 = 'set3:\n' +\
                    ' 4  5  6  7 12\n' + \
                    'Is your birthday in set3 (y/n)? '
ans3 = input(hintMonth3)
if ans3 == 'y':
    month += 4

hintMonth4 = 'set4:\n' +\
                    ' 8  9 10 11 12\n' + \
                    'Is your birthday in set4 (y/n)? '
ans4 = input(hintMonth4)
if ans4 == 'y':
    month += 8

day = 0
print('\n 生日何日有無出現在下方表格中：')
```

```
hintDay1 = 'set1:\n' +\
           ' 1  3  5  7  9\n' + \
           '11 13 15 17 19\n' + \
           '21 23 25 27 29\n' + \
           '31\n\n' +\
           'Is your birthday in set1 (y/n)? '

ans1 = input(hintDay1)
if ans1 == 'y':
    day += 1

hintDay2 = 'set2:\n' +\
           ' 2  3  6  7 10\n' + \
           '11 14 15 18 19\n' + \
           '22 23 26 27 30\n' + \
           '31\n\n' +\
           'Is your birthday in set2 (y/n)? '

ans2 = input(hintDay2)
if ans2 == 'y':
    day += 2


hintDay3 = 'set3:\n' +\
           ' 4  5  6  7 12\n' + \
           '13 14 15 20 21\n' + \
           '22 23 28 29 30\n' + \
           '31\n\n' +\
           'Is your birthday in set3 (y/n)? '

ans3 = input(hintDay3)
if ans3 == 'y':
    day += 4

hintDay4 = 'set4:\n' +\
           ' 8  9 10 11 12\n' + \
           '13 14 15 24 25\n' + \
           '26 27 28 29 30\n' + \
           '31\n\n' +\
           'Is your birthday in set4 (y/n)? '

ans4 = input(hintDay4)
if ans4 == 'y':
    day += 8

hintDay5 = 'set5:\n' +\
           '16 17 18 19 20\n' + \
           '21 22 23 24 25\n' + \
           '26 27 28 29 30\n' + \
           '31\n\n' +\
           'Is your birthday in set5 (y/n)? '
```

```
ans5 = input(hintDay5)
if ans5 == 'y':
    day += 16

print('\nHi, %s'%(name))
print('your birthday is %d/%d/%d'%(year, month, day))
```

```
請輸入你的姓名: Chloe

生日何年有無出現在下方表格中：

set1:
  1   3   5   7   9  11  13  15  17  19
 21  23  25  27  29  31  33  35  37  39
 41  43  45  47  49  51  53  55  57  59
 61  63  65  67  69  71  73  75  77  79
 81  83  85  87  89  91  93  95  97  99
101 103 105 107 109 111 113 115 117 119
 Is your birthday year in set1 (y/n)? y

set2:
  2   3   6   7  10  11  14  15  18  19
 22  23  26  27  30  31  34  35  38  39
 42  43  46  47  50  51  54  55  58  59
 62  63  66  67  70  71  74  75  78  79
 82  83  86  87  90  91  94  95  98  99
102 103 106 107 110 111 114 115 118 119
 Is your birthday year in set2 (y/n)? n

set3:
  4   5   6   7  12  13  14  15  20  21
 22  23  28  29  30  31  36  37  38  39
 44  45  46  47  52  53  54  55  60  61
 62  63  68  69  70  71  76  77  78  79
 84  85  86  87  92  93  94  95 100 101
102 103 108 109 110 111 116 117 118 119
 Is your birthday year in set3 (y/n)? y

set4:
  8   9  10  11  12  13  14  15  24  25
 26  27  28  29  30  31  40  41  42  43
 44  45  46  47  56  57  58  59  60  61
 62  63  72  73  74  75  76  77  78  79
 88  89  90  91  92  93  94  95 104 105
106 107 108 109 110 111 120
 Is your birthday year in set4 (y/n)? y

set5:
 16  17  18  19  20  21  22  23  24  25
 26  27  28  29  30  31  48  49  50  51
 52  53  54  55  56  57  58  59  60  61
```

```
 62  63  80  81  82  83  84  85  86  87
 88  89  90  91  92  93  94  95 112 113
114 115 116 117 118 119 120
 Is your birthday year in set5 (y/n)? n

set6:
 32  33  34  35  36  37  38  39  40  41
 42  43  44  45  46  47  48  49  50  51
 52  53  54  55  56  57  58  59  60  61
 62  63  96  97  98  99 100 101 102 103
104 105 106 107 108 109 110 111 112 113
114 115 116 117 118 119 120
 Is your birthday year in set6 (y/n)? y

set7:
 64  65  66  67  68  69  70  71  72  73
 74  75  76  77  78  79  80  81  82  83
 84  85  86  87  88  89  90  91  92  93
 94  95  96  97  98  99 100 101 102 103
104 105 106 107 108 109 110 111 112 113
114 115 116 117 118 119 120
 Is your guess number in set7 (y/n)? y

生日何月有無出現在下方表格中：

set1:
 1  3  5  7
 9 11
Is your birthday in set1 (y/n)? y

set2:
 2  3  6  7
10 11
Is your birthday in set2 (y/n)? y

set3:
 4  5  6  7 12
Is your birthday in set3 (y/n)? n

set4:
 8  9 10 11 12
Is your birthday in set4 (y/n)? y

生日何日有無出現在下方表格中：

set1:
 1  3  5  7  9
11 13 15 17 19
21 23 25 27 29
31
```

```
Is your birthday in set1 (y/n)? n

set2:
 2  3  6  7 10
11 14 15 18 19
22 23 26 27 30
31

Is your birthday in set2 (y/n)? y

set3:
 4  5  6  7 12
13 14 15 20 21
22 23 28 29 30
31

Is your birthday in set3 (y/n)? n

set4:
 8  9 10 11 12
13 14 15 24 25
26 27 28 29 30
31

Is your birthday in set4 (y/n)? n

set5:
16 17 18 19 20
21 22 23 24 25
26 27 28 29 30
31

Is your birthday in set5 (y/n)? y

Hi, Chloe
your birthday is 109/11/18
```

5. if...elif...else 當有一條件成立時，就印出其結果，同時此敘述就結束執行，但若以三個 if 敘述執行的話，雖然也可以輸出同樣的結果，但它較耗時，因為每一個 if 敘述皆會被執行一次，若第一個 if 已得到答案，其實下一個 if 就不需要再執行了，但這有一個條件是這三個選項只是單選而已。

第 4 章

1.
```
#1
i: 101, total: 5150

#2
i: 100, total: 5050

#3
total = 100

#4
total = 5050

#5
total = 4950

#6
total = 5050

#7
total = 5050

#8
total = 2550

#9
total = 2500

#10
total = 5050

#11
total = 0

#12
total = 5050

#13
total = 100

#14
total = 5049

#15
total = 5049
```

2.
```
#1
total = 0
i = 2
while i <= 101:
```

```
    total += i
    i += 1
print('total =', total)

#2
total = 0
i =  1
while i <= 100:
    i += 1
    total += i
print('total =', total)

#3
total = 0
i = 101
while i > 0:
    total += i
    i -= 1
print('total =', total)

#4
total = 0
i = 102
while i > 0:
    i -= 1
    total += i
print('total =', total)

#5
total = 0
for i in range(2, 102, 1):
    total += i
print('total =', total)

#6
total = 0
for i in range(101, 1, -1):
    total += i
print('total =', total)
```

3.

```
#猜數字
import random
ans = random.randint(1, 101)
count = 1
guessNum = eval(input('Enter you guess number(1~100): '))
while True:
    if guessNum > ans:
        print('Your guess number is bigger')
    elif guessNum == ans:
        print('Bingo!')
        print('guess number: %d is equal to %d'%(guessNum, ans))
        print('and you guess %d time(s)'%(count))
```

```
            break
        else:
            print('Your guess number is smaller')
        count += 1
        guessNum = eval(input('Enter you guess number: '))
    print('ans is %d, and you guess number is %d'%(ans, guessNum))
```

```
Enter you guess number(1~100): 50
Your guess number is bigger

Enter you guess number: 25
Your guess number is smaller

Enter you guess number: 40
Your guess number is bigger

Enter you guess number: 30
Your guess number is bigger

Enter you guess number: 27
Bingo!
guess number: 27 is equal to 27
and you guess 5 time(s)
ans is 27, and you guess number is 27
```

提示使用者所猜的數值是大於答案或小於答案時，使用者需重新再猜一數值，直到猜對答案為止。

4.

```
#lotto-2.py
import random
lotto1 = 0
lotto2 = 0
lotto3 = 0
lotto4 = 0
lotto5 = 0
lotto6 = 0
count = 1
print('Your lotto number is: ')
while True:
    randNum = random.randint(1, 49)
    if randNum != lotto1 and randNum != lotto2 and \
                         randNum != lotto3 and \
                         randNum != lotto4 and \
                         randNum != lotto5 and \
                         randNum != lotto6:
        print(randNum, end =  ' ')
        if count == 1:
            lotto1 = randNum
            count += 1
        elif count == 2:
            lotto2 = randNum
```

```
            count += 1
        elif count == 3:
            lotto3 = randNum
            count += 1
        elif count == 4:
            lotto4 = randNum
            count += 1
        elif count == 5:
            lotto5 = randNum
            count += 1
        elif count == 6:
            lotto6 = randNum
            break
```

```
Your lotto number is:
44 21 36 26 33 48
```

利用亂數產生器產生一數值，以及邏輯運算子的 and 加以判斷是否有重複的數字，若沒有，依照產生大樂透號碼的順序指定給大樂透號碼的變數。

5.

```
#lotto-3.py
import random
lotto1 = 0
lotto2 = 0
lotto3 = 0
lotto4 = 0
lotto5 = 0
lotto6 = 0
count = 1
print('lotto numbers are: ')
while True:
    randNum = random.randint(1, 49)
    if randNum != lotto1 and randNum != lotto2 and \
                      randNum != lotto3 and \
                      randNum != lotto4 and \
                      randNum != lotto5 and \
                      randNum != lotto6:
        print(randNum, end =  ' ')
        if count == 1:
            lotto1 = randNum
            count += 1
        elif count == 2:
            lotto2 = randNum
            count += 1
        elif count == 3:
            lotto3 = randNum
            count += 1
        elif count == 4:
            lotto4 = randNum
            count += 1
        elif count == 5:
```

```
            lotto5 = randNum
            count += 1
        elif count == 6:
            lotto6 = randNum
            break

#由小至大加以排序
print('\n 由小至大排序:')
min = lotto1
index = 1

if lotto2 < min:
    min = lotto2
    index = 2
if lotto3 < min:
    min = lotto3
    index = 3
if lotto4 < min:
    min = lotto4
    index = 4
if  lotto5 < min:
    min = lotto5
    index = 5
if  lotto6 < min:
    min = lotto6
    index = 6

#first
if index == 1:
    lotto1 = min
if index == 2:
    lotto1, lotto2 = lotto2, lotto1
if index == 3:
    lotto1, lotto3 = lotto3, lotto1
if index == 4:
    lotto1, lotto4 = lotto4, lotto1
if index == 5:
    lotto1, lotto5 = lotto5, lotto1
if index == 6:
    lotto1, lotto6 = lotto6, lotto1

print(lotto1, end=' ')

#second
min = lotto2
index = 2
'''
if lotto2 < min:
    min = lotto2
    index = 2
'''
```

```
if lotto3 < min:
    min = lotto3
    index = 3
if lotto4 < min:
    min = lotto4
    index = 4
if lotto5 < min:
    min = lotto5
    index = 5
if lotto6 < min:
    min = lotto6
    index = 6

if index == 2:
    lotto2 = min
if index == 3:
    lotto2, lotto3 = lotto3, lotto2
if index == 4:
    lotto2, lotto4 = lotto4, lotto2
if index == 5:
    lotto2, lotto5 = lotto5, lotto2
if index == 6:
    lotto2, lotto6 = lotto6, lotto2
print(lotto2, end=' ')

#third
min = lotto3
index = 3

if lotto4 < min:
    min = lotto4
    index = 4
if lotto5 < min:
    min = lotto5
    index = 5
if lotto6 < min:
    min = lotto6
    index = 6

if index == 3:
    lotto3 = min
if index == 4:
    lotto3, lotto4 = lotto4, lotto3
if index == 5:
    lotto3, lotto5 = lotto5, lotto3
if index == 6:
    lotto3, lotto6 = lotto6, lotto3
print(lotto3, end=' ')

#fourth
min = lotto4
index = 4
```

```
if lotto5 < min:
    min = lotto5
    index = 5
if lotto6 < min:
    min = lotto6
    index = 6

if index == 4:
    lotto4 = min
if index == 5:
    lotto4, lotto5 = lotto5, lotto4
if index == 6:
    lotto4, lotto6 = lotto6, lotto4
print(lotto4, end=' ')

#fifth
min = lotto5
index = 5

if lotto6 < min:
    min = lotto6
    index = 6

if index == 5:
    lotto5 = min
if index == 6:
    lotto5, lotto6 = lotto6, lotto5
print(lotto5, end=' ')

print(lotto6)
```

```
lotto numbers are:
5 1 36 37 12 34
由小至大排序:
1 5 12 34 36 37
```

此程式又執行一次所產生的大樂透號碼，並加以由小至大加以排序。由於沒有串列的幫忙，所以都是以土法煉鋼的方式處理，希望你好好的研究並了解之。

第一次在六個號碼中找一個最小的號碼，看看它是哪一個，若 index 是 1，則置放在 lotto1 中，若 index 不是 1，則需要將此位置的數字與第一個數字交換。

第二次由於最小的已在 lotto1，所以從剩下的五個數字找一個最小的，看看它是哪一個，若 index 是 2，則置放在 lotto2 中，若 index 不是 2，則需要將此位置的數字與第二個數字交換。

第三次由於最小的已在 lotto1，次小的數字在 lotto2，所以從剩下的四個數字找一個最小的，看看它是哪一個，若 index 是 3，則置放在 lotto3 中，若 index 不是 3，則需要將此位置的數字與第二個數字交換。

其餘的依此類推，最後就可以將此六個數字由小至大排序好。

6.

```
# major election  using infinite loop
chen = 0
huang = 0
jiang = 0
invalid = 0
i = 0
while True:
    print('*** Taipei city major candidate ***')
    print('1: 陳*中')
    print('2: 黃*珊')
    print('3: 蔣*安')
    i += 1
    print('#%d '%(i), end='')
    num = eval(input('Enter candidate number: '))
    if num == 9999:
        print('Over')
        break
    if num == 1:
        print('你投給陳*中\n')
        chen += 1
    elif num == 2:
        print('你投給黃*珊\n')
        huang +=1
    elif num == 3:
        print('你投給蔣*安\n')
        jiang +=1
    else:
        print('無效選票\n')
        invalid += 1
print('chen: %d, huang: %d, jiang: %d, invalid: %d'%(chen, huang, jiang, invalid))
```

此程式以 while True: 執行無窮迴圈，當輸入 num 是 9999 時，執行 break 敘述並結束，由於執行的次數不定，所以稱之為不定數迴圈。

7.

```
#birthdayWithInfiniteLoop.py
i = 0
while True:
    month = 0
    day = 0
    name = input('#%d: Enter your name: '%(i+1))
    print('\n 生日何月有無出現在下方表格中：')
    hintMessageMonth1 = 'set1:\n' +\
                        ' 1  3  5  7\n' + \
```

```
                    ' 9 11\n' + \
                    'Is your birthday in set1 (y/n)? '
ans1 = input(hintMessageMonth1)
if ans1 == 'y':
    month += 1

hintMessageMonth2 = 'set2:\n' +\
                    ' 2  3  6  7\n' + \
                    '10 11\n' + \
                    'Is your birthday in set2 (y/n)? '
ans2 = input(hintMessageMonth2)
if ans2 == 'y':
    month += 2

hintMessageMonth3 = 'set3:\n' +\
                    ' 4  5  6  7 12\n' + \
                    'Is your birthday in set3 (y/n)? '
ans3 = input(hintMessageMonth3)
if ans3 == 'y':
    month += 4

hintMessageMonth4 = 'set4:\n' +\
                    ' 8  9 10 11 12\n' + \
                    'Is your birthday in set4 (y/n)? '
ans4 = input(hintMessageMonth4)
if ans4 == 'y':
    month += 8

print('\n 生日何日有無出現在下方表格中：')
hintMessage1 = 'set1:\n' +\
          ' 1  3  5  7  9\n' + \
          '11 13 15 17 19\n' + \
          '21 23 25 27 29\n' + \
          '31\n\n' +\
          'Is your birthday in set1 (y/n)? '

ans1 = input(hintMessage1)
if ans1 == 'y':
    day += 1

hintMessage2 = 'set2:\n' +\
          ' 2  3  6  7 10\n' + \
          '11 14 15 18 19\n' + \
          '22 23 26 27 30\n' + \
          '31\n\n' +\
          'Is your birthday in set2 (y/n)? '

ans2 = input(hintMessage2)
if ans2 == 'y':
    day += 2
```

```
    hintMessage3 = 'set3:\n' +\
                   ' 4  5  6  7 12\n' + \
                   '13 14 15 20 21\n' + \
                   '22 23 28 29 30\n' + \
                   '31\n\n' +\
                   'Is your birthday in set3 (y/n)? '

    ans3 = input(hintMessage3)
    if ans3 == 'y':
        day += 4

    hintMessage4 = 'set4:\n' +\
                   ' 8  9 10 11 12\n' + \
                   '13 14 15 24 25\n' + \
                   '26 27 28 29 30\n' + \
                   '31\n\n' +\
                   'Is your birthday in set4 (y/n)? '

    ans4 = input(hintMessage4)
    if ans4 == 'y':
       day += 8

    hintMessage5 = 'set5:\n' +\
                   '16 17 18 19 20\n' + \
                   '21 22 23 24 25\n' + \
                   '26 27 28 29 30\n' + \
                   '31\n\n' +\
                   'Is your birthday in set5 (y/n)? '

    ans5 = input(hintMessage5)
    if ans5 == 'y':
        day += 16

    print('\nHi, %s'%(name))
    print('your birthday is %d/%d'%(month, day))

    oneMore = input('One more (y or n) ?')
    if oneMore == 'n':
        break
    else:
        i += 1
```

8.

```
import random
count = 0
random.seed(0)

for i in range(1, 101):
    randNum = random.randint(1, 100)
    if randNum % 5 == 0:
        count += 1
        #因為是 5 的倍數，所以加上它是第幾個出現
        print('%3d(%2d) '%(randNum, count), end = '')
```

```
        else:
            print('%3d      '%(randNum), end = '')

        #判斷是否要跳行
        if i % 10 == 0:
            print()

print('5 的倍數共有 %d 個'%(count))
```

9.

```
import math
for i in range(50000, 550000, 50000):
    pi = 0
    for j in range(1, i+1):
        pi += (math.pow(-1, j+1))/(2*j-1)
    print('i=%-8d: pi=%f'%(i, 4*pi))
```

```
i=50000   : pi=3.141573
i=100000  : pi=3.141583
i=150000  : pi=3.141586
i=200000  : pi=3.141588
i=250000  : pi=3.141589
i=300000  : pi=3.141589
i=350000  : pi=3.141590
i=400000  : pi=3.141590
i=450000  : pi=3.141590
i=500000  : pi=3.141591
```

10. (a)

```
n = eval(input('Enter an integer(5~9): '))
for i in range(1, n+1):
    for j in range(1, n-i+1):
        print('*', end=' ')
    for k in range(i, 0, -1):
        print('%-2d'%(k), end='')
    print()
```

(b)

```
n = eval(input('Enter an integer(5~9): '))
for i in range(1, n+1):
    for j in range(1, n-i+1):
        print(' ', end=' ')
    for k in range(i, 0, -1):
        print('%2d'%(k), end='')
    for x in range(2, i+1):
        print('%2d'%(x), end='')
    print()
```

第 5 章

1.

```
import random
def times35():
    times3 = 0
    times5 = 0
    for i in range(100):
        randNum = random.randint(1, 100)
        if (i+1) % 10 == 0:
            print('%3d '%(randNum))
        else:
            print('%3d '%(randNum), end = '')

        #判斷它是否 3 倍數、5 倍數
        if randNum % 3 == 0:
            times3 += 1
        if randNum % 5 == 0:
            times5 += 1
    return times3, times5

def main():
    t3, t5 = times35()
    print('\n是 3 的倍數有 %d 個'%(t3))
    print('是 5 的倍數有 %d 個'%(t5))

main()
```

```
 56  26  11  88  86  74  25  13   4  84
 71   9  57  96  56  69  87  88  99  76
 97   5  25  24  73  41  17  21  62  83
 16  69  92  81  96   1  66  60  85   2
 80  20  39  42  76  73  65  41  96  46
  6  69  42  43  24   3  76  71  64  43
 17  54  16 100  42  82  87  14  38  60
 89  68  41  85  35  47  93  13  99  97
 43  74  62  10  18  49  39   8  11  87
 47  82  81  80  16  76   1  44  93   1

是 3 的倍數有 33 個
是 5 的倍數有 14 個
```

2.

```
def calcuBMI(w, h):
    bmi = w / (h**2)
    if bmi < 18.5:
        return bmi, '過輕'
    elif bmi < 24:
        return bmi, '正常'
    elif bmi < 27:
        return bmi, '輕度肥胖'
    elif bmi < 30:
```

```
        return bmi, '重度肥胖'
    elif bmi < 35:
        return bmi, '中度肥胖'
    else:
        return bmi, '重度肥胖'

def main():
    w, hInCent = eval(input('請輸入身高和體重: '))
    hInMeter = hInCent / 100
    b, s = calcuBMI(w, hInMeter)
    print('體動： %.2f, 身高： %.2f'%(w, hInCent))
    print('BMI: %.2f'%(b))
    print('==>', s)

main()
```

```
請輸入身高和體重: 72, 184
體動： 72.00, 身高： 184.00
BMI: 21.27
==> 正常
```

3.

```
#prime number using function
def isPrime(num):
    flag = 1
    k = 2
    while k <= num/2:
        if num % k == 0:
            flag = 0
            break
        else:
            k += 1
    return flag

def main():
    number = eval(input('Enter an integer: '))
    flag2 = isPrime(number)
    if flag2 == 1:
        print('%d is a prime number.'%(number))
    else:
        print('%d is not a prime number.'%(number))

main()
```

```
Enter an integer: 191
191 is a prime number.
```

4.

```
def gcd(a, b):
    gcd = 1
    x = 2
    while x <= a and x <= b:
        if a % x == 0 and b % x == 0:
```

```
            gcd = x
        x += 1
    return gcd

def main():
    num1, num2 = eval(input('Enter two integers: '))
    gcd2 = gcd(num1, num2)
    print('gcd(%d, %d) = %d'%(num1, num2, gcd2))

main()
```

```
Enter two integers: 12, 16
gcd(12, 16) = 4
```

5.

```
def gcd(a, b):
    gcd = 1
    x = 2
    while x <= a and x <= b:
        if a % x == 0 and b % x == 0:
            gcd = x
        x += 1
    return gcd

def main():
    n1, d1 = eval(input('請輸入第一個有理數的分子和分母: '))
    n2, d2 = eval(input('請輸入第二個有理數的分子和分母: '))
    nt = n1 * d2 + n2 * d1
    dt = d1 * d2
    print('%d/%d + %d/%d = %d/%d'%(n1, d1, n2, d2, nt, dt))
    gcd2 = gcd(nt, dt)
    print('gcd(%d, %d) = %d'%(nt, dt, gcd2))
    print('%d/%d + %d/%d = %d/%d'%(n1, d1, n2, d2, nt/gcd2, dt/gcd2))

main()
```

```
請輸入第一個有理數的分子和分母: 1, 2

請輸入第二個有理數的分子和分母: 1, 6
1/2 + 1/6 = 8/12
gcd(8, 12) = 4
1/2 + 1/6 = 2/3
```

6.

```
#印出某一年某一月的月曆
def printMonth(year, month):
    #印出月曆的抬頭
    printMonthTitle(year, month)

    #印出月曆的主體
    printMonthBody(year, month)

#印出月份的主體，如 January, 2022
```

```
def printMonthTitle(year, month):
    print("         ", getMonthName(month), " ", year)
    print("----------------------------")
    print(" Sun Mon Tue Wed Thu Fri Sat")

#印出月份的主體
def printMonthBody(year, month):
    #取得月份第一天是星期幾
    startDay = getStartDay(year, month)

    #取得月份的天脾
    numberOfDaysInMonth = getNumberOfDaysInMonth(year, month)

    #填補空白於月份開始的那一天
    i = 0
    for i in range(startDay):
        print('    ', end = '')

    for i in range(1, numberOfDaysInMonth + 1):
        print('%4d'%(i), end = '')

        if (i + startDay) % 7 == 0:
            print() # Jump to the new line

#回傳月份的英文名稱
def getMonthName(month):
    if month == 1:
        monthName = "January"
    elif month == 2:
        monthName = "February"
    elif month == 3:
        monthName = "March"
    elif month == 4:
        monthName = "April"
    elif month == 5:
        monthName = "May"
    elif month == 6:
        monthName = "June"
    elif month == 7:
        monthName = "July"
    elif month == 8:
        monthName = "August"
    elif month == 9:
        monthName = "September"
    elif month == 10:
        monthName = "October"
    elif month == 11:
        monthName = "November"
    else:
        monthName = "December"
```

```
    return monthName

#回傳 month/1/year 是星期幾
def getStartDay(year, month):
    START_DAY_FOR_JAN_1_1800 = 3

    #計算從 1/1/1800 到 month/1/year 的天數
    totalNumberOfDays = getTotalNumberOfDays(year, month)

    return (totalNumberOfDays + START_DAY_FOR_JAN_1_1800) % 7

#回傳從 1800/1/1 到目前的天數
def getTotalNumberOfDays(year, month):
    total = 0

    #計算從 1800 到此年一月一日的天數
    for i in range(1800, year):
        if isLeapYear(i):
            total = total + 366
        else:
            total = total + 365

    #加總天數，一直到輸入月份的前一個月
    for i in range(1, month):
        total = total + getNumberOfDaysInMonth(year, i)

    return total

#回傳此月份的天數
def getNumberOfDaysInMonth(year, month):
    if (month == 1 or month == 3 or month == 5 or month == 7 or
        month == 8 or month == 10 or month == 12):
        return 31

    if month == 4 or month == 6 or month == 9 or month == 11:
        return 30

    if month == 2:
        return 29 if isLeapYear(year) else 28

    return -1 #若月份不錯回傳-1

#檢視此年份是否為閏年
def isLeapYear(year):
    return year % 400 == 0 or (year % 4 == 0 and year % 100 != 0)

def main():
    #提示使用者輸入年份與月份
    year = eval(input("輸入年份 (e.g., 2000): "))
    month = eval(input(("輸輸入 1~12 其中一個月份: ")))
```

```
    #印出月曆
    print()
    printMonth(year, month)

main()
```

```
輸入年份 (e.g., 2000): 2022

輸入 1~12 其中一個月份: 2

          February   2022
-----------------------------
 Sun Mon Tue Wed Thu Fri Sat
           1   2   3   4   5
   6   7   8   9  10  11  12
  13  14  15  16  17  18  19
  20  21  22  23  24  25  26
  27  28
```

註：若以月曆函式來執行的話，程式碼如下：

```
import calendar #載入 calendar
tc = calendar.TextCalendar() #呼叫 calendar 的 TextCalendar 函式

print(tc.formatmonth(2022, 2))  #印出 2022 年 2 月的月曆
```

```
   February 2022
Mo Tu We Th Fr Sa Su
    1  2  3  4  5  6
 7  8  9 10 11 12 13
14 15 16 17 18 19 20
21 22 23 24 25 26 27
28
```

系統給予的月曆是從 Mo(Monday)開始，而我們自已撰寫的程式的輸出結果是從 Sun 開始。上述的程式碼執行後的輸出結果，只是讓你參考參考而已。若沒有使用系統函式，相信對撰寫能力的功力會大增。

趁勝追擊，若要印出整年度的年曆，則呼叫下一敘述即可。

```
print(tc.formatyear(2022, c=4, m=3)) #c 表示有多少列，m 表示有多少行
```

```
                              2022

      January                   February                   March
Mo Tu We Th Fr Sa Su      Mo Tu We Th Fr Sa Su      Mo Tu We Th Fr Sa Su
                1  2          1  2  3  4  5  6          1  2  3  4  5  6
 3  4  5  6  7  8  9       7  8  9 10 11 12 13       7  8  9 10 11 12 13
10 11 12 13 14 15 16      14 15 16 17 18 19 20      14 15 16 17 18 19 20
```

```
17 18 19 20 21 22 23    21 22 23 24 25 26 27    21 22 23 24 25 26 27
24 25 26 27 28 29 30    28                      28 29 30 31
31

        April                    May                     June
Mo Tu We Th Fr Sa Su    Mo Tu We Th Fr Sa Su    Mo Tu We Th Fr Sa Su
             1  2  3                       1           1  2  3  4  5
 4  5  6  7  8  9 10     2  3  4  5  6  7  8     6  7  8  9 10 11 12
11 12 13 14 15 16 17     9 10 11 12 13 14 15    13 14 15 16 17 18 19
18 19 20 21 22 23 24    16 17 18 19 20 21 22    20 21 22 23 24 25 26
25 26 27 28 29 30       23 24 25 26 27 28 29    27 28 29 30
                        30 31

        July                    August                September
Mo Tu We Th Fr Sa Su    Mo Tu We Th Fr Sa Su    Mo Tu We Th Fr Sa Su
             1  2  3     1  2  3  4  5  6  7              1  2  3  4
 4  5  6  7  8  9 10     8  9 10 11 12 13 14     5  6  7  8  9 10 11
11 12 13 14 15 16 17    15 16 17 18 19 20 21    12 13 14 15 16 17 18
18 19 20 21 22 23 24    22 23 24 25 26 27 28    19 20 21 22 23 24 25
25 26 27 28 29 30 31    29 30 31                26 27 28 29 30

      October                  November                December
Mo Tu We Th Fr Sa Su    Mo Tu We Th Fr Sa Su    Mo Tu We Th Fr Sa Su
                1  2        1  2  3  4  5  6              1  2  3  4
 3  4  5  6  7  8  9     7  8  9 10 11 12 13     5  6  7  8  9 10 11
10 11 12 13 14 15 16    14 15 16 17 18 19 20    12 13 14 15 16 17 18
17 18 19 20 21 22 23    21 22 23 24 25 26 27    19 20 21 22 23 24 25
24 25 26 27 28 29 30    28 29 30                26 27 28 29 30 31
31
```

7.

```
def displayLeapYear(startYear, endYear):
    n = 1
    for i in range(startYear, endYear+1):
        cond1 = i % 400 == 0
        cond2 = i % 4 == 0
        cond3 = i % 100 != 0
        if cond1 or (cond2 and cond3):
            print('%5d '%(i), end = '')
            if n % 10 == 0:
                print()
            n += 1
def main():
    year1, year2 = eval(input('Enter two years: '))
    if year1 > year2:
        year1, year2 = year2, year1
    displayLeapYear(year1, year2)

main()
```

```
Enter two years: 2020, 2300
 2020  2024  2028  2032  2036  2040  2044  2048  2052  2056
 2060  2064  2068  2072  2076  2080  2084  2088  2092  2096
 2104  2108  2112  2116  2120  2124  2128  2132  2136  2140
 2144  2148  2152  2156  2160  2164  2168  2172  2176  2180
 2184  2188  2192  2196  2204  2208  2212  2216  2220  2224
 2228  2232  2236  2240  2244  2248  2252  2256  2260  2264
 2268  2272  2276  2280  2284  2288  2292  2296
```

第 6 章

1.

```
#averageAndStd.py
import random
import math

data = []
totDiff = 0
random.seed(10)
for i in range(100):
    randNum = random.randint(1, 20)
    data.append(randNum)
size = len(data)
tot = sum(data)

for i in range(size):
    if (i+1) % 10 == 0:
        print('%2d '%(data[i]))
    else:
        print('%2d '%(data[i]), end = ' ')

aver = tot / size
for i in range(len(data)):
    totDiff += (data[i]-aver)**2
var = totDiff / (size-1)
std = math.sqrt(var)

print('\naverage: %.2f'%(aver))
print('variance: %.2f'%(var))
print('standard deviation: %.2f'%(std))
```

```
19   2  14  16  19   1   7  15  16   9
 6   2  17  16  11   3   8  12   2  14
 5  20  12  13  14  10   9  15   6  10
12   5  15   8  15  20  13   2  19   1
 8   5   7  10  18  12   8  11  18  15
14  16   3  19  11  17   6   8  14   8
 2   2  16  10  20   3  18   3   5  13
19  12  20   5   4   4  15   6   7  12
14  14  15   8   9   5  20  17   6   4
```

```
  9  15  10   6   6   6  16  12  11  14

average: 10.74
variance: 30.09
standard deviation: 5.49
```

2.
```
import random
def evenTotal(number2):
    evenTotal = 0
    count = 0
    for x in number2:
        if x % 2 == 0:
           print('%3d* '%(x), end= '')
           evenTotal += 1
        else:
           print('%3d  '%(x), end= '')
        count += 1
        if count % 10 == 0:
            print()

    return evenTotal

def main():
    lst = []
    random.seed(10)
    for i in range(100):
        randNum = random.randint(1, 100)
        lst.append(randNum)
    tot = evenTotal(lst)
    print('\ntotal even number =', tot)

main()
```

```
74*   5   55   62*  74*   2*  27   60*  63   36*
84*  21    5   67   63   42*  10*  32*  96*  47
 6*  54*  18*  78*  46*  49   54*  37   87   34*
59   23   88*  39   85   47   18*  59   99   31
57   79   49    6*  75    1   31   18*  25   39
69   47   99   31   41   86*  71   58*  56*  61
 9   84*  75   42*  65   21   29   53   31    5
 5   64*  39   78*  85   10*  69   11   20*  50*
73   48*  77   20*  15  100*  99   13   57   22*
25   45   56*  54*  58*  32*  88*  36*  19   80*

total even number = 43
```

3.
```
import random
random.seed(100)
def isPrime(num):
    flag = 1
    k = 2
```

```
    while k <= num/2:
        if num % k == 0:
            flag = 0
            break
        else:
            k += 1
    if flag == 1:
        return True
    else:
        return False

def main():
    primeList = []
    i = 1
    while i <= 100:
        randNum = random.randint(1, 1000)
        boolean = isPrime(randNum)
        if boolean == True and randNum not in primeList:
            primeList.append(randNum)
            i += 1

    primeList.sort()
    for x in range(len(primeList)):
        if (x+1) % 10 == 0:
            print('%3d '%(primeList[x]))
        else:
            print('%3d '%(primeList[x]), end = '')

main()
```

```
  2   3   5  13  17  23  29  31  41  43
 47  79  83  89  97 107 109 113 149 151
157 163 167 179 181 197 199 211 223 227
229 233 239 263 283 313 317 331 347 349
353 359 367 373 379 389 397 419 439 449
461 467 487 491 503 521 523 541 547 563
569 577 593 599 613 619 631 641 643 647
659 673 683 701 733 739 743 751 757 761
769 773 787 797 821 823 827 857 859 863
877 883 907 911 937 941 947 953 971 991
```

4.

```
import random
number = []
multiply5 = 0
random.seed(10)
for i in range(100):
    randNum = random.randint(1, 50)
    number.append(randNum)
    if randNum % 5 == 0:
        multiply5 += 1

for i in range(100):
```

```
    print('%3d '%(number[i]), end = '')
    if (i+1) % 10 == 0:
        print()

print('\n 共有 %d 個 5 的倍數'%(multiply5))
```

```
37  3 28 31 37  1 14 30 32 18
42 11  3 34 32 21  5 16 48 24
 3 27  9 39 23 25 27 19 44 17
30 12 44 20 43 24  9 30 50 16
29 40 25  3 38  1 16  9 13 20
35 24 50 16 21 43 36 29 28 31
 5 42 38 21 33 11 15 27 16  3
 3 32 20 39 43  5 35  6 10 25
37 24 39 10  8 50 50  7 29 11
13 23 28 27 29 16 44 18 10 40

5 的倍數共有 24 個
```

5.

```
import random
def main():
    number = []
    random.seed(10)
    for i in range(100):
        randNum = random.randint(1, 50)
        number.append(randNum)

    numberOfFive = multiply5(number)
    printAll(number)
    print('\n5 的倍數共有 %d 個 '%(numberOfFive))

def multiply5(number2):
    count = 0
    length = len(number2)
    for i in range(length):
        if number2[i] % 5 == 0:
            count += 1
    return count

def printAll(number3):
    for i in range(len(number3)):
        if number3[i] % 5 == 0:
            print('%2d* '%(number3[i]), end = '')
        else:
            print('%2d  '%(number3[i]), end = '')

        if (i+1) % 10 == 0:
            print()

main()
```

6.

```
import random
def main():
    number = []
    random.seed(10)
    for i in range(100):
        randNum = random.randint(1, 50)
        number.append(randNum)

    numberOfFive = multiply5(number)
    printAll(number)
    print('\n5 的倍數共有 %d 個 '%(numberOfFive))

def multiply5(number2):
    count = 0
    length = len(number2)
    for i in range(length):
        if number2[i] % 5 == 0:
            count += 1
    return count

def printAll(number3):
    n = 0
    for i in range(len(number3)):
        if number3[i] % 5 == 0:
            n += 1
            print('%2d(%2d) '%(number3[i], n), end = '')
        else:
            print('%2d     '%(number3[i]), end = '')

        if (i+1) % 10 == 0:
            print()

main()
```

7.

```
import random
random.seed(20)
number = []
print('****')
randNum = random.randint(1, 100)
print(randNum)
number.append(randNum)
print(number)
print()

for i in range(1, 10):
    randNum = random.randint(1, 100)
    print('#%d: %d'%(i, randNum))
    for j in range(i):
        if randNum < number[j]:
            number.insert(j, randNum)
            break
```

```
        if j == i-1:
            number.append(randNum)

    print(number)
    print()
```

```
 93
[93]

#1: 88
[88, 93]

#2: 99
[88, 93, 99]

#3: 20
[20, 88, 93, 99]

#4: 34
[20, 34, 88, 93, 99]

#5: 87
[20, 34, 87, 88, 93, 99]

#6: 82
[20, 34, 82, 87, 88, 93, 99]

#7: 13
[13, 20, 34, 82, 87, 88, 93, 99]

#8: 42
[13, 20, 34, 42, 82, 87, 88, 93, 99]

#9: 74
[13, 20, 34, 42, 74, 82, 87, 88, 93, 99]
```

8.

```
def isPalindrom(string):
    low = 0
    high = len(string)-1

    while low < high:
        if string[low] != string[high]:
            return False
        low += 1
        high -= 1
    return True

def main():
    s = input('Enter a string: ')
    if isPalindrom(s):
        print('%s is a palindrom'%(s))
```

```
    else:
        print('%s is not a palindrom'%(s))
main()
```

```
Enter a string: civic
civic is a palindrom
```

```
Enter a string: deified
deified is a palindrom
```

```
Enter a string: hook
hook is not a palindrom
```

9.

```
import random
random.seed(100)
def isPrime(num):
    flag = 1
    k = 2
    while k <= num/2:
        if num % k == 0:
            flag = 0
            break
        else:
            k += 1
    if flag == 1:
        return True
    else:
        return False

def main():
    primeList = []
    i = 2
    count = 0
    while True:
        boolean = isPrime(i)
        if boolean == True and i not in primeList:
            primeList.append(i)
            count += 1
            if count >= 200:
                break
        i += 1

    for x in range(len(primeList)):
        if (x+1) % 10 == 0:
            print('%5d '%(primeList[x]))
        else:
            print('%5d '%(primeList[x]), end = '')

main()
```

```
   2    3    5    7   11   13   17   19   23   29
  31   37   41   43   47   53   59   61   67   71
  73   79   83   89   97  101  103  107  109  113
 127  131  137  139  149  151  157  163  167  173
 179  181  191  193  197  199  211  223  227  229
 233  239  241  251  257  263  269  271  277  281
 283  293  307  311  313  317  331  337  347  349
 353  359  367  373  379  383  389  397  401  409
 419  421  431  433  439  443  449  457  461  463
 467  479  487  491  499  503  509  521  523  541
 547  557  563  569  571  577  587  593  599  601
 607  613  617  619  631  641  643  647  653  659
 661  673  677  683  691  701  709  719  727  733
 739  743  751  757  761  769  773  787  797  809
 811  821  823  827  829  839  853  857  859  863
 877  881  883  887  907  911  919  929  937  941
 947  953  967  971  977  983  991  997 1009 1013
1019 1021 1031 1033 1039 1049 1051 1061 1063 1069
1087 1097 1093 1097 1103 1109 1117 1123 1129 1151
1153 1163 1171 1181 1187 1193 1201 1213 1217 1223
```

第 7 章

1.

```
lst23 = []
random.seed(10)
for i in range(2):
    lst23.append([])
    print(lst23)
    for j in range(3):
        randNum = random.randint(1, 49)
        print(randNum)
        lst23[i].append(randNum)
        print(lst23)

print('\nlst23 list: ')
for i in range(len(lst23)):
    for j in range(len(lst23[i])):
        print('%3d '%(lst23[i][j]), end = '')
    print()
print()
```

```
 [[]]
37
[[37]]
3
[[37, 3]]
28
[[37, 3, 28]]
```

```
[[37, 3, 28], []]
31
[[37, 3, 28], [31]]
37
[[37, 3, 28], [31, 37]]
1
[[37, 3, 28], [31, 37, 1]]

lst23 list:
 37   3  28
 31  37   1
```

2.

```
#電腦閱卷
ans = [['A', 'A', 'C', 'D', 'B', 'E', 'C', 'D', 'A', 'B'],
       ['A', 'B', 'D', 'D', 'C', 'E', 'D', 'D', 'C', 'B'],
       ['B', 'A', 'C', 'D', 'B', 'C', 'C', 'E', 'B', 'C'],
       ['A', 'A', 'C', 'E', 'B', 'C', 'C', 'E', 'A', 'B'],
       ['B', 'A', 'C', 'E', 'B', 'E', 'D', 'D', 'C', 'B']
       ]

keys = ['A', 'A', 'C', 'E', 'C', 'D', 'C', 'D', 'A', 'B']

for i in range(len(ans)):
    correctCount = 0
    for j in range(len(ans[i])):

        if ans[i][j] == keys[j]:
            correctCount += 1

    print('Student #%d correct count = %d'%(i+1, correctCount))
```

```
Student #1 correct count = 7
Student #2 correct count = 4
Student #3 correct count = 3
Student #4 correct count = 7
Student #5 correct count = 5
```

其中 len(ans)表示有多少列，其意思就是有多少學生，你也可以直接寫上 5。而 len(ans[i])表示索引 i 列有多少行。即每位學生的答題數，當然你也可以直接寫上 10。以 len()函式計算對往後的維護是較佳的。

3.

```
import random
answers = []
for i in range(20):
    answers.append([])
    for j in range(10):
        num = chr(random.randint(65, 69))
        answers[i].append(num)
print('answers list:')
print(answers)
```

```
keys = []
for i in range(10):
    num = chr(random.randint(65, 69))
    keys.append(num)
print('\ncorrect list:')
print(keys)
print()

for i in range(len(answers)):
    correctCount = 0
    for j in range(len(answers[i])):

        if answers[i][j] == keys[j]:
            correctCount += 1

    print('Student #%2d correct count = %d'%(i+1, correctCount))
```

```
answers list:
[['D', 'D', 'A', 'D', 'B', 'C', 'A', 'D', 'D', 'A'],
 ['A', 'E', 'B', 'A', 'A', 'D', 'D', 'A', 'D', 'E'],
 ['D', 'A', 'C', 'E', 'A', 'D', 'B', 'D', 'C', 'A'],
 ['D', 'A', 'C', 'D', 'E', 'C', 'C', 'C', 'B', 'A'],
 ['B', 'B', 'C', 'D', 'D', 'B', 'C', 'A', 'C', 'C'],
 ['D', 'D', 'A', 'E', 'A', 'A', 'B', 'E', 'C', 'B'],
 ['D', 'A', 'E', 'D', 'B', 'B', 'B', 'A', 'B', 'A'],
 ['E', 'C', 'C', 'A', 'E', 'A', 'D', 'B', 'C', 'A'],
 ['C', 'C', 'A', 'C', 'A', 'B', 'A', 'A', 'D', 'C'],
 ['B', 'D', 'A', 'A', 'C', 'A', 'E', 'B', 'C', 'C'],
 ['A', 'A', 'D', 'A', 'B', 'B', 'A', 'B', 'A', 'C'],
 ['A', 'A', 'E', 'C', 'A', 'A', 'C', 'B', 'D', 'D'],
 ['B', 'B', 'D', 'A', 'B', 'D', 'A', 'D', 'A', 'A'],
 ['C', 'E', 'A', 'B', 'D', 'E', 'E', 'A', 'B', 'A'],
 ['D', 'A', 'D', 'C', 'C', 'C', 'E', 'D', 'B', 'E'],
 ['C', 'A', 'B', 'B', 'D', 'D', 'A', 'D', 'A', 'D'],
 ['C', 'A', 'C', 'D', 'C', 'E', 'B', 'C', 'E', 'A'],
 ['B', 'A', 'E', 'C', 'E', 'A', 'A', 'B', 'B', 'D'],
 ['A', 'E', 'B', 'A', 'A', 'A', 'D', 'C', 'D', 'D'],
 ['A', 'B', 'A', 'B', 'C', 'A', 'A', 'E', 'B', 'C']]

correct list:
['A', 'A', 'C', 'E', 'E', 'A', 'E', 'B', 'C', 'B']

Student # 1 correct count = 0
Student # 2 correct count = 1
Student # 3 correct count = 4
Student # 4 correct count = 3
Student # 5 correct count = 2
Student # 6 correct count = 4
Student # 7 correct count = 1
Student # 8 correct count = 5
```

```
Student # 9 correct count = 0
Student #10 correct count = 4
Student #11 correct count = 3
Student #12 correct count = 4
Student #13 correct count = 0
Student #14 correct count = 1
Student #15 correct count = 2
Student #16 correct count = 1
Student #17 correct count = 2
Student #18 correct count = 4
Student #19 correct count = 2
Student #20 correct count = 2
```

4.

```
#oneHundredNum-1.py
binaryNum = []
binaryNum.append(0)
for i  in range(1, 102):
    str = format(i, 'b')
    binaryNum.append(str)

set1 = []
set2 = []
set3 = []
set4 = []
set5 = []
set6 = []
set7 = []

for i in range(1, 101):
    leng = len(binaryNum[i])

    if leng == 1:
       if binaryNum[i][leng-1] == '1':
          set1.append(i)

    elif leng == 2:
       if binaryNum[i][leng-1] == '1':
          set1.append(i)
       if binaryNum[i][leng-2] == '1':
          set2.append(i)

    elif leng == 3:
       if binaryNum[i][leng-1] == '1':
          set1.append(i)
       if binaryNum[i][leng-2] == '1':
          set2.append(i)
       if binaryNum[i][leng-3] == '1':
          set3.append(i)

    elif leng == 4:
       if binaryNum[i][leng-1] == '1':
```

```
                set1.append(i)
            if binaryNum[i][leng-2] == '1':
                set2.append(i)
            if binaryNum[i][leng-3] == '1':
                set3.append(i)
            if binaryNum[i][leng-4] == '1':
                set4.append(i)

        elif leng == 5:
            if binaryNum[i][leng-1] == '1':
                set1.append(i)
            if binaryNum[i][leng-2] == '1':
                set2.append(i)
            if binaryNum[i][leng-3] == '1':
                set3.append(i)
            if binaryNum[i][leng-4] == '1':
                set4.append(i)
            if binaryNum[i][leng-5] == '1':
                set5.append(i)

        elif leng == 6:
            if binaryNum[i][leng-1] == '1':
                set1.append(i)
            if binaryNum[i][leng-2] == '1':
                set2.append(i)
            if binaryNum[i][leng-3] == '1':
                set3.append(i)
            if binaryNum[i][leng-4] == '1':
                set4.append(i)
            if binaryNum[i][leng-5] == '1':
                set5.append(i)
            if binaryNum[i][leng-6] == '1':
                set6.append(i)

        elif leng == 7:
            if binaryNum[i][leng-1] == '1':
                set1.append(i)
            if binaryNum[i][leng-2] == '1':
                set2.append(i)
            if binaryNum[i][leng-3] == '1':
                set3.append(i)
            if binaryNum[i][leng-4] == '1':
                set4.append(i)
            if binaryNum[i][leng-5] == '1':
                set5.append(i)
            if binaryNum[i][leng-6] == '1':
                set6.append(i)
            if binaryNum[i][leng-7] == '1':
                set7.append(i)

    count = 0
    print('set1:')
```

```
for data in set1:
    print('%4d'%(data), end = '')
    count += 1
    if count % 10 == 0:
        print()

count = 0
print('\n\nset2:')
for data in set2:
    print('%4d'%(data), end = '')
    count += 1
    if count % 10 == 0:
        print()

count = 0
print('\n\nset3:')
for data in set3:
    print('%4d'%(data), end = '')
    count += 1
    if count % 10 == 0:
        print()

count = 0
print('\n\nset4:')
for data in set4:
    print('%4d'%(data), end = '')
    count += 1
    if count % 10 == 0:
        print()

count = 0
print('\n\nset5:')
for data in set5:
    print('%4d'%(data), end = '')
    count += 1
    if count % 10 == 0:
        print()

count = 0
print('\n\nset6:')
for data in set6:
    print('%4d'%(data), end = '')
    count += 1
    if count % 10 == 0:
        print()

count = 0
print('\n\nset7:')
for data in set7:
    print('%4d'%(data), end = '')
    count += 1
```

```
    if count % 10 == 0:
        print()
```

```
set1:
   1   3   5   7   9  11  13  15  17  19
  21  23  25  27  29  31  33  35  37  39
  41  43  45  47  49  51  53  55  57  59
  61  63  65  67  69  71  73  75  77  79
  81  83  85  87  89  91  93  95  97  99


set2:
   2   3   6   7  10  11  14  15  18  19
  22  23  26  27  30  31  34  35  38  39
  42  43  46  47  50  51  54  55  58  59
  62  63  66  67  70  71  74  75  78  79
  82  83  86  87  90  91  94  95  98  99


set3:
   4   5   6   7  12  13  14  15  20  21
  22  23  28  29  30  31  36  37  38  39
  44  45  46  47  52  53  54  55  60  61
  62  63  68  69  70  71  76  77  78  79
  84  85  86  87  92  93  94  95 100

set4:
   8   9  10  11  12  13  14  15  24  25
  26  27  28  29  30  31  40  41  42  43
  44  45  46  47  56  57  58  59  60  61
  62  63  72  73  74  75  76  77  78  79
  88  89  90  91  92  93  94  95

set5:
  16  17
  18  19  20  21  22  23  24  25  26  27
  28  29  30  31  48  49  50  51  52  53
  54  55  56  57  58  59  60  61  62  63
  80  81  82  83  84  85  86  87  88  89
  90  91  92  93  94  95

set6:
  32  33  34  35  36  37  38  39  40  41
  42  43  44  45  46  47  48  49  50  51
  52  53  54  55  56  57  58  59  60  61
  62  63  96  97  98  99 100

set7:
  64  65  66  67  68  69  70  71  72  73
  74  75  76  77  78  79  80  81  82  83
  84  85  86  87  88  89  90  91  92  93
  94  95  96  97  98  99 100
```

5.
```
#oneHundredNum-2.py
binaryNum = []
binaryNum.append(0)
for i  in range(1, 102):
    str = format(i, 'b')
    binaryNum.append(str)

set1 = []
set2 = []
set3 = []
set4 = []
set5 = []
set6 = []
set7 = []

for i in range(1, 101):
    leng = len(binaryNum[i])

    if leng == 1:
       if binaryNum[i][leng-1] == '1':
          set1.append(i)

    elif leng == 2:
       if binaryNum[i][leng-1] == '1':
          set1.append(i)
       if binaryNum[i][leng-2] == '1':
          set2.append(i)

    elif leng == 3:
       if binaryNum[i][leng-1] == '1':
          set1.append(i)
       if binaryNum[i][leng-2] == '1':
          set2.append(i)
       if binaryNum[i][leng-3] == '1':
          set3.append(i)

    elif leng == 4:
       if binaryNum[i][leng-1] == '1':
          set1.append(i)
       if binaryNum[i][leng-2] == '1':
          set2.append(i)
       if binaryNum[i][leng-3] == '1':
          set3.append(i)
       if binaryNum[i][leng-4] == '1':
          set4.append(i)

    elif leng == 5:
       if binaryNum[i][leng-1] == '1':
          set1.append(i)
       if binaryNum[i][leng-2] == '1':
          set2.append(i)
```

```
            if binaryNum[i][leng-3] == '1':
                set3.append(i)
            if binaryNum[i][leng-4] == '1':
                set4.append(i)
            if binaryNum[i][leng-5] == '1':
                set5.append(i)

        elif leng == 6:
            if binaryNum[i][leng-1] == '1':
                set1.append(i)
            if binaryNum[i][leng-2] == '1':
                set2.append(i)
            if binaryNum[i][leng-3] == '1':
                set3.append(i)
            if binaryNum[i][leng-4] == '1':
                set4.append(i)
            if binaryNum[i][leng-5] == '1':
                set5.append(i)
            if binaryNum[i][leng-6] == '1':
                set6.append(i)

        elif leng == 7:
            if binaryNum[i][leng-1] == '1':
                set1.append(i)
            if binaryNum[i][leng-2] == '1':
                set2.append(i)
            if binaryNum[i][leng-3] == '1':
                set3.append(i)
            if binaryNum[i][leng-4] == '1':
                set4.append(i)
            if binaryNum[i][leng-5] == '1':
                set5.append(i)
            if binaryNum[i][leng-6] == '1':
                set6.append(i)
            if binaryNum[i][leng-7] == '1':
                set7.append(i)

number = 0
count = 0
print('set1:')
for data in set1:
    print('%4d'%(data), end = '')
    count += 1
    if count % 10 == 0:
        print()
hintMessage = 'Is your number in set1 (y/n)? '
ans = input(hintMessage)
if ans == 'y':
    number += 1

count = 0
print('\nset2:')
```

```
for data in set2:
    print('%4d'%(data), end = '')
    count += 1
    if count % 10 == 0:
        print()
hintMessage = 'Is your number in set2 (y/n)? '
ans = input(hintMessage)
if ans == 'y':
    number += 2

count = 0
print('\nset3:')
for data in set3:
    print('%4d'%(data), end = '')
    count += 1
    if count % 10 == 0:
        print()
hintMessage = 'Is your number in set3 (y/n)? '
ans = input(hintMessage)
if ans == 'y':
    number += 4

count = 0
print('\nset4:')
for data in set4:
    print('%4d'%(data), end = '')
    count += 1
    if count % 10 == 0:
        print()
hintMessage = 'Is your number in set4 (y/n)? '
ans = input(hintMessage)
if ans == 'y':
    number += 8

count = 0
print('\nset5:')
for data in set5:
    print('%4d'%(data), end = '')
    count += 1
    if count % 10 == 0:
        print()

hintMessage = 'Is your number in set5 (y/n)? '
ans = input(hintMessage)
if ans == 'y':
    number += 16

count = 0
print('\nset6:')
for data in set6:
    print('%4d'%(data), end = '')
    count += 1
```

```
    if count % 10 == 0:
        print()

hintMessage = 'Is your number in set6 (y/n)? '
ans = input(hintMessage)
if ans == 'y':
    number += 32

count = 0
print('\nset7:')
for data in set7:
    print('%4d'%(data), end = '')
    count += 1
    if count % 10 == 0:
        print()

hintMessage = 'Is your number in set7 (y/n)? '
ans = input(hintMessage)
if ans == 'y':
    number += 64

print('\nYour number is', number)
```

```
set1:
   1   3   5   7   9  11  13  15  17  19
  21  23  25  27  29  31  33  35  37  39
  41  43  45  47  49  51  53  55  57  59
  61  63  65  67  69  71  73  75  77  79
  81  83  85  87  89  91  93  95  97  99

Is your number in set1 (y/n)? n

set2:
   2   3   6   7  10  11  14  15  18  19
  22  23  26  27  30  31  34  35  38  39
  42  43  46  47  50  51  54  55  58  59
  62  63  66  67  70  71  74  75  78  79
  82  83  86  87  90  91  94  95  98  99

Is your number in set2 (y/n)? n

set3:
   4   5   6   7  12  13  14  15  20  21
  22  23  28  29  30  31  36  37  38  39
  44  45  46  47  52  53  54  55  60  61
  62  63  68  69  70  71  76  77  78  79
  84  85  86  87  92  93  94  95 100
Is your number in set3 (y/n)? n

set4:
   8   9  10  11  12  13  14  15  24  25
```

```
  26  27  28  29  30  31  40  41  42  43
  44  45  46  47  56  57  58  59  60  61
  62  63  72  73  74  75  76  77  78  79
  88  89  90  91  92  93  94  95
Is your number in set4 (y/n)? y

set5:
  16  17  18  19  20  21  22  23  24  25
  26  27  28  29  30  31  48  49  50  51
  52  53  54  55  56  57  58  59  60  61
  62  63  80  81  82  83  84  85  86  87
  88  89  90  91  92  93  94  95
Is your number in set5 (y/n)? y

set6:
  32  33  34  35  36  37  38  39  40  41
  42  43  44  45  46  47  48  49  50  51
  52  53  54  55  56  57  58  59  60  61
  62  63  96  97  98  99 100
Is your number in set6 (y/n)? n

set7:
  64  65  66  67  68  69  70  71  72  73
  74  75  76  77  78  79  80  81  82  83
  84  85  86  87  88  89  90  91  92  93
  94  95  96  97  98  99 100
Is your number in set7 (y/n)? y

Your number is 88
```

6.

```
#birthdayUsingList2d.py
day = 0
sets = [[ 1,  3,  5,  7,
          9, 11, 13, 15,
         17, 19, 21, 23,
         25, 27, 29, 31],

        [ 2,  3,  6,  7,
         10, 11, 14, 15,
         18, 19, 22, 23,
         26, 27, 30, 31],

        [ 4,  5,  6,  7,
         12, 13, 14, 15,
         20, 21, 22, 23,
         28, 29, 30, 31],

        [ 8,  9, 10, 11,
         12, 13, 14, 15,
         24, 25, 26, 27,
         28, 29, 30, 31],
```

```
        [16, 17, 18, 19,
         20, 21, 22, 23,
         24, 25, 26, 27,
         28, 29, 30, 31]]

for i in range(5):
    print('Is your birthday in set%d ? '%(i+1))
    for j in range(16):
        print('%4d'%(sets[i][j]), end = '')
    print()

    ans = input('Enter y for Yes, n for n: ')
    if ans == 'y':
        day += sets[i][0]

print('Your birthday is %d'%(day))
```

第 8 章

1.

```
#1:  {100: 'C', 200: 'Python', 300: 'C++'}
#2:  {100: 'Python', 200: 'C', 300: 'C++'}
#3:  {100: 'Python', 200: 'C', 300: 'C++', 400: 'Java', 500: 'c#', 600: 'VB'}
#4:  {100: 'Python', 200: 'C', 300: 'C++', 400: 'Java', 500: 'c#'}
#5:  dict_keys([100, 200, 300, 400, 500])
#6:  dict_values(['Python', 'C', 'C++', 'Java', 'c#'])
#7:  dict_items([(100, 'Python'), (200, 'C'), (300, 'C++'), (400, 'Java'), (500,
'c#')])
#8:  Python
#9:  (500, 'c#')
#10: Java
#11: {100: 'Python', 200: 'C', 300: 'C++'}

Programming language:
  100 Python
  200 C
  300 C++
```

2.

```
Students = {}
def main():
    while(True):
        print('*** Student dictionary ***')
        print('       1. insert')
        print('       2. delete')
        print('       3. modify')
        print('       4. display')
        print('       5: quit')
        choice = eval(input('Enter your choice: '))
        if choice == 1:
            insertFun()
```

```
        elif choice == 2:
            deleteFun()
        elif choice == 3:
            modifyFun()
        elif choice == 4:
            printFun()
        elif choice == 5:
            print('Bye bye')
            break
        else:
            print('Wrong choice')

def insertFun():
    key = eval(input('Enter the ID: '))
    value = input('Enter the name: ')
    Students[key] = value
    print()

def deleteFun():
    delKey = eval(input('What id to delete: '))
    if delKey in Students:
        del Students[delKey]
        print('%d has been deleted'%(delKey))
    else:
        print('The %d is not found'%(delKey))
    print()

def modifyFun():
    modKey = eval(input('What id to modify: '))
    if modKey in Students:
        newValue = input('Input new value: ')
        Students[modKey] = newValue
        print('%d has been deleted'%(modKey))
    else:
        print('The %d is not found'%(modKey))

    print()
def printFun():
    print('\n%10s %15s'%('ID', 'Name'))
    for key in Students:
        print('%10d %15s'%(key, Students[key]))
    print()

main()
```

```
*** Student dictionary ***
       1. insert
       2. delete
       3. modify
       4. display
       5: quit
```

```
Enter your choice: 1

Enter the ID: 10100

Enter the name: Bright

*** Student dictionary ***
       1. insert
       2. delete
       3. modify
       4. display
       5: quit

Enter your choice: 1

Enter the ID: 10200

Enter the name: Linda

*** Student dictionary ***
       1. insert
       2. delete
       3. modify
       4. display
       5: quit

Enter your choice: 1

Enter the ID: 10300

Enter the name: Peter

*** Student dictionary ***
       1. insert
       2. delete
       3. modify
       4. display
       5: quit

Enter your choice: 4

       ID           Name
     10100        Bright
     10200         Linda
     10300         Peter

*** Student dictionary ***
       1. insert
       2. delete
       3. modify
       4. display
```

```
        5: quit

Enter your choice: 3

What id to modify: 10300

Input new value: Amy
10300 has been deleted

*** Student dictionary ***
        1. insert
        2. delete
        3. modify
        4. display
        5: quit

Enter your choice: 4

       ID            Name
    10100          Bright
    10200           Linda
    10300             Amy

*** Student dictionary ***
        1. insert
        2. delete
        3. modify
        4. display
        5: quit

Enter your choice: 1

Enter the ID: 10400

Enter the name: Nancy

*** Student dictionary ***
        1. insert
        2. delete
        3. modify
        4. display
        5: quit

Enter your choice: 4

       ID            Name
    10100          Bright
    10200           Linda
    10300             Amy
    10400           Nancy
```

```
*** Student dictionary ***
       1. insert
       2. delete
       3. modify
       4. display
       5: quit

Enter your choice: 2

What id to delete: 10400
10400 has been deleted

*** Student dictionary ***
       1. insert
       2. delete
       3. modify
       4. display
       5: quit

Enter your choice: 4

        ID           Name
     10100         Bright
     10200          Linda
     10300            Amy

*** Student dictionary ***
       1. insert
       2. delete
       3. modify
       4. display
       5: quit

Enter your choice: 5
Bye bye
```

3.

```
keyWords = {'and', 'del', 'from', 'not', 'while',
            'as', 'elif', 'global', 'or', 'with',
            'assert', 'else', 'if', 'pass', 'yield',
            'break', 'except', 'import', 'print',
            'class', 'exec', 'in', 'raise',
            'continue', 'finally', 'is', 'return',
            'def', 'for', 'lambda', 'try'}

f1 = input('輸入 Python 檔名: ').strip()

# Open files for input
infile = open(f1, 'r')

text = infile.read().split()
```

```
dictionary = {}

for word in text:
    if word in keyWords:
        if word in dictionary:
            dictionary[word] += 1
        else:
            dictionary[word] = 1

print(dictionary)
```

```
輸入 Python 檔名: keywords.py
{'import': 2, 'if': 2, 'not': 1, 'for': 1, 'in': 2}
```

此程式使用第 8 章 8-2-5 集合的應用內文的 keywords.py 程式

```
import os.path
import sys

keywords = {'and', 'as', 'assert', 'break', 'class',
            'continue', 'def', 'del', 'elif', 'else',
            'except', 'False', 'finally', 'for', 'from',
            'global', 'if', 'import', 'in', 'is', 'lambda',
            'None', 'nonlocal', 'not', 'or', 'pass', 'raise',
            'return','True', 'try', 'while', 'with', 'yield'}

filename = input('輸入一個 Python 的檔名: ')
if not os.path.isfile(filename):
    print(filename, '不存在')
    sys.exit()

infile = open(filename, 'r')
text = infile.read().split()
print('text')
print(text)
print()

count = 0
for word in text:
    if word in keywords:
        print(word)
        count += 1
print('%s 有 %d 個關鍵字'%(filename, count))
```

4.

```
# Prompt the user to enter filenames
f1 = input('Enter a filename: ').strip()

# Open files for input
infile = open(f1, 'r')

s = infile.read() # Read all from the file
infile.close()
```

```
words = s.split()
nonduplicateWords = set(words)
words = list(nonduplicateWords)
words.sort()

for word in words:
    print(word, end = ' ')
```

```
Enter a filename: words.txt
Python The active and data ecosystem for from large of package. party primarily
science stems the third usefulness
```

以下是 words.txt 內文：

The usefulness of Python for data science stems primarily from the large and active ecosystem of third party package.

5.
```
def main():
    dictionary = {
      'Alabama':'Montgomery',
      'Alaska':'Juneau',
      'Arizona':'Phoenix',
      'Arkansas':'Little Rock',
      'California':'Sacramento',
      'Colorado':'Denver',
      'Connecticut':'Hartford',
      'Delaware':'Dover',
      'Florida':'Tallahassee',
      'Georgia':'Atlanta',
      'Hawaii':'Honolulu',
      'Idaho':'Boise',
      'Illinois':'Springfield',
      'Indiana':'Indianapolis',
      'Iowa':'Des Moines',
      'Kansas':'Topeka',
      'Kentucky':'Frankfort',
      'Louisiana':'Baton Rouge',
      'Maine':'Augusta',
      'Maryland':'Annapolis',
      'Massachusettes':'Boston',
      'Michigan':'Lansing',
      'Minnesota':'Saint Paul',
      'Mississippi':'Jackson',
      'Missouri':'Jefferson City',
      'Montana':'Helena',
      'Nebraska':'Lincoln',
      'Nevada':'Carson City',
      'New Hampshire':'Concord',
      'New Jersey':'Trenton',
      'New York':'Albany',
      'New Mexico':'Santa Fe',
```

```
        'North Carolina':'Raleigh',
        'North Dakota':'Bismark',
        'Ohio':'Columbus',
        'Oklahoma':'Oklahoma City',
        'Oregon':'Salem',
        'Pennslyvania':'Harrisburg',
        'Rhode Island':'Providence',
        'South Carolina':'Columbia',
        'South Dakota':'Pierre',
        'Tennessee':'Nashville',
        'Texas':'Austin',
        'Utah':'Salt Lake City',
        'Vermont':'Montpelier',
        'Virginia':'Richmond',
        'Washington':'Olympia',
        'West Virginia':'Charleston',
        'Wisconsin':'Madison',
        'Wyoming':'Cheyenne'}

    correctCount = 0
    wrongCount = 0
    states = dictionary.keys()

    for state in states:
        capital = input('What is the capital of ' + state + '? ').strip()

        if capital.lower() == dictionary[state].lower():
            print('Your answer is correct');
            correctCount += 1
        else:
            print('The correct answer should be ' + dictionary[state])
            wrongCount += 1
        more = input('continue? (y/n) ')
        if more == 'n':
            break;
    print('The correct count', correctCount)
    print('The wrong count', wrongCount)
    print('The correct percentage: %.2f%%'%(correctCount/(correctCount+wrongCount)))

main()
```

```
What is the capital of Alabama? Montgomery
Your answer is correct

continue? (y/n) y

What is the capital of Alaska? Juneau
Your answer is correct

continue? (y/n) y
```

```
What is the capital of Arizona? Phoenix
Your answer is correct

continue? (y/n) y

What is the capital of Arkansas? Boston
The correct answer should be Little Rock

continue? (y/n) n
The correct count 3
The wrong count 1
The correct percentage: 0.75%
```

6. 此題和上一題是類似的，此處僅供參考。

```
def main():
    dictionary = {
        '阿根廷': '布宜諾斯艾利斯',
        '阿富汗': '喀布爾',
        '埃及': '開羅',
        '愛爾蘭共和國': '都柏林'
        }

    correctCount = 0
    wrongCount = 0
    states = dictionary.keys()

    for state in states:
        capital = input('%s 首都: '%(state)).strip()

        if capital.lower() == dictionary[state].lower():
            print('你的答案是正確的');
            correctCount += 1
        else:
            print('正確的答案應該是:' + dictionary[state])
            wrongCount += 1
        more = input('continue? (y/n) ')
        if more == 'n':
            break;
    print('The correct count', correctCount)
    print('The wrong count', wrongCount)
    print('The correct percentage: %.2f%%'%(correctCount/(correctCount+wrongCount)))

main()
```

請自行加入一些國家首都的資料於程式的 dictionary 的變數中。

第 9 章

1.
```
class Triangle:
    def __init__(self, b, h):
        self.__bottom = b
        self.__height = h

    def setBandH(self, b, h):
        self.__bottom = b
        self.__height = h

    def getBandH(self):
        return self.__bottom, self.__height

    def triangleArea(self):
        return (self.__bottom * self.__height) / 2

def main():
    triObj = Triangle(5, 8)
    area = triObj.triangleArea()
    b, h = triObj.getBandH()
    print('\ntriangle:')
    print('bottom = %d, height = %d'%(b, h))
    print('area: %.2f'%(area))

    triObj.setBandH(10, 20)
    area = triObj.triangleArea()
    b, h = triObj.getBandH()
    print('\ntriangle:')
    print('bottom = %d, height = %d'%(b, h))
    print('area: %.2f'%(area))

main()
```

2. 類別中函式成員的預設參數值表示，當你呼叫它時，沒有給予參數時，會用預設的參數值代替之，而且不會有錯誤發生。將第 1 題改以有預設參數值表示的話，則為：

```
class Triangle:
    def __init__(self, b=2, h=2):
        self.__bottom = b
        self.__height = h

    def setBandH(self, b, h):
        self.__bottom = b
        self.__height = h

    def getBandH(self):
        return self.__bottom, self.__height
```

```
    def triangleArea(self):
        return (self.__bottom * self.__height) / 2

def main():
    triObj = Triangle()
    area = triObj.triangleArea()
    b, h = triObj.getBandH()
    print('\ntriangle:')
    print('bottom = %d, height = %d'%(b, h))
    print('area: %.2f'%(area))

    triObj2 = Triangle(5, 8)
    area = triObj2.triangleArea()
    b, h = triObj2.getBandH()
    print('\ntriangle:')
    print('bottom = %d, height = %d'%(b, h))
    print('area: %.2f'%(area))


    triObj2.setBandH(10, 20)
    area = triObj2.triangleArea()
    b, h = triObj2.getBandH()
    print('\ntriangle:')
    print('bottom = %d, height = %d'%(b, h))
    print('area: %.2f'%(area))

main()
```

```
triangle:
bottom = 2, height = 2
area: 2.00

triangle:
bottom = 5, height = 8
area: 20.00

triangle:
bottom = 10, height = 20
area: 100.00
```

第一個輸出結果的底和高使用預設參值，分別是 2 與 2。

3.

```
class Bmi:
    def __init__(self, name, age, height, weight):
        self.__name = name
        self.__age = age
        self.__height = height
        self.__weight = weight

    def getBMI(self):
        bmi = self.__weight / (self.__height/100) ** 2
        print('bmi = %.1f'%(bmi))
```

```
        if bmi < 18.5:
            print('過輕')
        elif bmi < 24:
            print('健康')
        elif bmi < 27:
            print('過重')
        elif bmi < 30:
            print('輕度肥胖')
        elif bmi < 35:
            print('中度肥胖')
        else:
            print('重度肥胖')

    def getName(self):
        return self.__name

    def getAge(self):
        return self.__age

    def getHeight(self):
        return self.__height

    def getWeight(self):
        return self.__weight

def main():
    person = Bmi('John', 24, 182, 71)
    name = person.getName()
    age = person.getAge()
    height = person.getHeight()
    weight = person.getWeight()
    print(name, age, height, weight)
    person.getBMI()
    print()

    person2 = Bmi('Mary', 22, 168, 60)
    name = person2.getName()
    age = person2.getAge()
    height = person2.getHeight()
    weight = person2.getWeight()
    print(name, age, height, weight)
    person2.getBMI()
main()
```

```
John 24 182 71
bmi = 21.4
健康

Mary 22 168 60
bmi = 21.3
健康
```

4.

```
#Point, Circle, Rectange, Cylinder, Cuboid
#public data member
import math
class Point:
    def __init__(self):
        self.x = 0
        self.y = 0

class Circle(Point):
    def __init__(self, radius=1):
        super().__init__()
        self.radius = radius

    def getArea(self):
        return math.pi * self.radius ** 2

    def getPerimeter(self):
        return 2*math.pi*self.radius

class Rectangle(Point):
    def __init__(self, length=1, width=1):
        super().__init__()
        self.length = length
        self.width = width

    def getArea(self):
        return self.length * self.width

    def getPerimeter(self):
        return 2*(self.length + self.width)

class Cylinder(Circle):
    def __init__(self, height=1):
        super().__init__()
        self.height = height

    def getVolume(self):
        return math.pi * self.radius**2 * self.height

    def getArea(self):
        return 2*(math.pi * self.radius**2) + \
               2*math.pi*self.radius * self.height

#add this class
class Cuboid(Rectangle):
    def __init__(self, height=1):
        super().__init__()
        self.height = height

    def getVolume(self):
        return self.length * self.width * self.height
```

```
    def getArea(self):
        return 2*(self.length * self.width +
                  self.length * self.height +
                  self.width * self.height)

def main():
    pointObj = Point()
    print('Point:')
    print('x = %d, y = %d'%(pointObj.x, pointObj.y))

    pointObj.x = 2
    pointObj.y = 8
    print('x = %d, y = %d'%(pointObj.x, pointObj.y))

    cirObj = Circle()
    area = cirObj.getArea()
    print('\nCircle:')
    print('center: x = %d. y = %d'%(cirObj.x, cirObj.y))
    print('radius = %d'%(cirObj.radius))
    print('Area: %.2f'%(area))

    #設定圓心為(3，9)，半徑為 10
    cirObj.x = 3
    cirObj.y = 9
    cirObj.radius = 10
    area = cirObj.getArea()
    print('\ncenter: x = %d. y = %d'%(cirObj.x, cirObj.y))
    print('radius = %d'%(cirObj.radius))
    print('Circle area: %.2f'%(area))

    rectObj = Rectangle()
    rectObj.x = 1
    rectObj.y = 1
    print('\nRectangle:\nlength = %d. width = %d'%(rectObj.length, rectObj.width))
    print('Left top: x = %d, y = %d'%(rectObj.x, rectObj.y))
    area = rectObj.getArea()
    print('Rectange area: %.2f'%(area))

    cylinderObj = Cylinder(3)
    cylinderObj.radius = 5
    volume = cylinderObj.getVolume()
    area = cylinderObj.getArea()
    print('\nCylinder:')
    print('radius = %d, height = %d'%(cylinderObj.radius, cylinderObj.height))
    print('Volume = %.2f'%(volume))
    print('Area = %.2f'%(area))

    #add the following statements
    cuboidObj = Cuboid(5)
    cuboidObj.length = 3
    cuboidObj.width = 4
```

```
        volume = cuboidObj.getVolume()
        area = cuboidObj.getArea()
        print('\nCuboid:')
        print('length = %d, width = %d'%(cuboidObj.length, cuboidObj.width))
        print('height = %d'%(cuboidObj.height))
        print('Volume = %.2f'%(volume))
        print('Area = %.2f'%(area))

main()
```

```
Point:
x = 0, y = 0
x = 2, y = 8

Circle:
center: x = 0. y = 0
radius = 1
Area: 3.14

center: x = 3. y = 9
radius = 10
Circle area: 314.16

Rectangle:
length = 1. width = 1
Left top: x = 1, y = 1
Rectange area: 1.00

Cylinder:
radius = 5, height = 3
Volume = 235.62
Area = 251.33

Cuboid:
length = 3, width = 4
height = 5
Volume = 60.00
Area = 94.00
```

5.

```
#public data member
import math
class Point:
    def __init__(self):
        self.x = 0
        self.y = 0

class Circle(Point):
    def __init__(self, radius=1):
        super().__init__()
        self.radius = radius

    def getArea(self):
```

```
        return math.pi * self.radius ** 2

    def getPerimeter(self):
        return 2*math.pi*self.radius

class Rectangle(Point):
    def __init__(self, length=1, width=1):
        super().__init__()
        self.length = length
        self.width = width

    def getArea(self):
        return self.length * self.width

    def getPerimeter(self):
        return 2*(self.length + self.width)

class Cylinder(Circle):
    def __init__(self, height=1):
        super().__init__()
        self.height = height

    def getVolume(self):
        return math.pi * self.radius**2 * self.height

    def getSurfaceArea(self):
        return 2*(math.pi * self.radius**2) + \
               2*math.pi*self.radius * self.height

#add this class
class Cuboid(Rectangle):
    def __init__(self, height=1):
        super().__init__()
        self.height = height

    def getVolume(self):
        return self.length * self.width * self.height

    def getSurfaceArea(self):
        return 2*(self.length * self.width +
                  self.length * self.height +
                  self.width * self.height)

#polymorphism
def displayArea(obj):
    return obj.getArea()

def displayPerimeter(obj):
    return obj.getPerimeter()

def displaySurfaceArea(obj):
    return obj.getSurfaceArea()
```

```
def displayVolume(obj):
    return obj.getVolume()

def main():
    pointObj = Point()
    print('Point:')
    print('x = %d, y = %d'%(pointObj.x, pointObj.y))

    pointObj.x = 2
    pointObj.y = 8
    print('x = %d, y = %d'%(pointObj.x, pointObj.y))

    cirObj = Circle()
    if isinstance(cirObj, Circle):
        area = displayArea(cirObj)
        perimeter = displayPerimeter(cirObj)
    print('\nCircle:')
    print('center: x = %d. y = %d'%(cirObj.x, cirObj.y))
    print('radius = %d'%(cirObj.radius))
    print('Area: %.2f'%(area))
    print('Perimeter: %.2f'%(perimeter))

    #設定圓心為(3，9)，半徑為 10
    cirObj.x = 3
    cirObj.y = 9
    cirObj.radius = 10

    if isinstance(cirObj, Circle):
        area = displayArea(cirObj)
        perimeter = displayPerimeter(cirObj)
    print('\ncenter: x = %d. y = %d'%(cirObj.x, cirObj.y))
    print('radius = %d'%(cirObj.radius))
    print('Circle area: %.2f'%(area))
    print('Perimeter: %.2f'%(perimeter))

    rectObj = Rectangle()
    rectObj.x = 1
    rectObj.y = 1
    if isinstance(rectObj, Rectangle):
        area = displayArea(rectObj)
        perimeter = displayPerimeter(rectObj)
    print('\nRectangle:\nlength = %d. width = %d'%(rectObj.length, rectObj.width))
    print('Left top: x = %d, y = %d'%(rectObj.x, rectObj.y))
    area = rectObj.getArea()
    print('Rectange area: %.2f'%(area))
    print('Perimeter: %.2f'%(perimeter))

    cylinderObj = Cylinder(3)
    cylinderObj.radius = 5
    if isinstance(cylinderObj, Cylinder):
```

```
        surfaceArea = displaySurfaceArea(cylinderObj)
        volume = displayVolume(cylinderObj)

    print('\nCylinder:')
    print('radius = %d, height = %d'%(cylinderObj.radius, cylinderObj.height))
    print('Volume = %.2f'%(volume))
    print('surfaceArea = %.2f'%(surfaceArea))

    #add following statements
    cuboidObj = Cuboid(5)
    cuboidObj.length = 3
    cuboidObj.width = 4
    if isinstance(cuboidObj, Cuboid):
        surfaceArea = displaySurfaceArea(cuboidObj)
        volume = displayVolume(cuboidObj)
    print('\nCuboid:')
    print('length = %d, width = %d'%(cuboidObj.length, cuboidObj.width))
    print('height = %d'%(cuboidObj.height))
    print('Volume = %.2f'%(volume))
    print('surfaceArea = %.2f'%(surfaceArea))

main()
```

```
Point:
x = 0, y = 0
x = 2, y = 8

Circle:
center: x = 0. y = 0
radius = 1
Area: 3.14
Perimeter: 6.28

center: x = 3. y = 9
radius = 10
Circle area: 314.16
Perimeter: 62.83

Rectangle:
length = 1. width = 1
Left top: x = 1, y = 1
Rectange area: 1.00
Perimeter: 4.00

Cylinder:
radius = 5, height = 3
Volume = 235.62
surfaceArea = 251.33

Cuboid:
length = 3, width = 4
```

```
height = 5
Volume = 60.00
surfaceArea = 94.00
```

6.

```
import math

def main():
    side1, side2, side3 = eval(input('請輸入三邊長: '))

    while True:
        triangle = Triangle(side1, side2, side3)
        if not triangle.isLegal():
            print('無效三邊長，請再試一次')
            side1, side2, side3 = eval(input('請輸入三邊長: '))
        else:
            break

    color = input('輸入顏色: ')
    triangle.setColor(color);

    filled = eval(input('有無填滿 (1: true, 0: false): '))

    isFilled = (filled == 1)
    triangle.setFilled(isFilled);

    print(triangle)
    print(triangle.toString())
    print('面積: %.2f'%(triangle.getArea()))
    print('周長: %d'%(triangle.getPerimeter()))
    print('顏色: %s'%(triangle.getColor()))
    print('填滿: %s'%(triangle.isFilled()))

class GeometricObject:
    def __init__(self, color = 'green', filled = True):
        self.__color = color
        self.__filled = filled

    def getColor(self):
        return self.__color

    def setColor(self, color):
        self.__color = color

    def isFilled(self):
        return self.__filled

    def setFilled(self, filled):
        self.__filled = filled

    def __str__(self):
```

```
        return '\n 顏色: ' + self.__color + \
            '，填滿?: ' + str(self.__filled)

class Triangle(GeometricObject):
    def __init__(self, side1, side2, side3):
        self.__side1 = side1
        self.__side2 = side2
        self.__side3 = side3
        super().__init__()

    def isLegal(self): #任何兩邊之邊長總和要大於第三邊的邊長
        return self.__side1 + self.__side2 > self.__side3 and \
            self.__side2 + self.__side3 > self.__side1 and \
            self.__side1 + self.__side3 > self.__side2

    def getSide1(self):
        return self.__side1

    def getSide2(self):
        return self.__side2

    def getSide3(self):
        return self.__side3

    def getArea(self):
        s = (self.__side1 + self.__side2 + self.__side3) / 2
        return math.sqrt(s * (s - self.__side1) * (s - self.__side2) * (s -
                                                 self.__side3))

    def getPerimeter(self):
        return self.__side1 + self.__side2 + self.__side3

    def toString(self):
        # Implement it to return the three sides
        return '三角形三邊長為: __side1 = ' + str(self.__side1) + ', __side2 = ' + \
                           str(self.__side2) + ', __side3 = ' + str(self.__side3)

main()
```

```
請輸入三邊長: 1, 2, 3
無效三邊長，請再試一次

請輸入三邊長: 1, 1, 3
無效三邊長，請再試一次

請輸入三邊長: 6, 7, 8

輸入顏色: Red

有無填滿 (1: true, 0: false): 1
```

```
顏色: Red，填滿?: True
三角形三邊長為: __side1 = 6, __side2 = 7, __side3 = 8
面積: 20.33
周長: 21
顏色: Red
填滿: True
```

第 10 章

1.
```
#address book
import pickle
addressBook = {}
def query():
    inFile = open('address.txt', 'rb')
    print(pickle.load(inFile))
    more = 'N'
    while True:
        queryName = input('欲搜尋的名字：  ')
        if queryName in addressBook:
            print(addressBook[queryName])
        else:
            print('無此名字')
        more = input('還要繼續查詢嗎(若N，則結束)？  ')
        if more == 'N':
            break

def main():
    outFile = open('address.txt', 'wb')
    while True:
        key = input('請輸入姓名: ')
        value = input('請輸入電話號碼： ')
        if key != 'Q':
            addressBook[key] = value
        else:
            break
    pickle.dump(addressBook, outFile)
    outFile.close()

    query()

main()
```

```
請輸入姓名: John

請輸入電話號碼： 0978-123-456
```

```
請輸入姓名: Mary

請輸入電話號碼： 0933-444-888

請輸入姓名: Peter

請輸入電話號碼： 0935-666-777

請輸入姓名: Nancy

請輸入電話號碼： 0988-111-333

請輸入姓名: Q

請輸入電話號碼： 9
{'John': '0978-123-456', 'Mary': '0933-444-888', 'Peter': '0935-666-777',
'Nancy': '0988-111-333'}

欲搜尋的名字：  John
0978-123-456

還要繼續查詢嗎(若N，則結束)？  y

欲搜尋的名字：  Nancy
0988-111-333

還要繼續查詢嗎(若N，則結束)？  y

欲搜尋的名字：  Kevin
無此名字

還要繼續查詢嗎(若N，則結束)？  y

欲搜尋的名字：  Peter
0935-666-777

還要繼續查詢嗎(若N，則結束)？  N
```

2.

```
circle1 object
circle1 area is 113.10

circle2 object
negative radius.
```

3.

```
Plaese input x and y:100, 200
100 + 200 = 300.00
100 - 200 = -100.00
```

```
100 * 200 = 20000.00
100 / 200 = 0.50
處理 else
正確輸入
處理 finally
執行完畢
```

```
Plaese input x and y:100 200
處理 SyntaxError
語法錯誤
處理 finally
執行完畢
```

```
Plaese input x and y:100, a
處理 except
兩數要數值喔！
處理 finally
執行完畢
```

```
Plaese input x and y:100, 0
處理 ZeroDivisionError
分母不可為 0
處理 finally
執行完畢
```

4.

```
Please input a number:1000
total = 1100
```

```
Please input a number:a
輸入需要是數值
```

5.

```
def main():
    # Prompt the user to enter filenames
    f1 = input('Enter a filename: ').strip()

    # Open files for input
    infile = open(f1, 'r')

    s = infile.read() # Read all from the file

    print('%d characters'%(len(s)))
    print('%d words'%(len(s.split())))
    print('%d lines'%(len(s.split('\n'))))

    infile.close() # Close the output file

main()
```

```
Enter a filename: fileTest.txt
120 characters
19 words
4 lines
```

測試檔***fileTest.txt***

The usefulness of Python for data science
stems primarily from the large and active
ecosystem of third party package.

6.
```
def main():
    f1 = input('Enter a source filename: ').strip()
    f2 = input('Enter a target filename: ').strip()

    # Open files for input
    infile = open(f1, 'r')

    s = infile.read() # Read all from the file

    encryS = ''

    for i in range(len(s)):
        encryS += chr(ord(s[i]) + 3)

    infile.close()  # Close the input file
    outfile = open(f2, 'w')

    print(encryS, file = outfile, end = '') # Write to the file
    print('Done')

    outfile.close() # Close the output file

main()
```

```
Enter a source filename: fileTest.txt

Enter a target filename: encryFileTest.txt
Done
```

7.
```
def main():
    f1 = input('Enter a source filename: ').strip()
    f2 = input('Enter a target filename: ').strip()

    # Open files for input
    infile = open(f1, 'r')

    s = infile.read() # Read all from the file

    decryS = ''
```

```
    for i in range(len(s)):
        decryS += chr(ord(s[i]) - 3)

    infile.close()  # Close the input file
    outfile = open(f2, 'w')

    print(decryS, file = outfile, end = '') # Write to the file
    print('Done')

    outfile.close() # Close the output file

main()
```

```
Enter a source filename: encryFileTest.txt

Enter a target filename: fileTest2.txt
Done
```

此程式以第 6 題加密後的檔案 encryFileTest.txt 為原始檔案，而解密的檔案是 fileTest2.txt，此時的 fileTest2.txt 應該和 fileTest.txt 相同的內容。

8.

```
import math
import sys

def main():
    side1, side2, side3 = eval(input('請輸入三邊長: '))

    try:
        triangle = Triangle(side1, side2, side3)
    except RuntimeError as ex:
        print(ex)
        sys.exit()

    color = input('輸入顏色: ')
    triangle.setColor(color);

    filled = eval(input('有無填滿 (1: true, 0: false): '))

    isFilled = (filled == 1)
    triangle.setFilled(isFilled);

    print(triangle)
    print(triangle.toString())
    print('面積: %.2f'%(triangle.getArea()))
    print('周長: %d'%(triangle.getPerimeter()))
    print('顏色: %s'%(triangle.getColor()))
    print('填滿: %s'%(triangle.isFilled()))

class GeometricObject:
```

```
    def __init__(self, color = 'green', filled = True):
        self.__color = color
        self.__filled = filled

    def getColor(self):
        return self.__color

    def setColor(self, color):
        self.__color = color

    def isFilled(self):
        return self.__filled

    def setFilled(self, filled):
        self.__filled = filled

    def __str__(self):
        return '\n 顏色: ' + self.__color + \
            '，填滿?: ' + str(self.__filled)

class Triangle(GeometricObject):
    def __init__(self, side1, side2, side3):
        self.__side1 = side1
        self.__side2 = side2
        self.__side3 = side3
        GeometricObject.__init__(self)
        if not self.isLegal():
            raise RuntimeError('這三邊無法組成三角形')

    def isLegal(self): #任何兩邊之邊長總和要大於第三邊的邊長
        return self.__side1 + self.__side2 > self.__side3 and \
            self.__side2 + self.__side3 > self.__side1 and \
            self.__side1 + self.__side3 > self.__side2

    def getSide1(self):
        return self.__side1

    def getSide2(self):
        return self.__side2

    def getSide3(self):
        return self.__side3

    def getArea(self):
        s = (self.__side1 + self.__side2 + self.__side3) / 2
        return math.sqrt(s * (s - self.__side1) * (s - self.__side2) * (s -
                                                 self.__side3))

    def getPerimeter(self):
        return self.__side1 + self.__side2 + self.__side3

    def toString(self):
```

```
        # Implement it to return the three sides
        return '三角形三邊長為: __side1 = ' + str(self.__side1) + ', __side2 = ' + \
            str(self.__side2) + ', __side3 = ' + str(self.__side3)

main()
```

```
請輸入三邊長: 1, 2, 3
這三邊無法組成三角形
```

```
請輸入三邊長: 6, 7, 8

輸入顏色: Red

有無填滿 (1: true, 0: false): 1

顏色: Red，填滿?: True
三角形三邊長為: __side1 = 6, __side2 = 7, __side3 = 8
面積: 20.33
周長: 21
顏色: Red
填滿: True
```

Python 程式設計-教學與自習最佳範本

作　　者：蔡明志
企劃編輯：江佳慧
文字編輯：王雅雯
設計裝幀：張寶莉
發 行 人：廖文良

發 行 所：碁峰資訊股份有限公司
地　　址：台北市南港區三重路 66 號 7 樓之 6
電　　話：(02)2788-2408
傳　　真：(02)8192-4433
網　　站：www.gotop.com.tw
書　　號：AEL026200
版　　次：2023 年 03 月初版
　　　　　2024 年 08 月初版三刷
建議售價：NT$500

國家圖書館出版品預行編目資料

Python 程式設計：教學與自習最佳範本 / 蔡明志著. -- 初版. --
臺北市：碁峰資訊, 2023.03
面；　公分
ISBN 978-626-324-429-0(平裝)
1.CST：Python(電腦程式語言)
312.32P97　　112001026

本書是根據寫作當時的資料撰寫而成，日後若因資料更新導致與書籍內容有所差異，敬請見諒。若是軟、硬體問題，請您直接與軟、硬體廠商聯絡。